OHM大学テキストシリーズ　シリーズ巻構成

刊行にあたって

編集委員長　辻　毅一郎

　昨今の大学学部の電気・電子・通信系学科においては，学習指導要領の変遷による学部新入生の多様化や環境・エネルギー関連の科目の増加のなかで，カリキュラムが多様化し，また講義内容の範囲やレベルの設定に年々深い配慮がなされるようになってきています．

　本シリーズは，このような背景をふまえて，多様化したカリキュラムに対応した巻構成，セメスタ制を意識した章数からなる現行の教育内容に即した内容構成をとり，わかりやすく，かつ骨子を深く理解できるよう新進気鋭の教育者・研究者の筆により解説いただき，丁寧に編集を行った教科書としてまとめたものです．

　今後の工学分野を担う読者諸氏が工学分野の発展に資する基礎を本シリーズの各巻を通して築いていただけることを大いに期待しています．

通信・信号処理部門
- ▶ ディジタル信号処理
- ▶ 通信方式
- ▶ 情報通信ネットワーク
- ▶ 光通信工学
- ▶ ワイヤレス通信工学

情報部門
- ▶ 情報・符号理論
- ▶ アルゴリズムとデータ構造
- ▶ 並列処理
- ▶ メディア情報工学
- ▶ 情報セキュリティ
- ▶ 情報ネットワーク
- ▶ コンピュータアーキテクチャ

編集委員会

編集委員長　辻　毅一郎（大阪大学名誉教授）

編集委員（部門順）

共通基礎部門	小川 真人	（神戸大学）
電子デバイス・物性部門	谷口 研二	（奈良工業高等専門学校）
通信・信号処理部門	馬場口 登	（大阪大学）
電気エネルギー部門	大澤 靖治	（東海職業能力開発大学校）
制御・計測部門	前田 裕	（関西大学）
情報部門	千原 國宏	（大阪電気通信大学）

（※所属は刊行開始時点）

OHM 大学テキスト

高電圧工学

山本　修・濱田昌司――――［共編］

Ohmsha

「OHM大学テキスト 高電圧工学」
編者・著者一覧

編著者	山本　修	[7章]
	濱田昌司	[8, 9章]
執筆者 (執筆順)	竹野裕正	[1, 2, 3章]
	上野秀樹	[4, 5, 6章]
	馬場吉弘	[10, 11, 12章]
	藤井治久	[13, 14, 15章]

本書を発行するにあたって，内容に誤りのないようできる限りの注意を払いましたが，本書の内容を適用した結果生じたこと，また，適用できなかった結果について，著者，出版社とも一切の責任を負いませんのでご了承ください．

本書は，「著作権法」によって，著作権等の権利が保護されている著作物です．本書の複製権・翻訳権・上映権・譲渡権・公衆送信権（送信可能化権を含む）は著作権者が保有しています．本書の全部または一部につき，無断で転載，複写複製，電子的装置への入力等をされると，著作権等の権利侵害となる場合があります．また，代行業者等の第三者によるスキャンやデジタル化は，たとえ個人や家庭内での利用であっても著作権法上認められておりませんので，ご注意ください．

本書の無断複写は，著作権法上の制限事項を除き，禁じられています．本書の複写複製を希望される場合は，そのつど事前に下記へ連絡して許諾を得てください．

出版者著作権管理機構
(電話 03-5244-5088, FAX 03-5244-5089, e-mail: info@jcopy.or.jp)

JCOPY ＜出版者著作権管理機構　委託出版物＞

まえがき

　電気エネルギーの消費と送電電力の増大とともに，電力システムは拡大し，送電電圧も高くなってきた．現在では電力システムは社会インフラの一つとして人々の生活の一部となり，停電事故や障害が少なく復旧も迅速な，信頼度の高い電力システムがますます強く求められるようになってきた．この現在の電力システムの構築に必須の技術の一つが高電圧・電気絶縁技術である．

　電力システムにおいて"絶縁の破壊"は電気を流せなくなることと同義である．送電すべき商用周波電圧そのものに加え，雷サージ電圧や，開閉サージ電圧といった過電圧が，機器の絶縁を脅かす．これらの過電圧に耐える電気絶縁を施し，あるいは過電圧の発生を抑制して，信頼度の高い電力システムを経済的に構築することが求められる．電気機器の絶縁には真空，気体，液体，固体の絶縁材料が単体または複合体として使われ，それぞれが異なる破壊機構と絶縁特性を有している．同じ絶縁材料であっても，印加される電圧の波形，導体間の間隙長，電界の分布などによって，絶縁特性はもちろん，放電の機構そのものまでも変化する．このように複雑な特性を持つ絶縁材料をいかに駆使して，先人が信頼性の高い高電圧機器を開発してきたかを，本書を通じて学んでもらいたい．

　本書は大学の学部課程における講義を想定し，15章構成となっている．1章から3章では気体放電現象の基礎事項について，4章から7章では気体，液体，固体，真空の放電機構と絶縁特性について述べている．8章と9章では破壊統計と電界計算法の基礎事項について，10章から12章では，電力システムにおける過電圧の発生機構と解析手法ならびに過電圧対策について述べている．13章から15章では高電圧機器とその試験法ならびに高電圧測定技術について述べている．全体を通じ，高電圧技術の基礎から実応用までの全体像が把握できる構成となっている．

　最後に，本書が電力システムの維持とさらなる発展に寄与し，社会に暮らすすべての人々の幸福と発展に少しでも寄与できれば幸いである．

　また，本書出版の機会を与えていただいた京都大学名誉教授大澤靖治先生ならびにオーム社出版部の皆様に感謝申し上げる．

2013年10月

山本　修，濱田昌司

目次

1章 放電の基礎過程
1・1 気体の微視的扱い　1
1・2 衝突過程　6
1・3 荷電粒子の発生　10
演習問題　13

2章 気体放電の開始
2・1 タウンゼントの放電理論　14
2・2 パッシェンの法則　18
2・3 ストリーマ放電　22
2・4 放電遅れ時間　24
演習問題　26

3章 気中放電の形態・特性
3・1 アーク放電　27
3・2 コロナ放電　30
3・3 長ギャップ放電　34
3・4 雷放電　36
演習問題　38

4章 気体絶縁
4・1 電極形状の影響　39
4・2 印加電圧波形の影響　43
4・3 温度・圧力・湿度の影響　46
4・4 ガス絶縁と絶縁特性　47
4・5 バリア効果と沿面放電　55
演習問題　57

5章 固体の放電と絶縁
5・1 固体の電気伝導　58
5・2 固体の絶縁破壊理論　60
5・3 固体の絶縁特性　70
5・4 固体の絶縁劣化と寿命予測　72
演習問題　74

6章 液体の放電と絶縁
6・1 液体の電気伝導　76
6・2 液体の破壊理論　79
6・3 液体の絶縁破壊特性　81
演習問題　90

7章 真空中の放電開始と絶縁
- 7・1 基礎過程　91
- 7・2 真空ギャップの破壊理論　94
- 7・3 真空ギャップの絶縁特性　96
- 7・4 真空沿面放電の理論　98
- 7・5 沿面放電の絶縁特性　102
- 演習問題　105

8章 破壊統計
- 8・1 正規分布　106
- 8・2 二項分布　108
- 8・3 放電率曲線　110
- 8・4 正規分布の母数の推定　111
- 8・5 弱点破壊と指数分布　114
- 8・6 ワイブル分布　115
- 8・7 ワイブル分布の応用　118
- 演習問題　121

9章 電界解析手法
- 9・1 基本式と解析解　122
- 9・2 電界特異点と電界分布の特徴　128
- 9・3 汎用数値電界計算法　135
- 演習問題　137

10章 電力系統における過電圧の種類と発生機構
- 10・1 雷過電圧　138
- 10・2 開閉過電圧　142
- 10・3 短時間交流過電圧　145
- 10・4 その他の過電圧　148
- 演習問題　149

11章 雷過電圧対策
- 11・1 絶縁協調　150
- 11・2 雷遮へい　151
- 11・3 逆フラッシオーバ現象　154
- 11・4 耐雷対策　157
- 演習問題　161

12章 サージ解析手法
- 12・1 進行波計算法　162
- 12・2 シュナイダー・ベルジェロン法　167
- 12・3 時間領域有限差分（FDTD）法　169
- 演習問題　173

13章 高電圧機器
- 13・1 高電圧機器の分類　174
- 13・2 高電圧回転機　175
- 13・3 電力用変圧器　176
- 13・4 開閉装置　178

13・5　電力ケーブル　*184*　　　　　演 習 問 題　*187*

14章　高電圧発生装置と試験方法
14・1　交流高電圧の発生　*188*　　　14・4　高電圧試験方法と規格　*197*
14・2　直流高電圧の発生　*190*　　　演 習 問 題　*202*
14・3　インパルス電圧の発生　*193*

15章　高電圧・大電流の測定
15・1　高電圧の測定　*203*　　　　　15・4　放電現象の測定　*214*
15・2　大電流の測定　*210*　　　　　演 習 問 題　*216*
15・3　部分放電の計測　*212*

演習問題解答　*217*
参 考 文 献　*225*
索　　　引　*229*

1章 放電の基礎過程

　高電圧を安定して扱うには，放電についての知識や技術が必要である．本書の始めでは，放電について，高電圧工学を意識した基礎的な内容を紹介する．放電について考えるには，まず，気体の性質の理解が必要となる．本章では，気体を多数の粒子の運動としてとらえることと，放電につながる電離現象とを説明する．気体は，特に断らない限り理想気体として取扱う．

1・1 気体の微視的扱い

　気体中では，非常に多数の粒子（以下，「分子」と呼ぶ）が気体の占める空間を運動している．これらの運動を考える際には，力学で学習した内容である，質点の運動は位置と速度で表現できることを応用しよう．さしあたり，気体分子は質点と考えて良く，空間を三次元デカルト座標系で考える場合，気体の各分子の運動は，位置 (x, y, z) と速度 (v_x, v_y, v_z) で表現できる．力学での質点の運動の取扱いと大きく異なる観点は，考えるべき分子の数が膨大（$1\,\mathrm{cm}^3$ あたり 10^{19} 個程度）であるということである．各々の分子は，位置・速度を時々刻々変化させているが，人間の知覚程度で気体全体としてとらえた場合に変化を感じない（わからない）場合も普通にみられ，定常状態と考えてよい．この状態を**熱平衡状態**といい[*1]，分子の運動を**熱運動**と呼ぶ．

〔1〕分布関数による扱い

　熱平衡状態では，分子は位置に対しては空間に均一に分布している．速度につ

[*1] 「熱平衡状態」の厳密な意味は，対象としている系と外部の系との間で，正味のエネルギーのやりとりがないことである．気体中の各分子で見れば，時々刻々のエネルギー変化があり得るが，変化分は他の分子が持つことになり，気体全体で見れば総エネルギーは変わらない．

いては，個々の分子の持つ速度成分を三次元デカルト座標系内の位置に対応させた**速度空間**で考える．速度空間に対しては，気体の分子は，その温度に依存して分布する．この速度空間での分布について考えよう．速度空間中の微小領域 $[v_x, v_x+dv_x]$，$[v_y, v_y+dv_y]$，$[v_z, v_z+dv_z]$ 内に位置する分子の数 dN は

$$dN = f(v_x, v_y, v_z)dv_x dv_y dv_z \tag{1・1}$$

と表わされる．この微小領域の体積 $dv_x dv_y dv_z$ に対する比例係数部分 $f(v_x, v_y, v_z)$ を**速度分布関数**と呼ぶ．これは，具体的に

$$f(v_x, v_y, v_z) = G \exp\left(-\frac{mv_x^2}{2k_\mathrm{B} T}\right)\exp\left(-\frac{mv_y^2}{2k_\mathrm{B} T}\right)\exp\left(-\frac{mv_z^2}{2k_\mathrm{B} T}\right) \tag{1・2}$$

と表される．ここに，m は分子の質量，T は気体の温度で，k_B はボルツマン定数である．G は $\int_{-\infty}^{\infty}\int_{-\infty}^{\infty}\int_{-\infty}^{\infty} f(v_x, v_y, v_z)dv_x dv_y dv_z = N_0$（$N_0$ は今考えている気体の全分子数）なる条件で決まる係数で[*2]，気体の温度を T としたときに，$G = N_0(m/2\pi k_\mathrm{B} T)^{3/2}$ となる．

位置空間および速度空間での分子の分布の様子を**図1・1**に示す．図1・1（a）では，位置空間内に一様に分子が分布している．一方，図1・1（b）の速度空間内は一様ではない．両者の違いは，**図1・2**の様に一次元（例えば x，v_x 方向）で描くとよくわかる．位置空間の図1・2（a）では x に対して分子数は一定であ

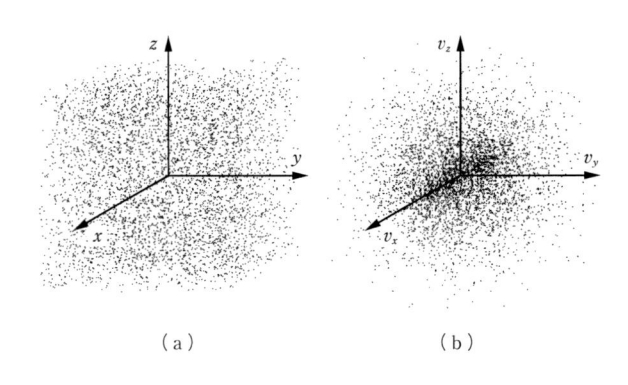

図1・1 (a) 位置空間と (b) 速度空間での分子の分布

[*2] dv_x, dv_y, dv_z を3辺とする微小直方体領域内の分子数を速度空間中のすべての領域で足し合わせれば（三重積分すれば）全分子数となる．

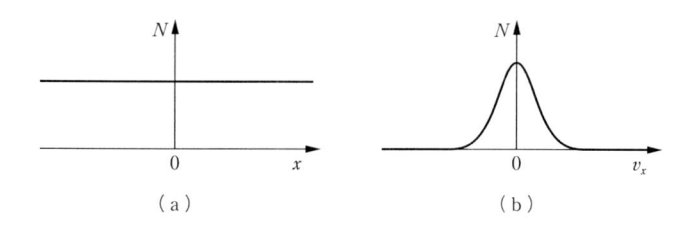

図1・2 一次元でみた（a）位置空間と（b）速度空間での分子の分布

るが，速度空間の図1・2（b）では速度0での値を最大として，正/負両方向で大きな速度に対しては，分子数は急激に減少する．減少の仕方は，式(1・2)に表されている様に，$\exp(-mv_x^2/2k_BT)$に従って変化する．

速度分布が式(1・2)で表されるとき，速度の大きさ（速さ）のみに着目した分布はどうなるだろうか．式(1・1)を，以下に従って極座標系(v, θ, ϕ)に変換する．

$$v^2 = v_x^2 + v_y^2 + v_z^2,\ v_x = v\sin\theta\cos\phi,\ v_y = v\sin\theta\sin\phi,\ v_z = v\cos\theta \quad (1\cdot 3)$$

径方向成分の値は速さを表す．他の方向θ, ϕに対しては一様分布となるので，各々の全範囲で積分すれば，分布関数は速さvのみの関数となる（区別するべき量にvの添字を付けて表す）．速さ$[v, v+dv]$内（極座標速度空間内での球殻を考える）の速度を持つ分子の数dN_vとして

$$dN_v = f_v(v)dv = G_v \exp\left(-\frac{mv^2}{2k_BT}\right)v^2 dv \quad (1\cdot 4)$$

を得る．$f_v(v)$を**速さ分布関数**と呼ぶ．

例題1・1

速さ分布関数中のG_vを求めなさい．

■**答え**

$\int_0^\infty f_v(v)dv = N_0$を考える．積分公式

$$\int_0^\infty x^2 \exp(-ax^2)dx = \frac{\sqrt{\pi}}{4a^{3/2}} \quad (1\cdot 5)$$

を用いれば

$$N_0 = G_v \int_0^\infty \exp\left(-\frac{mv^2}{2k_BT}\right)v^2 dv = G_v \frac{\sqrt{\pi}}{4}\left(\frac{2k_BT}{m}\right)^{3/2} \quad (1\cdot 6)$$

なので

$$G_v = N_0 \sqrt{\frac{2}{\pi}} \left(\frac{m}{k_B T}\right)^{3/2} \tag{1・7}$$

が得られる．

速さ分布関数の例を図 1・3 に示す．$mv^2/2 = k_B T$ を満たす v を v_m とおけば，$f_v(v)$ は，$v=0$ で 0，$v=v_m$ で最大値をとり，これより大きな v では単調に減少して 0 に向かう．図では，例として $T=300\,\mathrm{K}$ に対する $v_m = v_{300}$ を用いて示している．$T=300\,\mathrm{K}$，$1\,200\,\mathrm{K}$，$2\,700\,\mathrm{K}$ にそれぞれ対する $f_v(v)$ を示しているが，T が大きくなると最大値をとる v_m が大きくなるとともに，分布がより広い v の範囲におよぶことがわかる．

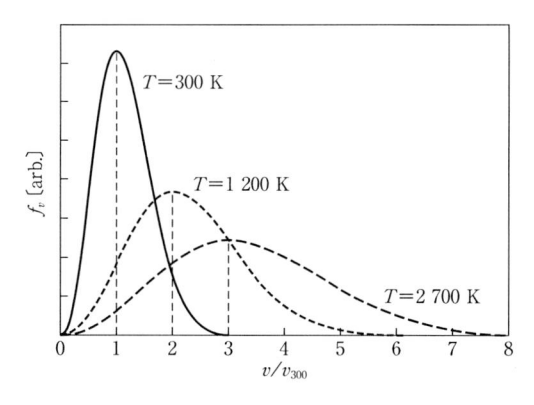

図 1・3　速さ分布関数

例題 1・2

空気の平均分子質量を 28.8 u（1u＝1.66×10^{-27} kg は統一原子質量単位）として，300 K の空気の分子の v_m を求めよ．

■答え

$k_B = 1.38 \times 10^{-23}$ J/K，$T = 300$ K，$m = 28.8 \times 1.66 \times 10^{-27}$ kg として

$$v_m = \sqrt{\frac{2k_\mathrm{B}T}{m}} = 416 \text{ m/s} \tag{1・8}$$

を得る．これは，空気中の音速（～350 m/s）に近い．

....

　速度分布関数や速さ分布関数を用いれば，速度や速さに依存する種々の平均量を求めることができる．例えば，速さの平均値 $\bar{v}$ は

$$\bar{v} = \frac{1}{N_0}\int_0^\infty v f_v(v) dv = \sqrt{\frac{8k_\mathrm{B}T}{\pi m}} \tag{1・9}$$

となり，これを**平均速度**と呼ぶ．また，速さの自乗平均値 $\overline{v^2}$ は

$$\overline{v^2} = \frac{1}{N_0}\int_0^\infty v^2 f_v(v) dv = \frac{3k_\mathrm{B}T}{m} \tag{1・10}$$

となる．$\sqrt{\overline{v^2}} = \sqrt{3k_\mathrm{B}T/m}$ を**熱速度**と呼び，通常 v_T で表す．

〔2〕分子の運動と圧力との関係

　気体分子の運動と圧力との関係を調べよう．気体の圧力は，気体の占める空間の境界に壁があるとし，その壁に気体分子が衝突する際に，壁に与える力積から求めることができる．速度の x 方向成分として v_x をもつ分子に着目し，これが y-z 面に平行な面に衝突するとする．分子の運動エネルギーが変わらず，衝突後の速度の x 方向成分が $-v_x$ になったとすると，運動量保存則は

$$mv_x - (-mv_x) = 2mv_x = F_x \Delta t \tag{1・11}$$

と表わされる．F_x は衝突により及ぼされる力，Δt は作用する時間で，この右辺は力積である．

　図1・4を参照して三次元デカルト座標系で考えよう．x, y, z 各方向の長さが L_x, L_y, L_z なる空間を考え，ここに総分子数 N_0 個の気体があるとする．手前の平面 S_{yz1} を考える．x 方向の運動に着目し，分子の衝突が壁だけで起こるとすると，v_x なる速度成分を持つ分子は，$2L_x/v_x = \tau_x$ の時間毎に手前の平面 S_{yz1} で衝突する（平面 S_{xy0} や平面 S_{zx0} での衝突では，v_x は変化しない）．したがって，力積を評価する時間 Δt の間には，$\Delta t/\tau_x$ 回の衝突がある．すべての衝突の運動量変化に対応して壁が受ける力 F_{xs} を元に，壁での圧力 p_x を考える．

1章　放電の基礎過程

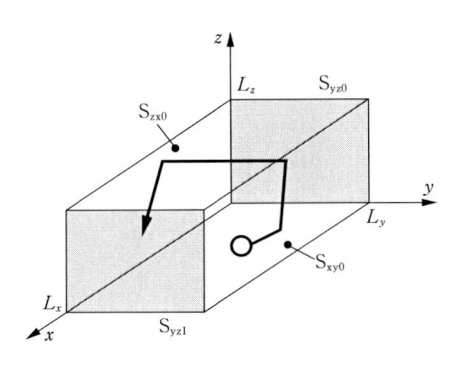

図 1・4 分子の運動と圧力

$$p_x = \frac{F_{xs}}{L_y L_z} = \frac{1}{L_y L_z} \int_{-\infty}^{\infty} \int_{-\infty}^{\infty} \int_{-\infty}^{\infty} F_x \frac{\Delta t}{\tau_x} f(v_x, v_y, v_z) dv_x dv_y dv_z$$

$$= \frac{1}{L_y L_z} \int_{-\infty}^{\infty} \int_{-\infty}^{\infty} \int_{-\infty}^{\infty} \frac{F_x \Delta t}{2L_x/v_x} N_0 \left(\frac{m}{2\pi k_B T} \right)^{3/2}$$

$$\times \exp\left[-\frac{m}{2k_B T}(v_x^2 + v_y^2 + v_z^2) \right] dv_x dv_y dv_z$$

$$= \frac{N_0}{L_y L_z} \int_{-\infty}^{\infty} \frac{2mv_x}{2L_x/v_x} \left(\frac{m}{2\pi k_B T} \right)^{1/2} \exp\left(-\frac{mv_x^2}{2k_B T} \right) dv_x$$

$$= \frac{N_0 k_B T}{L_x L_y L_z} \tag{1・12}$$

$L_x L_y L_z$ は気体の占める体積であり，N_A をアボガドロ数として $N_A k_B = R$（気体定数）なので，$N_0 k_B T = (N_0/N_A) \cdot N_A k_B T = \langle N_0 \rangle RT$ となる（$\langle N_0 \rangle$ は N_A を単位とした分子数なのでモル数である）．式(1・12)は p_x の計算であるが，同様に p_y, p_z についても同じ値が得られる（この場合，圧力は等方的である）．つまり，式(1・12)はよく知られた気体の状態方程式である．式(1・12)より，圧力は分子数と温度に比例することがわかる．

1・2 衝突過程

運動している気体分子は，分子同士で衝突する場合がある．放電の微視的過程を考える際には，この衝突過程は重要である．特に放電を考える場合，衝突する

1・2 衝突過程

相手は分子だけでなく，原子，イオン，電子など，多種の粒子がある．この節では，粒子を特定せずに一般的な条件で衝突を考え，分子でなく「粒子」の言葉で説明する．

衝突前後で両方の粒子の運動エネルギーの和が変わらない場合を**弾性衝突**と呼ぶ．運動エネルギーの和は変わらないが，一般に速度は変化する．なお前節では，分子が壁に衝突する過程を弾性衝突として取扱った．衝突する粒子間で質量に差がある場合，質量の小さな粒子の速度の変化が大きい．衝突前後で運動エネルギーの和が変わる場合は**非弾性衝突**と呼ぶ．運動エネルギーの一部が失われ，粒子が分子の場合，励起や電離など，分子の状態変化に費やされる．

〔1〕衝突断面積

衝突過程において，どれほどの頻度で衝突が起こるかが重要になる．まず，衝突の頻度に関わる係数について調べよう．粒子の数密度 n と速度 v との積を単位面積あたりの**粒子束**といい，$\Gamma = nv$ で表す．v は本来は前節で考えた速度分布を考慮して取扱うが，以下では簡単のために全粒子が同じ速度を持つと考える．ある特定の方向（ここでは x とする）の速度を考え，それに応じて同方向の粒子束（$\Gamma_x = nv_x$）を考える．粒子束の垂直方向について，考える範囲（断面積）を S とすれば，全粒子束 $I = S\Gamma_x = Snv_x$ が得られる．

数密度 n_P，速度 v_{xP} である粒子 P の全粒子束 $I_P = S\Gamma_{xP} = Sn_Pv_{xP}$ の進行方向に，別の粒子 Q が数密度 n_Q で分布し，粒子 P は粒子 Q との衝突によってその方向を乱されるとする．まず，単一の粒子の動きから，両者の衝突の条件を考えよう．粒子 P，Q の半径をそれぞれ r_P，r_Q とする．図 1・5 (a) に示す様に，粒子 P が粒子 Q と衝突するのは，粒子 P の進行方向に垂直な幕を考えた際に，幕に映るそれぞれの粒子の影に重なりがある場合である．粒子 Q が 1 個存在すると，幕上でこの重なりが生じる粒子 P の中心位置の存在範囲は，粒子 Q の中心を中心とする半径 $r_P + r_Q$ の円内であることがわかる．つまり，粒子 Q 1 個あたり $\sigma = \pi(r_P + r_Q)^2$ が障害の面積となる．

次に，多数の粒子を含む粒子束の動きで衝突を考える．図 1・5 (b) に示す様に，粒子 Q が存在する断面積 S，厚さ Δx の領域 Z に，全粒子束 I_P が入射する．I_P のうち，Q と衝突せずに Z を通過できるもの I_P' は，各 P 粒子毎にみて，進行

(a)

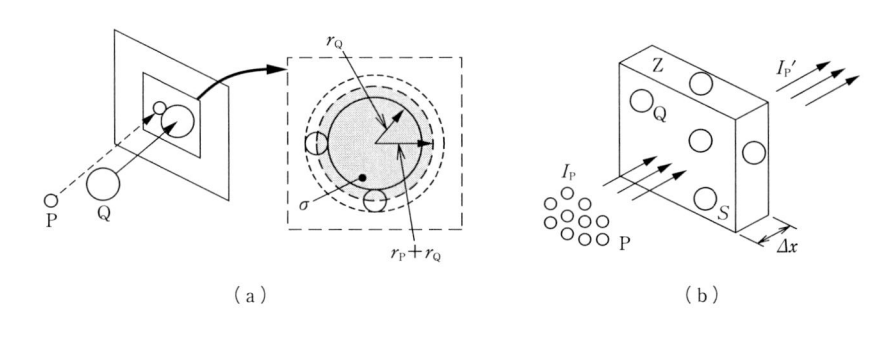

(b)

図1・5 衝突断面積

方向に障害物（粒子Q）がないものである．I_P が S 内で均一に分布しているならば，Z の通過に際して全粒子束が変化（減少）する量 $\Delta I_P(=I_P'-I_P)$ は，入射全粒子束 I_P に，対象とする断面積 S に対する粒子Qの存在による障害となる面積 Σ の比をかけたものとなる．すなわち

$$\Delta I_P = -I_P \frac{\Sigma}{S} \tag{1・13}$$

となる．n_Q が十分小さければ，単一粒子での考察から，Σ は σ に Z 内の粒子Qの個数 N_Q を乗じたものと考えられる．また，$\Sigma<S$ が満たされる程度に σ が小さいとすると

$$\Delta I_P = -I_P \frac{\sigma N_Q}{S} = -I_P \frac{\sigma n_Q S \Delta x}{S} = -\sigma I_P n_Q \Delta x \tag{1・14}$$

となる．式(1・14)によると，衝突によって粒子束の進行方向の単位長さあたり減少する全粒子束は，入射する全粒子束 I_P と衝突対象粒子の密度 n_Q に比例し，その比例係数（面積の次元をもつ）が σ である．σ は，単一粒子での衝突過程を考察して得られた量であるが，式(1・14)の様に，粒子束を対象とした議論でも利用できる．σ は**衝突断面積**と呼ばれる[*3]．

〔2〕平均自由行程と衝突周波数

式(1・14)は，全粒子束の進行方向に対する変化とみれば

[*3] ここでは粒子を球形で仮定し，粒子同士が接触する（半径より短い距離まで近づく）ことを衝突の条件として衝突断面積を導出した．これを剛体球近似した衝突断面積と呼ぶ．

$$\frac{dI_\mathrm{P}}{dx} = -n_\mathrm{Q}\sigma I_\mathrm{P} \tag{1・15}$$

と表せる．これは

$$I_\mathrm{P}(x) = I_\mathrm{P0}\exp(-n_\mathrm{Q}\sigma x) \tag{1・16}$$

と解ける（I_P0 は $x=0$ における値）．すなわち，粒子束は $x=1/(n_\mathrm{Q}\sigma)$ 進むと $1/e$ に減少する．この距離 $\lambda=1/(n_\mathrm{Q}\sigma)$ は**平均自由行程**と呼ばれる．一つの粒子が，ある衝突から次の衝突までに進む長さは様々であるが，それらを平均すると λ になるという意味である（次の例題参照）．

例題 1・3

衝突によって粒子束が式(1・16)の様に減少する場合，$x=0$ で入射した粒子が衝突するまでに進む長さの平均が $1/(n_\mathrm{Q}\sigma)=\lambda$ となることを示せ．

■**答え**

衝突するまでに進む長さが l の粒子数 dN_l は

$$\begin{aligned}dN_l &= N_0\frac{I_\mathrm{P}(l)-I_\mathrm{P}(l+dl)}{I_\mathrm{P0}} \\ &= N_0\frac{1}{I_\mathrm{P0}}\left(-\left.\frac{dI_\mathrm{P}}{dx}\right|_{x=l}\right)dl = N_0\exp\left(-\frac{l}{\lambda}\right)\frac{dl}{\lambda}\end{aligned} \tag{1・17}$$

である．ここに，N_0 は入射全粒子数である．よって，衝突するまでに進む長さの平均は以下の様に λ となる．

$$\begin{aligned}\frac{1}{N_0}\int l\,dN_l &= \frac{1}{N_0}N_0\int_0^\infty l\exp\left(-\frac{l}{\lambda}\right)\frac{dl}{\lambda} \\ &= \lambda\int_0^\infty se^{-s}ds = \lambda\end{aligned} \tag{1・18}$$

ただし，$l/\lambda=s$ として，$\int_0^\infty se^{-s}ds=1$ を用いた．

以上の説明では粒子 P と粒子 Q を区別してきたが，平均自由行程は 1 種類の粒子の集まりに対しても考えることができる．一般に，粒子の数密度を n，粒子間の衝突断面積を σ として，平均自由行程は

$$\lambda = \frac{1}{n\sigma} \tag{1・19}$$

で与えられる．さらに，粒子が式(1・2)の様に速度分布している場合は，次の様に補正される．

$$\lambda = \frac{1}{\sqrt{2}n\sigma} \tag{1・20}$$

注目する現象の大きさ（長さ）と平均自由行程との比較を通じて，粒子の衝突の程度を見積もることができる．

衝突の頻度を時間の面で見れば，ある衝突から次の衝突までの平均的な時間は λ/v_{xP} である．この逆数 $\nu = v_{xP}/\lambda = n_Q\sigma v_{xP}$ を**衝突周波数**と呼ぶ．これは，どのくらいの頻度で衝突が起こるかを表している．平均自由行程と同じ様に，1種類の粒子の集まりに対して，粒子の走行方向を特定せずに一般的に表記すれば

$$\nu = v/\lambda = n\sigma v \tag{1・21}$$

となる．速度分布を考慮する場合は，速度として熱速度を用いて

$$\nu = v_T/\lambda = n\sigma\sqrt{\frac{6k_BT}{m}} \tag{1・22}$$

となる．注目する現象の継続時間（の逆数）と衝突周波数との比較を通じて，粒子の衝突の程度を見積もることができる．

1・3 荷電粒子の発生

〔1〕分子構造と電離

気体の分子の構造についての詳細な説明はここでは行わないので，必要に応じて他書を参照されたい．ここでは，ボーア（Niels Bohr）の原子模型程度に，正の電荷を帯びた核のまわりに電子があり，エネルギーで決まる軌道に沿って核をとりまいていると考えれば，十分である[4]．

核をとりまく電子は，分子に大きな（内部）エネルギーが与えられると，核の影響の範囲から離れて空間に飛び出す（これを自由電子と呼ぶ）．電子が離れた分子は電気的中性でなくなり，正の電気を帯びた分子（イオン）となる．この様

---

[4] ボーアの模型は「原子」の模型であるが，ここでは気体一般を想定して「分子」を対象とする．そのため，「原子核」という言葉を避けて，単に「核」としている．既に知識があって混乱する場合は，本文の記述は単原子分子（稀ガスなど）が対象であると考え，「核」は原子核のことであると考えて欲しい．

な過程で，中性の分子から電気を帯びたイオンと電子が生じる．このことを**電離**という．

電離を起こすのに必要な最小のエネルギーは分子毎に決まっていて，これを**電離エネルギー**という．分子レベルのエネルギーの表現には，単位としてeV（electron volt；電子ボルトと読む；$1\,\text{eV} = 1.602 \times 10^{-19}\,\text{J}$）を使うのが普通である．電離エネルギーの電子ボルト単位の数値をそのまま使って，**電離電圧**と呼ぶ場合もある．表1・1にいくつかの気体の電離エネルギーを示す．気体分子で議論しているが，電離現象は固体・液体も含めた原子でも起こる．特にアルカリ金属は電離エネルギーが小さく，放電を応用する際に利用されることも多い．表1・1には，いくつかの原子の電離エネルギーも示す．なお，通常の金属は固体であり，その固体から電子を取り出す過程は別に考える必要がある．この場合の，固体から電子を取り出すのに要するエネルギーは，**仕事関数**と呼ばれる．

表 1・1 気体・原子の電離エネルギー

気体	電離エネルギー [eV]	原子	電離エネルギー [eV]
H_2	15.4	H	13.6
N_2	15.6	N	14.5
O_2	12.2	O	13.6
He	24.6	Na	5.1
Ne	21.6	Cs	3.9
Ar	15.8	Hg	10.4

〔2〕電離・励起過程

電離エネルギーを与える手段はいくつか考えられるが，高電圧工学での放電を対象とする場合は，気体の**衝突電離**が最も重要である．前節で説明した様に，気体中では気体分子が自由に運動しており，分子同士の衝突が起こっている．次の章で詳しい説明がなされるが，気体中に電子が存在すると，気体分子は電子とも衝突しうる．強電界が印加された空間では，電子は電界から作用を受け，電界の逆方向に加速されて大きなエネルギーをもつことになり，衝突相手の気体分子の電離エネルギーよりも大きなエネルギーにもなりうる．気体分子がその様な電子と衝突すると，電離エネルギー以上のエネルギーを受けることになり，気体分子は電離する．

以上の衝突電離過程で、電子を光子に置き換えてみよう。普通の生活空間も含めて、光があるということは、その空間に光子が飛び交っていることと言える。光子は、その波長（振動数）によってエネルギーが決まっている。人間の眼で知覚できる光の場合、光子のエネルギーは普通の気体分子の電離エネルギーには満たない。しかし、次の章で説明されるような放電過程の中では、高いエネルギーを持った光子が発生することがあり、その様な光子が気体分子と衝突すると、気体分子は電離する。これを**光電離**と呼ぶ。これと同様の電離過程は、頻度は低いが、我々の生活空間の中でも起こっている。それは、非常にエネルギーの高い宇宙線が光子の役割を果たす。宇宙線は地球に常時飛来しており、我々の生活空間中にも存在する。それらの一部は、気体分子と衝突することにより、気体分子を電離している。

ボーアの原子模型でも扱われる様に、核をとりまいている電子は、その最低のエネルギー状態（**基底状態**）以外のエネルギー状態をとりうる。電子が基底状態でないエネルギー状態に変わることを**励起**と呼ぶ。衝突過程では、上記で説明した電離以外に、励起を起こす場合がある。電子から分子に与えられるエネルギーが異なること以外は、すべて電離と同様の過程である（光子によるものもある）。励起状態は、1種類の分子を対象としても無数にあり、授受されるエネルギーに応じて、様々な励起状態がある。電離は、励起状態の特殊なものととらえることもできる。

〔3〕再結合・付着過程

電離した電子とイオンが衝突すると、電子がイオンに取り込まれて中性の分子に戻る場合がある。この過程を**再結合**と呼ぶ。

電離過程では、核をとりまいている電子を自由電子とするために分子にエネルギー（電離エネルギー）が与えられるが、再結合過程では自由電子が核にとりこまれるため、電離エネルギー分の余剰が生じる。このエネルギーは、通常光子として放出される（**再結合放射**と呼ぶ）。電離エネルギー自体は、表1・1に示す様に分子の種類毎に決まった値であるが、再結合で放射される光子のエネルギーは、再結合前の電子の運動エネルギーが電離エネルギーに加わり、その合計エネルギーに対応する光子が放射される。電子の運動エネルギーは連続的な値をとりうるので、再結合で放射される光子のエネルギーも連続した値をとりうる。

再結合に似た過程として，電子の**付着**過程がある．ハロゲンなど，希ガスと比べて核をとりまいている電子数が少ない原子などは，中性原子が電子を余分に取り込む，すなわち負イオンを形成することによってより安定な状態となる．この過程を付着と呼ぶ．原子以外にも，酸素分子などもこの様な性質があり，**負性気体**と呼ばれる．

　再結合も付着も，空間にある自由電子の数を減少させる．自由電子数の変化は放電の進展に大きな影響を及ぼす．放電の発生を抑制したい場合などは，重要な働きとなる．

演習問題

1 式(1·2)中の G が $N_0(m/2\pi k_B T)^{3/2}$ となることを示せ．

2 粒子の運動エネルギー E についての分布 $f_e(E)$ は
$$f_e(E) = \frac{2N_0}{\sqrt{\pi}(k_B T)^{(3/2)}} \exp\left(-\frac{E}{k_B T}\right)\sqrt{E}$$
で表されることを示せ．

3 質量の大きく異なる分子が衝突した際，質量の小さな分子の速度が大きく変化し，質量の大きな分子の速度はあまり変わらないことを示せ．

4 Ar 分子の直径を 0.15 nm として，（1）電子束が Ar ガスに入射する場合の衝突断面積，（2）Ar ガスの圧力が 1 Pa の場合の電子の平均自由行程，をそれぞれ剛体球近似に基づいて求めよ．ただし，Ar ガスの温度を 300 K とし，電子の直径は Ar 分子に比べて無視できるとする．

2章 気体放電の開始

本章では放電の開始について説明する．放電では，電圧を印加された電極などで形成される電界と，その電界の作用を受ける荷電粒子，特に電子が重要な役割を担う．その開始過程は微視的かつ高速な現象が元になっており，条件によって様々に変化する現象である．本章では，基本となるタウンゼントの理論を中心に説明する．

2・1 タウンゼントの放電理論

〔1〕初期電子

放電は，分子中に束縛されていない自由電子の存在から始まる．放電の元になる自由電子を**初期電子**という．電界によって自由電子の数は増大するが，増大する現象自身，その元に自由電子を必要としており，これが初期電子である．ここでは，初期電子の存在について考える．

普通の実験室環境で最も可能性が高いのは，**光電効果**による初期電子の供給である．金属の仕事関数よりも大きなエネルギーをもった光子が金属表面に照射されると，金属表面から電子が放出される．これはアインシュタイン（Albert Einstein）によって発見され，光電効果と呼ばれている．仕事関数は金属によって値が決まるが，対応するエネルギーをもつ光子は可視光から紫外光の範囲に多くあり，初期電子を供給する光は，普通の実験室環境で十分照射されている．

光学的観測を伴う実験などでは，可視光を遮った環境で実験する場合もある．このような環境で初期電子の供給を担うのは，放射線（宇宙線）である．1・3節［2］でも述べた様に，宇宙空間には高エネルギーの放射線が飛び交っている．その一部は我々の近辺にも飛来し，実験室中の気体分子に作用して，電離を起こす．その結果，気体中に自由電子が現れ，初期電子として働く．

〔2〕α作用と電子なだれ

前節で説明した初期電子が混在する気体に，電界を印加した場合の自由電子の数の変化について考える．電子は電界により電界と逆向きに加速され，その運動エネルギーが大きくなった状態で気体分子と衝突すると，衝突電離を引き起こす．電離によって，新たに自由電子が発生し，当初の初期電子とともに，さらに電界で加速され，同様に次の衝突電離を引き起こす．すなわち，電子が電界の逆方向に走行することで，電子の数が増えてゆく．この現象を**電子なだれ**と呼び，この過程で電子数が増大する効果を**衝突電離作用**，あるいは以下で説明する係数記号を用いて**α作用**という．

図2・1のように，一対の電極を配置し，電位の低い側，高い側を，それぞれ**陰極（カソード）**，**陽極（アノード）**と呼ぶ．電極を平行平板で構成すれば，電極間の印加電界を一様にできる（この様な電界を**平等電界**と呼ぶ）．図のように，N_{e0} 個の初期電子が陰極前面近傍のみに存在するとする[*1]．陰極から陽極に向かって x 軸をとり，陰極，陽極の位置をそれぞれ $x=0$，d として，x 軸に沿った電子数の分布 $N_e(x)$ を考える．衝突電離の生起は確率的であり，1個の電子が電界逆方向に単位長さ進むことによって生じる衝突電離数を $α$ で表す．この $α$ を**衝突電離係数**と呼ぶ．単位長あたり $α$ 個の電子が新たに発生するので，$N_e(x)$ 個の電子が微小距離 Δx 進む間には

$$N_e(x+\Delta x) = N_e(x) + αN_e(x)\Delta x \tag{2・1}$$

の様に電子数が変化する．$\Delta x \to 0$ の極限を考えれば

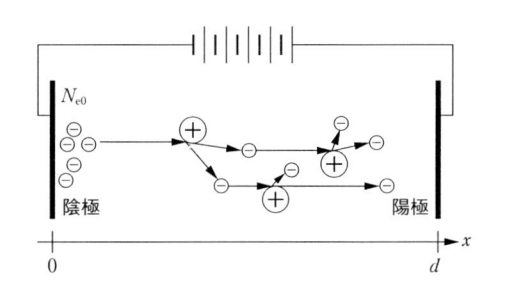

図2・1 電子なだれ

[*1] 陰極面での光電効果により自由電子が発生すると考えればよい．

$$\lim_{\Delta x \to 0} \frac{N_e(x+\Delta x) - N_e(x)}{\Delta x} = \frac{dN_e(x)}{dx} = \alpha N_e(x) \tag{2・2}$$

である．よって

$$N_e(x) = N_e(0)e^{\alpha x} = N_{e0}e^{\alpha x} \tag{2・3}$$

を得る．

〔3〕γ作用と放電開始条件

電子なだれの発生によって，空間にはイオンが発生する．これらのイオンは電界によって電子と逆方向（すなわち電界方向）に走る．電子と同じように，イオンがエネルギーを得て気体分子と衝突し，荷電粒子を増大させる衝突電離（これを**β作用**という）が生じうるが，この作用は大きくない．むしろ，走行したイオンは最終的に陰極に到達し，陰極表面へイオンが衝突する際に陰極から電子が放出される作用が重要である．このように，電子やイオンなどが固体表面へ衝突することによって放出される電子を**二次電子**と呼ぶ．二次電子は，一つの粒子の衝突によって，一般に複数個（0個の場合も含む）放出される．その平均値を通常γで表すので，陰極表面へのイオン衝突により自由電子の数が増大する効果を**γ作用**という[*2]．

γ作用による電子数の増大について，**図2・2**を参照して考える．N_{e0}個の初期電子による電子なだれが陽極まで達すると，総電子数は式(2・3)より$N_{e0}\exp(\alpha d)$個となるので，増えた電子数は

$$N_{e0}\exp(\alpha d) - N_{e0} = N_{e0}[\exp(\alpha d) - 1] \tag{2・4}$$

であり，したがって発生したイオン数もこの数である．これらのイオンが陰極に衝突して発生する二次電子数は

$$N_{e1} = \gamma N_{e0}[\exp(\alpha d) - 1] \tag{2・5}$$

である．これらの新たな電子による電子なだれが陽極に達すると，N_{e1}を元にした電子の総数は

$$N_{e1}\exp(\alpha d) = \gamma N_{e0}[\exp(\alpha d) - 1]\exp(\alpha d) \tag{2・6}$$

であり，増分は

[*2] 厳密にはγ作用は，電子なだれに伴って生ずる陰極表面からの自由電子の数が増大する効果である．電子なだれに伴って発生した光によって，陰極表面で起こる光電効果による自由電子の供給も含まれる．

2·1 タウンゼントの放電理論

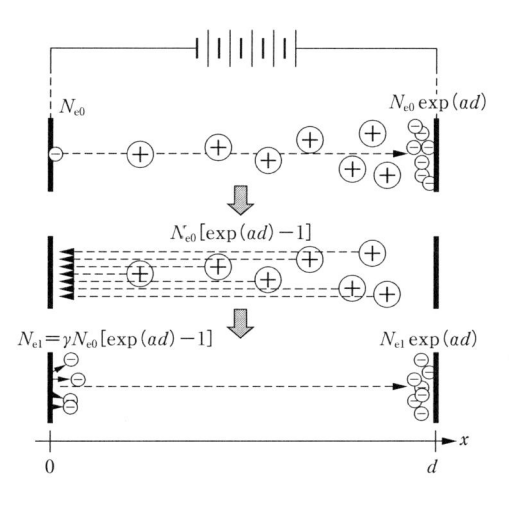

図2・2 タウンゼントの放電開始過程

$$N_{e1}\exp(\alpha d) - N_{e1} = \gamma N_{e0}[\exp(\alpha d)-1]^2 \tag{2・7}$$

である．これと同数のイオンによる γ 作用によって

$$N_{e2} = \gamma^2 N_{e0}[\exp(\alpha d)-1]^2 \tag{2・8}$$

なる二次電子が発生する．

例題 2・1

式(2・4)〜式(2・6)の過程が繰り返される結果，陰極で発生する総電子数 N_{eT} を求めよ．

■答え

第 i 回目の過程の陰極で発生する電子数を N_{ei} とすると

$$N_{eT} = N_{e0} + N_{e1} + N_{e2} + \cdots \tag{2・9}$$

$$= N_{e0} + \gamma N_{e0}[\exp(\alpha d)-1] + \gamma^2 N_{e0}[\exp(\alpha d)-1]^2 + \cdots \tag{2・10}$$

上式は，初項 N_{e0}，公比 $\gamma[\exp(\alpha d)-1]$ の無限等比級数である．よって

$$N_{eT} = \frac{N_{e0}}{1-\gamma[\exp(\alpha d)-1]} \tag{2・11}$$

と計算される．

式(2·11)によれば
$$\gamma[\exp(\alpha d) - 1] = 1 \qquad (2\cdot12)$$
のとき，N_{eT} は N_{e0} の値に関わらず無限大となる．タウンゼント（Edward Townsend）はこれを放電が開始する条件と考えた．式(2·12)を**タウンゼントの放電開始条件**と呼ぶ．また，初期電子が供給されなくても維持される放電を**自続放電**と呼ぶ[*3]．

2·2 パッシェンの法則

[1] 条件による衝突電離係数の変化

衝突電離係数（α）は，種々の条件によって値が変化する．気体の圧力 p に対する変化を考えよう．式(1·19)より，一般に平均自由行程は分子数密度，すなわち圧力に反比例して短くなり，圧力が増えると単位長さあたりの衝突頻度は増える．したがって，単位長さあたりの電離回数である α は，圧力に比例して増大する．一方，単純に平均自由行程が短くなっただけでは，衝突間に電界 E から電子が得るエネルギーは減少し，電子が電離エネルギー以上のエネルギーを持つ必要性の観点からは，電離回数としては減少する．後者の依存性については，平均自由行程の減少分だけ電界を強くすることにより，電離回数を同じに保つことができる．よって，α は E/p に依存して増大する．E/p は放電の議論でよく使われる条件で，**換算電界**と呼ぶ[*4]．

例題 2·2
圧力変化に応じて電界強度を変化させれば，電離回数を同じに保つことができることを説明せよ．

■答え

式(1·17)を参照すれば，次の衝突までに走行する距離が l である電子の数は $\exp(-l/\lambda)$ に比例する．圧力が ϵ 倍になった場合，次の衝突までに走行

[*3] 電子なだれのみでも微弱な電流が流れているが，初期電子の供給がなくなると電流もなくなる．これは非自続放電である．

[*4] 換算電界は粒子数密度 n を用いて E/n で定義する場合もある．この場合の換算電界の単位として Td（タウンゼント）が用いられる．$1\mathrm{Td} = 1 \times 10^{-21}\,\mathrm{Vm}^2$ である．

する距離 l' に対する電子数の依存性は $\exp[-l'/(\lambda/\epsilon)]=\exp(-\epsilon l'/\lambda)$ に比例する．つまり，全電子数に対する l だけ走行する電子数の割合と同じ割合の電子数が $l'=l/\epsilon$ だけ走行する．

電子が電界から得るエネルギーは，電界強度に走行距離を乗じたものなので，走行距離が $1/\epsilon$ 倍に変化すると，電界から得るエネルギーも $1/\epsilon$ 倍になる．よって，圧力が ϵ 倍になると同時に電界も ϵ 倍すれば，電子が電界から得るエネルギーは変らない．上記の走行距離に対する電子数の割合の対応を考えれば，衝突する電子のエネルギー分布を同じにできる．

衝突で電離が起こる確率は，衝突時のエネルギーで決まると考えて良いので，圧力変化に応じて電界強度を変化させれば，電離回数を同じに保つことができる．

以上の α の値の変化の考えをまとめると

$$\alpha \propto p F_\alpha(E/p) \tag{2・13}$$

となる．ここに $F_\alpha(\xi)$ は ξ に対して単調に増加する関数である．タウンゼントは理論的な考察によって具体的に $F_\alpha(\xi)$ を決定し，次式を得た．

$$\frac{\alpha}{p} = A\exp\left[-\frac{B}{(E/p)}\right] \tag{2・14}$$

ここに，A, B は気体の種類によって決まる定数である．**表2・1**に，いくつかの気体に対するこれらの定数を示す．

気体の種類によっては，電子のエネルギーが高くない場合，気体分子に電子が付着して，電子数がむしろ減少する場合がある．α と同様に**付着係数** η を定義し，改めて $\alpha^*=\alpha-\eta$ なる**実効電離係数**を考える場合がある．これは，負性気

表2・1 係数 A, B の値および最小火花電圧 V_{sm} とそのときの pd 値

気体	A [Pa^{-1}·m^{-1}]	B [V·Pa^{-1}·m^{-1}]	V_{sm} [V]	pd [Pa·m]
H_2	3.8	98	270	1.53
He	2.1	26	156	5.3
N_2	9.3	257	250	0.89
Ar	10.2	176	233	1.01
空気	11	274	330	0.76

体の場合に考え，詳しくは4章で説明する．

〔2〕パッシェンの法則

式(2·14)をタウンゼントの放電開始条件式(2·12)を用いて変形すると，以下を得る．

$$V_s = \frac{Bpd}{\ln Apd + C} \tag{2·15}$$

ここに，V_s は放電開始電圧を表す．なお，電極間距離が d の平行平板電極系においては V_s は Ed に等しい．C は気体の種類と電極材料によって決まる定数を表す．式(2·15)は，放電開始電圧が p と d との積によって決まることを示しており，その発見者の名前にちなんで**パッシェン**（Friedrich Paschen）**の法則**と呼ばれる．

例題 2·3

式(2·12)と式(2·14)から式(2·15)を導出しなさい．

■答え

式(2·12)は

$$\alpha = \frac{1}{d}\ln\left(1 + \frac{1}{\gamma}\right) \tag{2·16}$$

と変形できる．一方，式(2·14)を E について解くと

$$E = \frac{Bp}{\ln(Ap/\alpha)} \tag{2·17}$$

なので，式(2·16)を代入すれば放電開始の条件が得られる．放電開始電圧として求めると

$$V_s = Ed \tag{2·18}$$

$$= \frac{Bpd}{\ln(Ap/\alpha)} \tag{2·19}$$

$$= \frac{Bpd}{\ln Apd + \left[-\ln\ln\left(1 + \frac{1}{\gamma}\right)\right]} \tag{2·20}$$

となる．$-\ln\ln\left(1 + \frac{1}{\gamma}\right)$ を C とすれば式(2·15)が得られる．

式(2·15)を pd の関数と考えてグラフを描くと**図2·3**のようになる．この図では，例として空気を考え，表2·1に挙げた定数 A, B を用いて描いたものが図の実線（A, B 指定）である（$\gamma = 0.01$ としている）．V_s は pd の小さな領域では大きいが，pd が増えると急激に低下して最小値に至る．この最小値を**最小火花電圧**（V_{sm}）と呼ぶ．さらに pd が増えると増加してゆく．図2·3に示す曲線を**パッシェン曲線**と呼ぶ．

実際に，pd を変化させて放電開始電圧を調べると，パッシェン曲線が得られる．しかし，α の変化より得られる A, B を元にした曲線とは厳密には一致しない．実験で得られた V_{sm} およびそのときの pd の値は表2·1に示す通りで，これらの値を元にして A, B を修正してパッシェン曲線を描くと図2·3の破線（V_{sm} 指定）の様になる．A, B を元にするか，V_{sm} とそれを与える pd を元にするかで，少し曲線は変る．

なぜ放電開始電圧はこのような変化をするのだろうか．pd に対する変化を考えるにあたり，まず d は一定として，p に対する変化として考える．放電は電子の衝突電離に依存しているが，V_{sm} を与える p より小さい領域で放電開始電圧が高いのは，気体分子数が少なくて衝突が起こりにくく，放電が起こりにくいと考えられる．V_{sm} を与える p より大きい領域で放電開始電圧が高くなるのは，気体分子数が多くて衝突が起こりやすく，衝突電離を起こす程度にまで電子が加速される前に，衝突で走行方向を変えられてしまうためと考えることができる．一

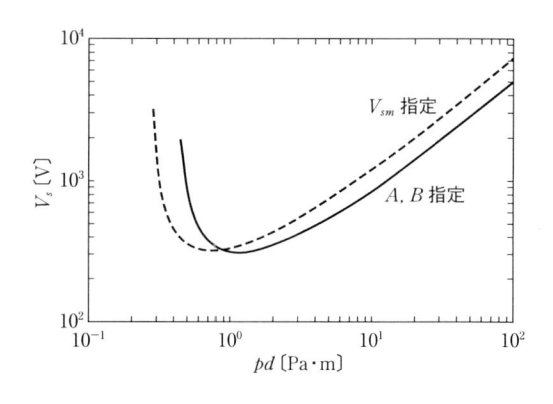

図2·3 パッシェン曲線

方，p を一定として d に対する依存性を考える．d が小さい領域では，電子なだれによる電子数の増大が制限されるため放電が起こりにくいと考えられ，d が大きい領域では，電界が弱く，衝突電離を起こす程度にまで電子が加速されないためと考えられる．

パッシェンの法則に代表されるように，放電現象には，独立した条件に見える複数の物理量（例えば p と d）に対する依存性が，それらの積（または比）の依存性としてまとめられるものがある．このように整理される法則を**相似則**と呼ぶ．

2・3 ストリーマ放電

pd が大きくなると，タウンゼントの放電開始条件は必ずしも観測と合わない．タウンゼントの理論によれば，放電の開始には陰極からの二次電子放出が必要で，そのためにイオンが電極間を走行することが必要である．したがって，電極への電圧印加から放電の開始までの間にこのイオンの走行時間がかかり，放電の開始が遅れるはずである．観測では，予想される走行時間よりもはるかに短い時間で放電は開始する．電極間距離が長く，圧力が高い場合の放電開始機構は別の説明が求められる．

この説明として，ミーク（John Meek）らは，**ストリーマ**の理論を提唱した．図2・4を参照してこの理論を説明しよう．図（a）の様に，電極を用意して電界 E を与えれば，タウンゼントの理論に沿って，陰極から電子なだれが進展する（後出のものと区別するために一次電子なだれと呼ぶ）．電子の走行に着目するような短い時間では，生成されるイオンはほとんど動かず，図（b）の様に，なだれの進展領域にはイオンが残される．この周囲には，イオンの電荷による電界 E_c（**空間電荷電界**）が生じる．pd が大きい条件下，すなわち，電極間距離が長いもしくは気体の圧力が高いと，残されたイオンが多いため，空間電荷電界が強くなる．同時に，一次電子なだれによって発生した光が付近の気体分子に光電離作用を及ぼして自由電子が発生し，これを初期電子として，$E + E_c$ によって新たな電子なだれ（二次電子なだれ）を引き起こす（図（c））．電子は電界の元になる一次電子なだれ中のイオンに向かって走行し，図（d）の様に，一次電子なだれの進展領域には電子が混在することになる．この領域は，導電性を

2・3 ストリーマ放電

(a)　　　　(b)　　　　(c)

(d)　　　　(e)

図2・4 ストリーマ放電

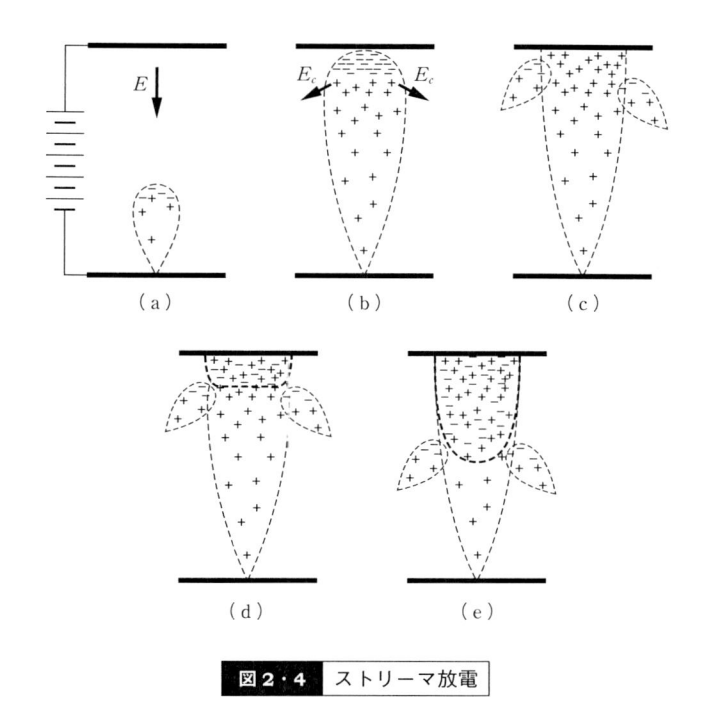

もつプラズマとなり，これをストリーマと呼ぶ．電子が混在するストリーマ中では電界が小さく[*5]，また領域が導電性をもつことから，陽極が陰極方向に延びたと考えることができ，印加電界が強くなる．その結果，二次電子なだれの発生が助長され，ストリーマは陰極に向かって伸展する（図(e)）．ストリーマが陰極に達すると電極間が橋絡状態[*6]となり，火花放電が発生する．以上の過程では，動いている粒子は電子のみであり，短時間で完結する．イオンの走行時間を考える必要がなく，放電の観測結果と矛盾しない．

ストリーマの理論によると，一次電子なだれによって形成される高密度のイオン領域は，周囲から二次電子なだれを発生させるほどの強い空間電荷電界を形成する．したがって，圧力が高かったり，一次電子なだれの長さが長いなど，条件次第では，一次電子なだれが陽極に達する以前に二次電子なだれを発生させるほ

[*5] 例え局所的に電界が発生しても，電子がすぐに動いてその電界を打ち消す．
[*6] ストリーマを抵抗0の導線とみなせるなら，オームの法則より通電電流は∞となる．

どの空間電荷電界を形成しうる．すなわち，ストリーマが形成されうる．この観点から，α が位置によって変化する一般性を加味して

$$\int_0^x \alpha dx = K \tag{2・21}$$

をストリーマの形成条件とする考え方がある（K は定数）．

式(2・21)は，α を一定として積分範囲を電極間全域にとれば，$\alpha d = K$ となる．一方，式(2・12)を変形すると $\alpha d = \ln(1+1/\gamma)$ となり，K と $\ln(1+1/\gamma)$ が対応している．しかし，pd の大きな条件下では，電極材料の影響を表す γ の依存性が，大気中の火花放電の観測では見いだされない．つまり，電極材料の変化に対して K は変化せず，αd の条件は別の観点から決定されると考えられる．このことからも，ストリーマの形成が火花放電の発生の条件になっていることが伺われる．

2・4 放電遅れ時間

前節で述べた様に，火花放電は電圧印加からいくらか時間を経て発生する．この時間を**放電遅れ時間**（τ）と呼ぶ．遅れ時間には，電子やイオンの走行時間やストリーマの形成に必要な時間などがある他，放電の起源である初期電子の発生に関わる時間が含まれる．前者を**形成遅れ**（τ_f），後者を**統計遅れ**（τ_s）と呼び，$\tau = \tau_f + \tau_s$ である．

形成遅れは電極や電圧など放電条件で決まるが，統計遅れは初期電子の発生に関わっており，試行毎に変化する．初期電子の発生については2・1節で述べた通りである．初期電子の発生を制御しない場合（例えば，初期電子が宇宙線の飛来を受けて発生する場合など），初期電子の発生の確率的変化が放電の遅れ時間を変化させる．すなわち，同じ条件で放電の発生を観測しても，遅れ時間が一律でない．τ は次式にしたがって分布する．

$$\frac{N}{N_T} = \exp\left(-\frac{\tau - t_f}{t_s}\right) \tag{2・22}$$

ここで，N_T は総試行回数で，N は遅れ時間が τ 以上の累積回数を表す．この式で表わした場合の t_f，t_s を，それぞれ形成遅れ，統計遅れと呼ぶ[*7]．t_f は個々

[*7] t_f は「形成遅れ τ_f の推定値」，t_s は「統計遅れ τ_s の平均値の推定値」と呼ぶ方が丁寧である．

2・4 放電遅れ時間

図2・5 ラウエプロット

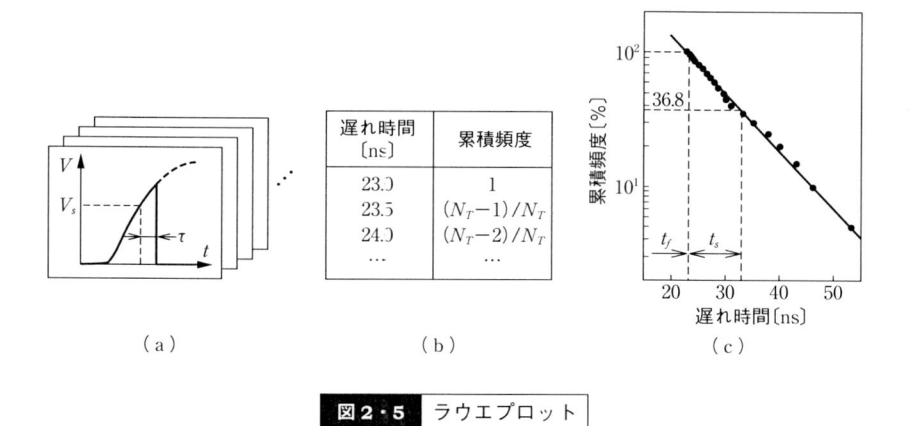

の試行による τ_f と同じであるが，t_s は τ_s の分布の広がり幅を表す値である．t_s，τ_s はいずれも統計遅れと呼ばれるので，言葉での表現では注意が必要である．統計遅れの変動による遅れ時間の変動は**ジッタ**と呼ばれ，放電を制御して利用する観点からは問題となる．

形成遅れと統計遅れは，放電の遅れを多数回観測して，統計処理することによって分離できる．**図2・5**は，統計処理の例である**ラウエプロット**（Laue plot）を示したものである．14章で詳しく説明する急峻な立ち上がりを持つインパルス電圧を用意すれば，電圧が放電開始電圧（V_s）に達した時刻より遅れて放電が起こる．電極に印加する電圧の時間変化を記録すれば，放電の遅れ時間が測定できる（図(a))．同一条件で多数回（N_T回）試行し，遅れ時間の昇順に並べれば，遅れ時間毎に，放電がその時間以上遅れる累積頻度（N/N_T）として整理できる（図(b))．この累積頻度を遅れ時間に対して片対数グラフに描画すれば，式(2・22)にしたがってデータ点が直線上に並ぶ．累積頻度が100%となる時間が t_f を表し，36.8%（$=1/e$）となる時間が t_f+t_s を表す（図(c))．ラウエプロットの具体例は4章で示される．

演習問題

1 イオンの走行に伴う電離作用（β作用）について，αと同様に衝突電離係数βを定義し，γ作用の代りにβ作用を考慮した式(2・11)に対応する表式を考える．$x=0$における電子数をN_{e0}，$x=d$における電子数をN_{eT}として，電子数N_eをxの関数と考える．
（1）$[x, x+dx]$における電子数の増分dN_eをα，βで表せ．
（2）上式より得られる電子数の空間分布の（1階線形）微分方程式を解いて，N_{eT}をα，βで表せ．

2 パッシェンの法則の式(2・15)において，V_sの最小値を与えるpdを求めよ．

3 表2・1のA，Bを用いて，Arに対するパッシェン曲線を描け．

4 放電の遅れ時間を観測して，以下の値を得た（単位はns）．形成遅れと統計遅れを求めよ．
30, 33.5, 28, 30.5, 35.5, 38, 31.5, 29.5, 32, 28.5

3章 気中放電の形態・特性

2章の放電の開始過程で説明したものは火花放電として観測される．気中の放電は，火花放電以外にも様々な形で観測される．本章では，主として大気中の放電について述べる．なお，「大気中」との言葉は，通常人間が生活する空間の気体，すなわち，気体の種類としては空気（混合ガス）で，常温・常圧の状態を意味する．

3・1 アーク放電

〔1〕アーク放電の発生

図3・1に示す構成を考える．ここでは，パッシェンの法則で放電開始電圧が1kV程度となるような圧力と電極間隔を想定する（$pd \sim 10$ Pa·m）．ガスは空気を考えるが，圧力は大気圧より相当低く，低気圧を保つために放電領域はガラス管などで囲われているとする．火花放電の発生によって電極間が橋絡すると，電極間に電流が流れる．流れる電流 I_d は，図3・1に示す様に，電極にかかる電圧

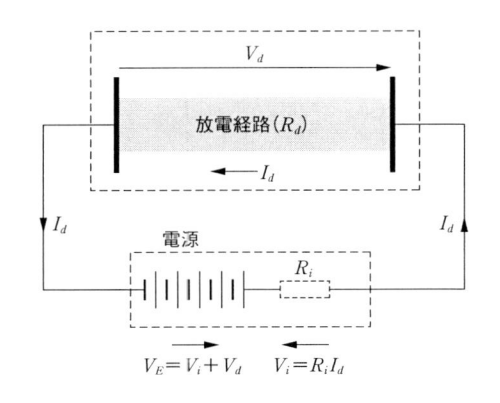

$V_E = V_i + V_d \qquad V_i = R_i I_d$

図3・1 放電回路

V_d と橋絡した経路の電気抵抗 R_d とで決まる．一般にこの抵抗は，電極に電圧を供給している電源（起電力を V_E とする）の内部抵抗（R_i）に比べて小さいために，V_d は放電を開始したときの電圧（ほぼ V_E）より低い．適当な電流値で，電圧源—（内部抵抗）—電極—放電経路の回路が定常状態になれば，安定した放電が観測される．I_d が 1 mA オーダーの場合，放電路のほぼ全域に発光が観測される．これを**グロー放電**と呼ぶ．

電流（密度）値がある程度以上大きくなると，安定した放電を得ることが難しくなる．それは，電流の増大に伴って電流経路の一部である電極が加熱され，高温になった電極から**熱電子放出**[*1]が起こるからである．前章の説明では，放電電流を担う電子は，電子による衝突電離と陰極からの二次電子放出により供給された．これに陰極からの熱電子放出による電子が加わり，電流が増大する．電流の増大に伴って電極温度はさらに上昇し，熱電子放出作用もさらに著しくなる．これは一種の正帰還であり，放電は不安定となる（通常，図 3·1 の回路では，安定化用の抵抗を直列に入れる）．

この様な，熱電子放出を伴っている放電を**アーク放電**と呼ぶ．次項で説明するように，アーク放電には熱電子放出以外の機構をもつ場合もあるが，γ 作用を電子放出機構とするグロー放電とは異なる．グロー放電に比べてはるかに輝度の高い発光が観測される．アーク放電の大きな特徴は大電流（高い電流密度）であり，数 10A 程度までは，電流の増大に伴って放電経路の抵抗値が減少（すなわち，電極間電圧が低下）するという**負性抵抗**を示す[*2]．電極間電圧の低下は放電経路中の電界の低下を意味し，もはや電子衝突電離作用は，放電の自続に対して重要な意味をもたなくなることがわかる．

放電電流の増大という過程でアーク放電の発生を説明したが，放電開始の時点からアーク放電の形態をとる場合も多い．例えば，電力伝送設備の遮断器の様に，大電流が流れている回路を開く場合などに，両接点を電極としてアーク放電が発生する．

[*1] 温度 T の金属からの熱電子放出による電流密度 j は，$j = AT^2\exp(-\varphi/k_BT)$（リチャードソン（Owen Richardson）—ダッシュマン（Saul Dashman）の式）で与えられる．ここで，A はリチャードソン定数と呼ばれる定数，φ は仕事関数で金属の種類で決まる定数である．

[*2] 電流が 100 A 程度以上になると，放電路の導電性は飽和し，ほぼ一定の抵抗を示すようになる．

〔2〕陰極での電子放出機構

電極からの熱電子放出でアーク放電を説明したが，もう少し詳しくその物理機構を調べよう．

電極の加熱は陽極でも陰極でも起こり得るが，電子放出が重要となるのは陰極である．電流の増大→電極の加熱→熱電子放出→電流の増大という正帰還は，陰極表面の空間領域の変化にも同様に作用する．すなわち，何らかの原因で陰極表面のある一部分からの電子放出が増大すると，その部分は高い電流密度のために局所的に電極加熱が起こり，局所的に熱電子放出が増大することになる．この様に陰極表面で電流が集中することになる．陰極表面のこの部分を**陰極点**と呼ぶ．

アーク放電での陰極の温度は数千度にも達する．しかし，水銀や銅など，電極の材料によっては融点や沸点が低く，十分な熱電子放出を得るほど高い温度になり得ない場合がある．この様な場合，電極（陰極点）温度が融点以下のままでも，アーク放電が形成される．この場合の大電流を維持する陰極からの電子放出機構の一つとして，**電界放出**（6・1節および7・1節参照）が考えられる．アーク放電での電極間に印加されている電圧の大部分は，放電経路中では陰極前面付近にかかっている．その長さは電子の平均自由行程程度と極めて短く，電界値は 10^6 V/m 程度にもなる．一般に金属表面が強い電界にさらされると金属内の電子を放出する作用：電界放出があり，これが陰極からの電子放出機構として考えられている．しかし，測定された電流密度に達するには，10^9 V/m 程度の電界が必要で，単純に電界放出の効果だけでは，機構の説明としては不十分である[*3]．電界と温度の両者を同時に考慮した，電極表面に強電界が存在すると電位障壁（仕事関数）が低下し，熱電子放出が起こりやすくなる効果（**ショットキー効果**（Schottky effect）と呼ぶ）も提案・議論されている．

〔3〕アーク柱

電極間を結ぶ放電経路は**アーク柱**と呼ばれる．大電流の経路であり，この部分の気体（プラズマ）は，数千度から数万度に及ぶ高温となる．先述した様に，ここは放電経路ながら，電子衝突電離作用は重要でなくなっている．むしろ，高

[*3] 電極表面に突起があれば，はるかに高い電界強度が得られるという考えもある（7・1節参照）．

温の気体がその熱エネルギーで電離する（**熱電離**[*4]）状態にある．

アーク柱のこの高温度は，熱源として利用される．代表的なものは溶接機であるが，他にも化学反応の促進などに応用される．また，高い輝度の発光が照明などに利用される．電気工学黎明期のアーク灯や，今日広く普及している蛍光灯や水銀灯などがある．

3・2 コロナ放電

〔1〕不平等電界下での放電

外部電界が平等電界と異なる場合を考えよう．電界強度が空間的にはなはだしく不均一である場合（**不平等電界**と呼ぶ），放電は大きく異なった形で観測される．

簡単な例として，平板状の陽極に針状の陰極が対向しているものを考える．この空間の電気力線は陰極側はすべて針電極に集まるため，特に針電極の先端では電界が強くなる（図3・2 (a)）．この状態で放電開始に必要な条件式(2・21)を考える．電極間の電圧が平等電界に対する放電開始電圧より小さくても，放電が開始する平等電界 E_{s0} よりも強い電界領域が針電極先端付近に存在する（図3・2

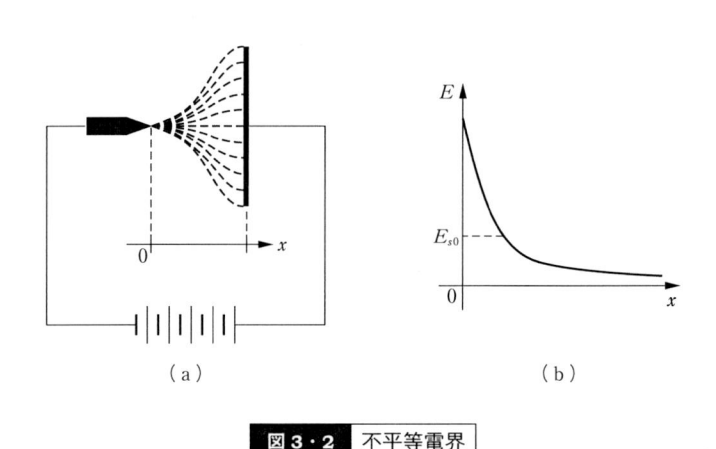

図3・2 不平等電界

[*4] 熱電離は気体分子同士の衝突電離作用による．熱電離の程度は，サハ（Meghnad Saha）の式で表される．詳細は他書を参照されたい．

(b)).ここでは α が大きいので,針電極先端から適当な経路をとれば,放電開始に必要な条件式(2・21)を満足することができる.つまり,その経路に沿って放電が起こり得ることになる.

実際,針対平板電極を構成して適当な電圧を印加すれば,針電極先端付近に弱い光が見いだされたり,音が聞こえる場合があり,放電が起こっていることがわかる.この様な放電を**コロナ放電**と呼ぶ.コロナ放電は電極間の全経路にわたらないので,**部分放電**とも呼ばれる.これに対して,全経路にわたる放電を**全路破壊**などと呼ぶ.

〔2〕コロナ放電の形態

コロナ放電では,単純な針対平板電極系に限定しても,極性や電圧レベルに応じて様々な形態が観測される.図3・3にそれらの例を示す.

まず,陽極が針の場合を調べる(この場合を**正極性**と呼ぶ).低い電圧では,針電極表面を覆う程度の弱い発光の**膜状コロナ**(または**グローコロナ**;図3・3(a))が観測される.電圧を上昇させると,糸状の発光が次々と位置・長さを変えて点滅する**ブラシコロナ**(図(b))となる.さらに電圧を上昇させると,発光の先端は平板電極に達するようになる(**ほっすコロナまたはストリーマコロナ**;図(c)).ほっすコロナによって電極間はつながっているが,電流は微小なので火花放電にはならない.この状態を越えて電圧を上昇させると火花放電が発生する.

一方,陰極が針の場合(この場合を**負極性**と呼ぶ)を考える.この場合でも,低い電圧からコロナ放電が発生するが,電圧の上昇に対して正極性ほどの様相の変化がなく,安定した状態が続く.このとき,回路に流れる電流を観測すると,

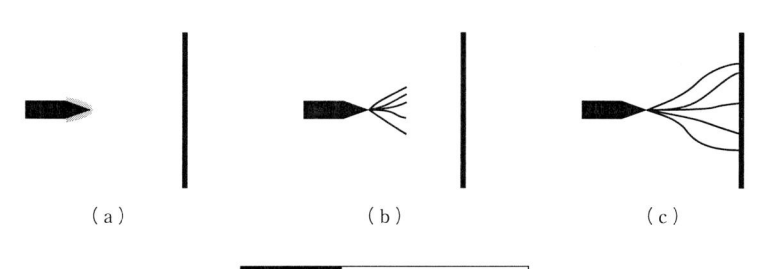

図3・3 コロナ放電の形態

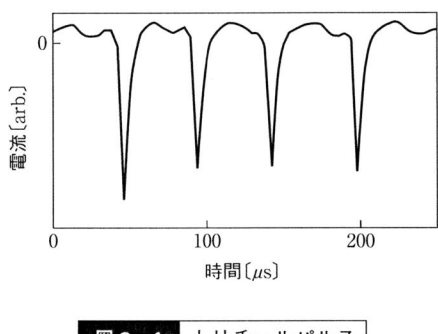

図3・4 トリチェルパルス

図3・4に示すような，比較的規則的なパルス波形が観測される[*5]．これを**トリチェルパルス**と呼ぶ．負極性でも，電圧を十分高くすると火花放電に至る．

この様な極性の違いによる変化は次の様に考えることができる．正極性の場合，針電極付近の放電で速度が大きい電子は電極に流れ込み，空間には正イオンが残される．残された正イオンの空間電荷は，空間電荷から平板に至る領域で電極による電界を助長し，より先の方へ放電を進展させうる．一方，負極性の場合は，放電領域に残された正イオンの空間電荷は，空間電荷から平板に至る領域で電極による電界を弱めるために，それ以上放電を進展させることが難しい．このようなイオンの効果を**空間電荷効果**といい，4章では絶縁特性とともに説明される．

〔3〕コロナ放電の応用

コロナ放電は高圧送電の送電線などでも発生し，伝送損失や電磁雑音をもたらす好まざる現象である．しかし，条件を適切に設定すれば安定した放電が得られ，電荷の供給源として応用される．電気集塵器はその代表的な例である．

また，火花放電に至る前駆現象になる場合もあり，電力設備などの大規模事故を未然にとらえるための予兆現象として利用できる場合がある．電磁波の放射を伴うので，遠隔で現象をとらえられる場合もある．

[*5] 図では，放電パルス以外の部分に正の電流値があるように見えるが，これは測定回路の構成上生じた信号成分である．

その他，空間電荷を供給することから，空間自体の電界を変化させることができる．さらに供給された電荷は空間中を移動しうるので，電界が時間変化する．放電現象自体の継続時間はマイクロ秒以下ながら，電荷の移動の時間スケールははるかに長い場合があるので，その空間に起こる放電現象を複雑に変化させる要因になりうる．

ⓒolumn　放電の形態と名称

　アーク放電は，日本語で「電弧」と訳される．これは，アーク（arc）が「弧」の意味を持っているからである．なじみのある言葉 arch（アーチ）と同源である．電極を水平に並べてアーク放電を起こすと，アーク柱が高温となるために付近に上昇気流が発生し，アーク柱の端位置が電極に固定されたまま中央部分のみが上方向にふくらんで，アーク柱が弧の形を描く（図3・5（a））．この形態がそのまま放電の名称となっている．

　他にも，コロナ放電の名称も形態に由来している．送電線など，細い線状導体が電圧を持つと，導体線を中心軸として放射状の電界が形成され，電圧が高いと導体周囲にコロナ放電が発生する．これを導体に垂直な断面上に描くと，放電領域が日食などで観測される太陽のコロナと同じ形（図3・5（b））であるので，この様な名称となっている．なお，corona は王冠を意味する crown と同源の言葉である．王冠を上からみれば，これもまた太陽のコロナ部分と同種の形状である．

　その他，ほっすコロナは僧が手に持つ仏具「払子」の形状に合わせた名称であったり，後述の「スプライト」は妖精の意味で，形状ではないが，挙動からの連想で命名されている．

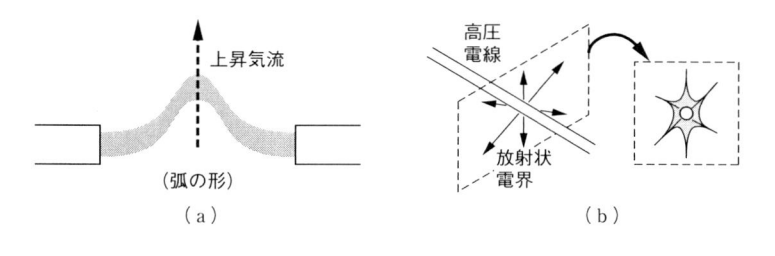

図3・5　アーク放電とコロナ放電の形態

3・3 長ギャップ放電

〔1〕長ギャップ放電の電極構成と衝撃電圧

電極間隔が大きくなり1m程度になってくると，平等電界の空間を形成することが難しくなり，不平等電界となる．電極の形状としては種々のものが考えうるが，棒と平板で構成するのが普通であり，棒対平板間，ないし棒対棒間の放電を考えることになる．

また，電極間隔の増大に伴って放電を起こすための電圧も高くなり，定常的な直流あるいは交流に代わって，**衝撃電圧（インパルス電圧**; impulse voltage）を利用することが多くなる．衝撃電圧については14章で詳細に説明されるが，長ギャップ放電の説明では，種別（**雷インパルス/開閉インパルス**），波高値，波頭長，波尾長の各条件が問題となる．

同じ衝撃電圧を与えても放電の成否が確率的に変化する．試行回数 N_0 に対する放電が起こった回数 N の比 N/N_0 を**放電率**という．放電率が50%になる電圧を **50%フラッシオーバ電圧**といい，V_{50} の記号で表す[*6]．

〔2〕長ギャップ放電の放電形態

長ギャップ放電の形態は，ギャップ間隔や印加電圧の極性・峻度，また電極形状（先端の曲率半径）で様々に変化する．イメージコンバータカメラ（15・4節参照）を代表とする高速観測技術の発達で，その形態が詳しく調べられるようになった．典型的な正極性長ギャップ放電の形態を図3・6に示す．

長ギャップ放電を特徴づける現象として**リーダ**（leader）**放電**とよばれる放電過程がある．リーダ放電は，図3・6（a）に示すように，棒電極の先端で起こったコロナ放電（ストリーマ放電）の根元が変化した，ストリーマよりも強い発光を伴う導電性の高い放電路（リーダチャンネルまたは単にリーダと称する）を有する．リーダは先端にコロナ状の弱い発光領域（リーダコロナ）を伴って伸展し（図3・6（b），（c）），対極に達すると主放電が起こる（図3・6（d））．

負極性放電の場合，リーダは階段状となる．すなわち，短距離の伸展・停止およびそれに対応した発光の明滅が繰り返される．これを**階段状リーダ（ステ**

[*6] V_{50} の求め方の詳細は14章で説明する．また，その統計的意味合いは8章で説明する．

```
    +          +              +          +
   ←リーダ      ]リーダ
              チャンネル
              ]リーダ                    主放電
              コロナ

   (a)        (b)            (c)        (d)
```

図3・6 長ギャップ放電の形態

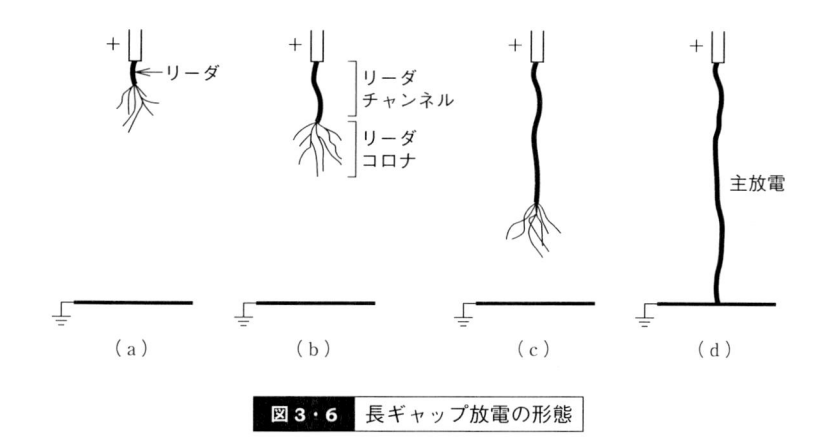

ップト・リーダ；stepped leader）と呼ぶ．また，ある程度リーダが伸展すると対極からもリーダが発生し，ギャップ間で両者が結合して主放電に至る．

〔3〕 V-t 特性

長ギャップに衝撃電圧を印加して放電が起これば，電極印加電圧は裁断波形となる．印加電圧の規約原点（14章参照）から火花放電が起こるまでの時間を，破壊時間 t として測定する．さらに，最大印加電圧 V を同時に測定し，最大印加電圧 V —放電時間 t の関係をグラフにしたものを **V-t 特性** あるいは **V-t 曲線** と呼ぶ．これはギャップに対する一つの放電遅れ特性を表す．ここで用いる電圧値 V については，放電が衝撃電圧の立ち上がり時間内に起こった場合は放電が起こった時刻の電圧値であり，衝撃電圧の立ち下がり時間内に起こった場合は衝撃電圧の波高値をとることに決められている．なお，この時間 t には，印加電圧値が直流に対する放電開始電圧に達するまでの時間も含むので，V-t 曲線から2章で述べた統計遅れや形成遅れを分離することはできない．

V-t 特性は通常右下がりの曲線になるが，棒対平板電極に対する開閉インパルスによる放電の様に，U字形を描く場合がある．これらの具体例は4章で示される．

3・4 雷放電

〔1〕雷の形成

　湿度の高い暖かい空気で上昇気流が起こると，温度の低下に伴って空気中の水蒸気が水滴，さらには氷となる．これが雷雲である．雷雲中では電荷分離が起こり，発生した正および負の電荷が空間に蓄積される．電荷分離とその蓄積の機構は従来から議論されてきたが，現在では，氷晶と霰の衝突による摩擦帯電（**着氷電荷分離機構**）が最も有力であるとされる．雷雲の形成過程はいくつかの段階に分けられ，成熟期に最も落雷が多い．このとき，主として雷雲の下部に負電荷が，上部に正電荷が蓄積されるが，雲底には局所的に正電荷が蓄積される部分もある．これらの電荷により雷放電が起こる．

〔2〕雷放電の形態

　雷放電は，長ギャップ放電と似た部分がある．その観測には，高速現象を記録できる特殊なカメラを用いる．過去の観測結果を元にした，典型的な放電（負極性の雷雲からリーダが下向きに進む形態）の伸展を**図3・7**に模式的に示す．この図は，放電の時間経過を左から右に順に並べたものである．

　まず雷雲より，先駆放電として，前節でも説明した階段状リーダが伸展する．先端部の発光が強いが，雷放電全体としては比較的弱い発光で電流も小さい．地上に電界が集中するような突起などがあると，先駆放電は地上から雷雲に向けて延びることがある．

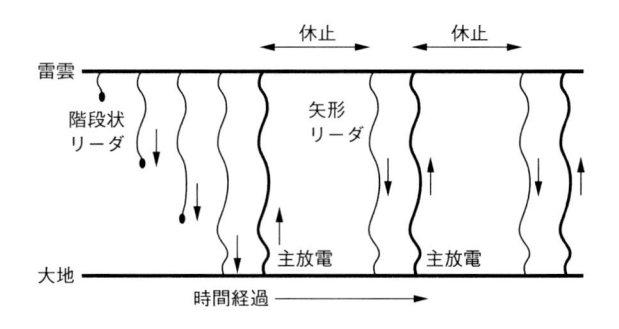

図3・7 雷放電の形態

3・4 雷放電

　先駆放電が地上に到達すると，地上から雷雲に向かって大電流の**主放電**（**帰還雷撃**（return stroke）と呼ぶ）が起こる．その後，数十ミリ秒の休止の後，再び先駆放電が発生することがあるが，この放電は階段状にならず，元の放電経路を連続的に進む**矢形先駆放電**（ダート・リーダ；dart leader）となる．この先駆放電に応じても同様に帰還雷撃があり，同様の先駆放電—主放電が休止期間をおいて繰り返される．これを**多重雷撃**（multiple stroke）と呼ぶ．

　従来調べられてきた雷放電は，雷雲内での放電ないし雷雲から地上への放電であるが，最近，雷雲から電離層などの上方（高度 20〜100 km）への放電現象が発見され，観測が進展してきている．これらは**高高度放電現象**と呼ばれ，放電の形態からいくつかに分類される．**スプライト**（sprite）は最初に発見されたもので，高度 50〜90 km あたりで見られる赤色の微弱な発光が特徴である．**エルブス**（elves）も赤色であるが発光強度はスプライトより強く，より高い高度 90 km 程度で観測される．他に**ブルージェット**（blue jet）など，青い発光を呈するものもある．いずれも従来の雷放電との関係が示唆されている．

〔3〕雷対策

　電力伝送の最大の脅威は雷であり，送電障害発生件数の過半数が雷によるとされている．その対策は重要であるが，対策のための現象の解明は容易ではなく，現象から類推した対処的なものにならざるを得ない．対策は，雷の本質を明らかにしたフランクリン（Benjamin Franklin）以来様々に考えられてきた．基本的には避雷針による雷遮蔽，電力伝送線に対しては架空地線による雷遮蔽となる．架空地線や電力線に垂直な断面内で，電力線への雷撃を遮蔽できる範囲が議論される．現在は，11 章で述べられるように，雷撃距離を雷撃電流の関数として扱う **A–W**（Armstrong-Whitehead）**モデル**を用いた耐雷設計が行われている．

　従来の雷対策に対して，地上から金属ワイアなどの雷放電の経路となりうるものを雷雲に向けて延ばすよう，金属ワイアを取り付けたロケットを雷雲に向けて打ち上げる**ロケット誘雷**の研究も行われている．ワイアを地上の誘雷塔などに接続しておけば，害のない領域に雷を誘導して放電させることができる．これは，避雷針の様な受動的な対策に対して能動的な手法とされる．他にも，大出力レーザ光を気中照射して導電性のプラズマチャネルを形成し，雷経路として利用する**レーザ誘雷**の研究も行われている．

演習問題

1 図3·8は，アーク放電の電極間電圧─電流特性と，電源の内部抵抗による電圧降下を考慮した負荷電圧─電流特性を重ねて示したものである．この図を用いて，アーク放電の安定動作点を説明せよ．

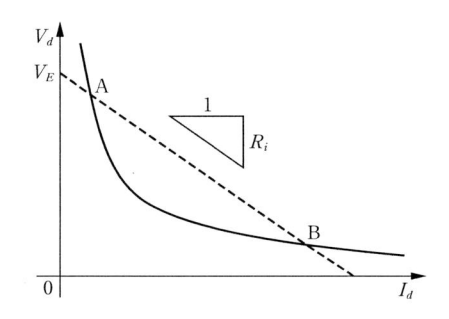

図3·8 アーク放電の電極間電圧─電流特性

2 大電流が流れている回路のスイッチを開くと，接点間にアーク放電が発生する場合がある．この様な場合に，放電を開始させうる高い電圧の発生原因について説明せよ．

3 正極性開閉インパルスに対する棒対平板電極での，電極間隔 d[m] に対する V_{50}[MV] の依存性を表す実験式として，以下のものがある．

(A) $V_{50} = 0.5 d^{0.6}$

(B) $V_{50} = \dfrac{3.4}{1 + 8/d}$

(C) $V_{50} = 1.08 \ln(0.46 d + 1)$

式(A)，(B)，(C)は，それぞれ Paris らの式，Gallet らの式，わが国の UHV 送電での絶縁設計に使用された式である．$d = 0 \sim 18$ m の範囲で，それぞれの式で表される依存性をグラフに表し，比較せよ．

4 実験室内の長ギャップ放電（例えば棒対平板電極系）と，雷雲対大地間の雷放電が本質的に異なる点を挙げよ．

4章 気体絶縁

絶縁材料にはさまざまなものが用いられる．送電線路や高電圧機器におけるもっとも基本的な絶縁としては空気に代表される気体絶縁がある．また，近年機器の高電圧化や小型化が求められ，より高い絶縁性能を有する気体として，六フッ化硫黄ガス（SF$_6$）が広く用いられる．一方，近年地球環境問題の観点から，SF$_6$に替わる混合ガス絶縁が注目されるとともに，**空気絶縁**が見直されている．本章では，気体絶縁のもっとも基本となる空気による絶縁の基礎特性とそれを理解するのに必要な事項について学ぶ．また，**SF$_6$ガス絶縁**の特性について学ぶ．気体絶縁の特性は，電極形状による電界分布や印加電圧波形などのさまざまな要因に影響されることから，これらについても学ぶ．

4・1 電極形状の影響

放電ギャップ空間において電界の分布が一様な場合を**平等電界**，ほぼ一様とみなすことができ，絶縁特性も平等電界の特性に近いものを準平等電界，電界の分布が異なるものを**不平等電界**と言う．気体絶縁の特性は，平等電界であるか不平等電界であるか，あるいはギャップ長が長いか短いかによって大きく異なる．図4・1に（準）平等電界および不平等電界を構成する電極形状の例を示す．

平行平板電極や短ギャップの球対球電極（ギャップ長／球半径≪1）のような比較的平等な電界分布の下では，コロナ放電を経由した絶縁破壊は起らず，絶縁破壊電圧を越える電圧が加わると直ちに火花放電破壊に至って，絶縁破壊特性はパッシェンの法則やストリーマ理論などにより説明される．ギャップ長の短い領域での平行平板電極のギャップ長dと直流絶縁破壊電界E_sの関係を図4・2に示しているが，ギャップ長が概ね10～100 mmの範囲での大気圧空気の絶縁破壊電界E_sは，概ね3 kV/mmである．したがって，大気圧空気で絶縁を行う場合の目安としてこの値を用いると，実際の印加電圧に対して必要な**絶縁距離**を算出

4章 気体絶縁

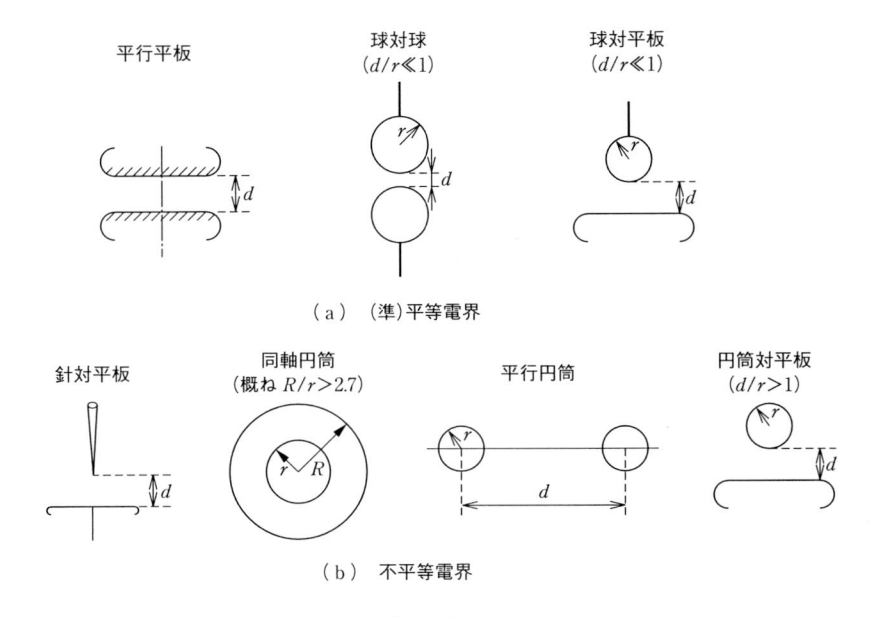

(a) (準)平等電界

平行平板／球対球 ($d/r \ll 1$)／球対平板 ($d/r \ll 1$)

(b) 不平等電界

針対平板／同軸円筒(概ね $R/r > 2.7$)／平行円筒／円筒対平板 ($d/r > 1$)

図4・1 (準)平等電界と不平等電界の電極構成例

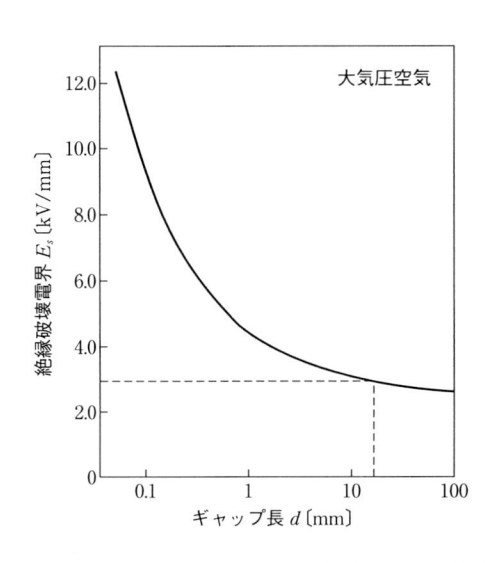

図4・2 平等電界下の直流絶縁破壊電界とギャップ長の関係

(大気圧空気、絶縁破壊電界 E_s [kV/mm] 対 ギャップ長 d [mm])

するのに便利である．さらに，種々の実験がなされ，後節（4・3節）で述べるように，かなり正確に大気圧空気の絶縁破壊電界を表わす実験式が得られている．

一方，針対平板電極のような不平等電界下では，絶縁破壊が起こる前に，コロナ放電が発生するため，その破壊特性は複雑で，印加電圧の極性やギャップ長の影響を受ける．図4・3に大気圧空気中の針対平板電極における絶縁破壊電圧 V_B を示す．概ね正極性に比べて負極性の方が高い絶縁破壊電圧を示す．これは，以下のように説明される．

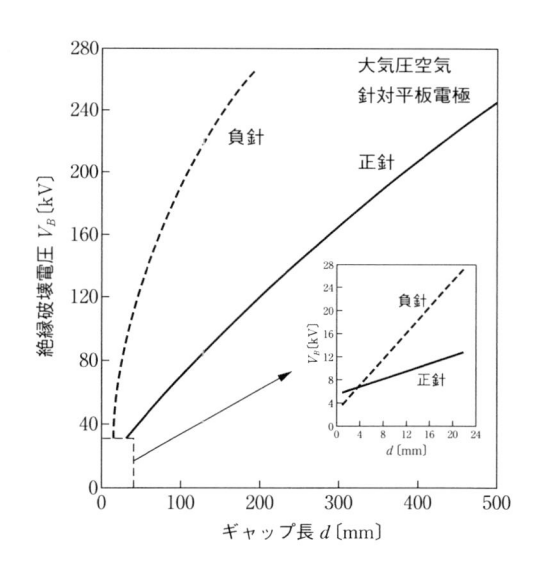

図4・3 不平等電界下の直流絶縁破壊電圧とギャップ長の関係および極性効果[1]

針電極が正極性の場合（正針），針先近傍の高電界空間に存在する偶存電子による衝突電離から電子なだれが起こる．このとき，移動速度の大きい電子は針電極に吸収され，正イオンが残留し，正の空間電荷を形成する．空間電荷と陰極間の電界は増強され，その結果，なだれからストリーマへの転換，ストリーマの進展が促進されるので，容易に絶縁破壊が起こる．これに対して，針電極が負極性の場合（負針），高電界である針先端付近の電子が電子なだれを引き起こしながら平板電極へ移動し，吸収される．このとき，電極間には正イオンが取り残されており，空間電荷と陽極間の電界を緩和する．その結果，ストリーマへの転換，

ストリーマの進展は抑えられて，絶縁破壊電圧は高くなる．

ギャップ長が 4 mm 程度より短くなると，図 4・3 のように絶縁破壊電圧は，正極性の方が高くなる逆転現象が生じる．正極性では正針と空間電荷との間の電界が弱まり，放電開始には高めの電圧が必要となる．一方，負極性では，負針と空間電荷との間の電界は強まり，放電開始は低めの電圧でも可能である．このように，短ギャップ長では，絶縁破壊電圧は，放電の進展性よりも放電開始電圧の高低に影響されるため正極性の方が高くなる．

ここまで，不平等電界の電極配置として針対平板電極を例にして説明した．実際の高電圧機器でしばしばみられる同軸円筒電極，平行円柱（円筒）電極，球対球電極（ギャップ長/球半径 ≫ 1）などにおいても電界は不平等であり，コロナ放電が発生した後，絶縁破壊に至る．

図 4・4 に空気中の球対球電極におけるギャップ長による絶縁破壊特性の変化を示す．ギャップ長/球半径 ≦1 においては（準）平等電界であり，コロナ放電を経ずに火花放電破壊に至り，この領域では絶縁破壊電圧はギャップ長に対して飽和傾向を示す．一方，ギャップ長/球半径＞1 では不平等電界となり，さらにギャップ長が長くなるにしたがい不平等性が強くなる．不平等電界においては**コロナ放電**が起こり[*1]，コロナにより生じた**空間電荷**による**電界緩和作用**が働き，さらに印加電圧が高くなったときに火花放電破壊が生じる．この領域で

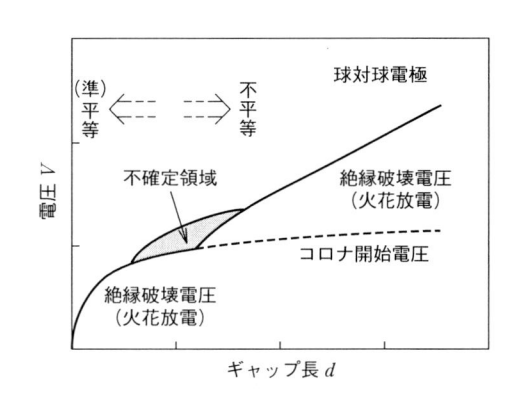

図 4・4 空気中における球対球電極のギャップ長による絶縁破壊特性の変化

---

*1 コロナ放電が起り始める電圧は，コロナ開始電圧と呼ばれる．

は，絶縁破壊電圧はおおむねギャップ長に比例する．なお，前者の領域と後者の領域の間には，コロナ放電の発生や火花破壊による破壊電圧にばらつきが生じる不確定領域が存在する．

4・2 印加電圧波形の影響

考慮すべき印加電圧波形としては，直流，交流およびインパルスの3種類が挙げられる．電力輸送網は商用周波数あるいは直流で運転されている．また，電力系統への落雷や系統内の遮断器などの動作により，**サージ電圧**と呼ばれる過電圧が線路を進行することになる．この過電圧を模擬したものがインパルス電圧である．

商用周波数（50 Hz または 60 Hz）の交流電圧の半周期は 8.3 ms あるいは 10 ms である．一方，放電が開始し，進展して絶縁破壊が生じるまでの時間はギャップ長が数 m であっても ns～100 μs であり，絶縁破壊の現象は直流電圧印加時と交流電圧印加時とではほぼ同じと考えてよく，実際にも平等電界下では直流および交流の絶縁破壊電圧はほぼ同じとなる．

しかし，雷によるサージ電圧を模擬した雷インパルス電圧の継続時間は μs～100 μs であり，放電の発生，進展に要する時間と近いオーダーであるため，インパルス電圧印加時の絶縁破壊特性は，直流や交流電圧印加時と異なる．そのため，ここではインパルス電圧印加時の絶縁特性について述べる．

〔1〕インパルス電圧

インパルス電圧波形は，最も高い電圧値である波高値，電圧の上昇部分の時間を表わす波頭長 T_f，および電圧の下降や印加時間を表わす波尾長 T_t によって規定される．波頭長 $T_f = 1.2\,\mu s$，波尾長 $T_t = 50\,\mu s$（+1.2/50〔μs〕と表記される）の波形を**標準雷インパルス電圧波形**として規定している．

また，遮断器の開閉にともなうサージ電圧は**開閉サージ**と呼ばれ，雷インパルスに比べて緩やかな変化であり，**標準開閉インパルス電圧波形**は +250/

---

*2 雷サージや開閉サージを模擬したインパルス電圧の波形の詳細は 14 章において説明する．

2500〔μs〕と規定されている[*2].

〔2〕50%フラッシオーバ電圧

　ギャップに一定の波形で同じ波高値のインパルス電圧を複数回印加しても，全回数とも火花放電が生じ絶縁破壊を起こすとは限らない．この破壊の確率はインパルス電圧の波高値に依存する．放電率（絶縁破壊確率）が50%となる波高値を50%フラッシオーバ電圧V_{50}と表わして，そのギャップの耐電圧の指標とする．8章で説明されるように，放電率を表す曲線は正規累積分布曲線として扱うことができ，標準偏差をσとすると，$V_{50} \pm \sigma$の範囲に全測定点の68.2%が含まれることになる．50%フラッシオーバ電圧V_{50}および標準偏差σを求める方法として，昇降法と呼ばれる方法が一般的に用いられる[*3]．また，直流あるいは交流電圧における絶縁破壊電圧V_B（平等電界や短ギャップ不平等電界では直流と交流の絶縁破壊電圧はほぼ等しい）に対する50%フラッシオーバ電圧の比（V_{50}/V_B）は衝撃比あるいはインパルス比と呼ばれる．

〔3〕放電遅れと V–t 曲線

　ギャップにインパルス電圧を印加した場合，電圧の瞬時値が直流の絶縁破壊電圧V_{DC}を越えても直ちに火花放電による絶縁破壊は起こらない．なお，長ギャップでの開閉インパルス破壊のような例外を除くと，多くの場合に直流の絶縁破壊電圧V_{DC}が破壊に必要な最低電圧となる．図4・5のように直流の破壊電圧V_{DC}に達した後，ある時間τを経過したときに絶縁破壊が起こる．この**遅れ時間**τは，2章で説明されたように，初期電子が現れる（不平等電界ではコロナ開始点にあたる）までの時間τ_sと，電離が始まり放電を形成して絶縁破壊に至るまでの時間τ_fから成り立っている．なお，インパルス電圧の波高値V_pと直流破壊電圧V_{DC}の差は**過電圧**と呼ばれる．過電圧が大きくなるほどτは短くなる．

　一定波形で波高値の異なるインパルス電圧を印加したときの，それぞれの波高値での絶縁破壊電圧と破壊までの時間の関係を表わすと電圧−時間曲線（**V–t 曲線**）が描ける（3章，14章参照）．

　V–t曲線の形状は，気体の種類，電界分布，印加電圧の波形などによって異な

　[*3] 50%フラッシオーバ電圧および昇降法については14章で詳述される．

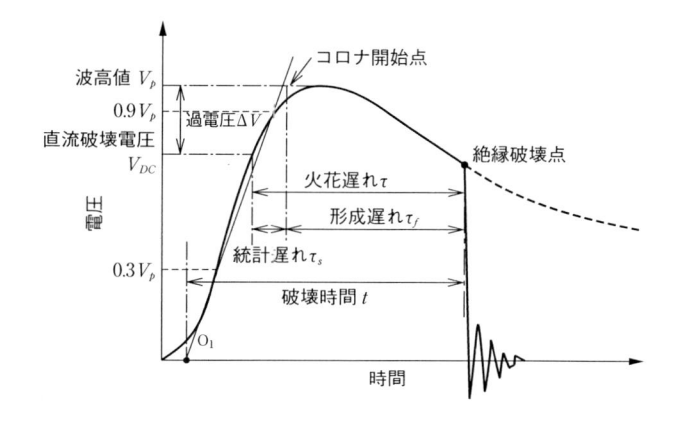

図4・5 火花遅れと破壊時間

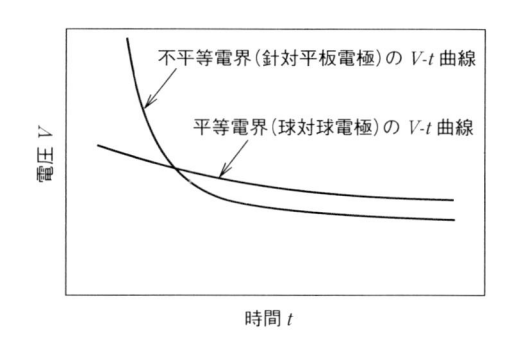

図4・6 空気中の電圧―時間曲線（V-t 曲線）の模式図

り，それぞれの特徴が現れる．図4・6には空気中での平等電界（球対球電極）および不平等電界（針対平板電極）における V-t 曲線の模式図を示している．平等電界においては比較的平坦な曲線であるのに対して，不平等電界では顕著な右下がりの曲線となる．また，図4・7にギャップ長が $d=1\sim 3$ m の長ギャップの棒対平板電極における正極性の絶縁破壊電圧と絶縁破壊時間（図の波頭長はほぼ破壊時間に対応する）の関係を示す．破壊時間が $100\sim 200\,\mu$s で，絶縁破壊電圧が最低値を示すU字形の曲線となり，またその値は交流の破壊電圧よりも低くなることが知られている[*4]．

[*4] 長ギャップでは波頭長が $100\sim 200\,\mu$s の場合に，リーダーが最も進展しやすいためであるが，その物理的な理由は十分に明らかにはなっていない．

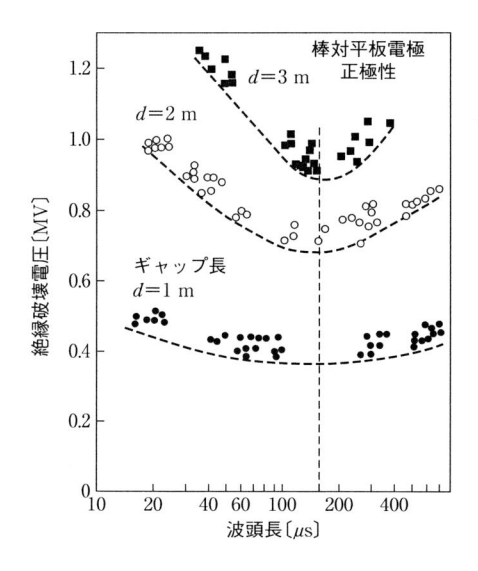

図4・7 棒対平板キャップの絶縁破壊電圧と印加電圧波頭長の関係[2]

4・3 温度・圧力・湿度の影響

　空気絶縁においては，温度や湿度，気圧といった大気状態が変化する．大気条件を考慮した，大気中の絶縁破壊電界 E_s〔kV/cm〕を表わす実験式がいくつか提案されているが，下記に一般によく知られている実験式の一例を示す．

$$E_s = 23.85\delta\left(1 + \frac{0.329}{\sqrt{d\delta}}\right) \tag{4・1}$$

d はギャップ長〔cm〕，δ は 760 mmHg（= 101 325 Pa），20℃（293 K）を基準とした**相対空気密度**であり，気圧 p〔mmHg〕，温度 t〔℃〕のときの相対空気密度 δ は以下の式で求められる[*5]．

$$\delta = \frac{p}{760} \cdot \frac{293}{273 + t} \tag{4・2}$$

[*5] なお，ここでは，絶縁破壊電界 E_s は kV/cm，ギャップ長 d は cm，気圧 p は mmHg（760 mmHg = 101 325 Pa）を慣例的に単位として使用している．また，式(4・1)は 750 mmHg・cm＜pd＜3.75×10^7 mmHg・cm（10^3 MPa・mm＜pd＜5×10^6 MPa・mm）の広い範囲で適用可能である．

平等電界下の絶縁破壊電圧は，大気中の湿度の影響をあまり受けないとされており考慮されることは少ない．しかし，実際にはわずかながら影響を受けるため，その補正式が国際電気標準会議による規格（**IEC規格**）や電気学会電気規格調査会規格（**JEC規格**）に規定されている[*6]．標準大気状態における絶縁破壊電圧 V_0 に湿度補正係数 k_2 をかけることで実際の大気状態の絶縁破壊電圧 V（$=k_2V_0$）を求めることができる．なお，湿度補正係数 k_2 は絶対湿度 h と相対空気密度 δ により次式で表される．

$$k_2 = \left\{1 + 0.010\left(\frac{h}{\delta} - 11\right)\right\}^w \tag{4・3}$$

ここで，指数 w は絶縁破壊電圧や破壊経路，相対空気密度などに依存し，上記規格において規定されている．

4・4 ガス絶縁と絶縁特性

〔1〕通常気体と負性気体

ギャップ長を一定とすると，パッシェンの極小値より大きな pd の領域では，気体の絶縁破壊電圧は圧力とともに増大する．一方，パッシェン曲線は気体の種類によって異なり，同じ圧力下においても気体の種類によって絶縁破壊電圧は大きく異なる．気体放電の起源が衝突電離であることから考えて，気体の絶縁破壊電圧の高低は，電離エネルギー（あるいは電離電圧）の大小によって決まるように思われるが，ヘリウム（He），ネオン（Ne），アルゴン（Ar）のような比較的電離エネルギーの大きな不活性ガスでも，絶縁破壊電圧はそれほど高くない．実際の気体の絶縁破壊電圧は，電子の平均自由行程，衝突電離係数 α の電界依存性，準安定な励起状態の有無，電子付着作用の有無などいろいろな要因に左右される．分子量が大きく，電子の平均自由行程の短い気体や電子付着作用の大きな気体で絶縁破壊電圧は高くなる．

電子付着作用を持たない窒素（N_2）や電子付着作用の非常に小さい二酸化炭素（CO_2）に対して，酸素（O_2），空気や六フッ化硫黄（SF_6）などの電子親和力の大きな気体では電子付着作用が顕著に現れる．電子付着作用を有する気体は

[*6] 例えば，JEC-0202-1994

負性気体と呼ばれる．この負性気体分子は周辺に存在する電子を捕獲して負イオンを形成しやすい．これにより，電子なだれのきっかけとなる初期電子，偶存電子の存在確率が低くなる．また，衝突電離係数から電子付着係数を引いた実効電離係数は，もとの衝突電離係数より小さくなり，衝突電離を起しにくくなる．その結果として絶縁破壊電圧も高くなる．

平等電界配置における代表的な条件下のSF_6ガスの絶縁耐力は，空気の約3倍となる．また，SF_6ガスの絶縁耐力は，大気圧（約 0.1 MPa）では絶縁油や高真空に比べると劣るが，気圧を上げれば絶縁耐力は高くなり，2気圧にするとほぼ絶縁油に匹敵し，圧力を 10 気圧（約 1 MPa）まで昇圧することも可能であり，さらに高い絶縁耐力が得られる．また，SF_6ガスは化学的に安定で無毒な気体であり，高耐熱性・不燃性・非腐食性などの絶縁耐力以外の点でも優れている．このため，SF_6ガスは高電圧機器の絶縁媒体として広く使われ，小型化・高性能化に貢献している．

〔2〕**SF_6 ガスの放電基礎特性**

先に述べたように，負性気体である SF_6 は分子の周りに存在する電子を捕獲して負イオンを形成するため，初期電子の存在確率が低下する．また電子なだれが進展するときの電子も捕獲されて電子なだれ中の電子の数も減少する．そのため，電子による衝突電離を起しにくくなり絶縁破壊電圧が高くなる．すなわち，電離係数 α が**電子付着係数** η の分だけ実質的に小さくなることを意味しており，SF_6 ガス中の実質的な電離係数は，**実効電離係数** $\alpha-\eta$ として表される．

図 4・8 に $(\alpha-\eta)/p$ と E/p の関係を SF_6 ガスと空気の両者について比較している．空気の場合 $\alpha-\eta=0$ となる E/p の値は 27 kV/MPa・mm であるのに対して，SF_6 ガスでは 89 kV/MPa・mm と空気に比べて大きな値となる．このことからも1気圧（約 0.1 MPa）における SF_6 の絶縁耐力が空気の約3倍となることが理解できる．

また，同図の $(\alpha-\eta)/p$ が0付近の傾きが，SF_6 では空気のそれと比較して極めて大きい．89 kV/MPa・mm をわずかに越えただけで実効電離係数 $\alpha-\eta$ が急激に増大することになる．それゆえ，SF_6 ガスの場合，平面電極の表面に存在する微小な突起や針状金属異物などの先端付近に形成される，局部的な高電界領域だけでも火花放電条件を満たしてしまう．この強い**最大電界依存性**が SF_6 ガ

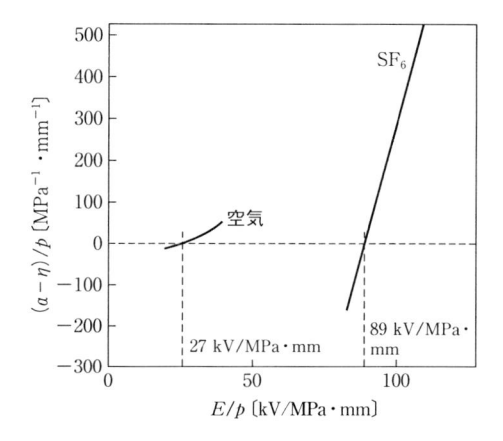

図4・8 空気とSF₆ガスにおける換算電界と実効電離係数の関係[3)]

スにおける絶縁上の欠点である．

すなわち，空気を含む他のガスでは破壊電圧は一般的にギャップ長に依存するが，SF₆ガスでは局所的な電極表面電界に依存するので，ギャップが長くなっても破壊電圧が上昇しないことがあり，場合によっては同じ圧力の空気よりも破壊電圧が低くなる可能性がある．

〔3〕SF₆ガス絶縁の特性

ギャップ長一定の条件で圧力を変化させた場合のSF₆ガスの絶縁破壊電圧を図4・9に示す．いずれのギャップ長においても，圧力が高くなると飽和傾向が現れ，パッシェン曲線からずれが生じる．これは電極表面の電界が高くなると，電極表面の状態の影響をより強く受けるようになり，先に述べたSF₆ガスの持つ強い最大電界依存性が現れるためである．また，圧力が一定でも，電極面積が増大すると放電のきっかけとなる電極表面上の微小突起の数，すなわち弱点部の数も増加するため，絶縁破壊電圧が低下するという**面積効果**が表れる．実際に，図4・10に示すように，面積の増大とともに絶縁破壊電界が低下する結果が得られ，SF₆ガスを用いた高電圧機器の設計には，面積効果を十分に考慮する必要がある．

また，図4・11に空気とSF₆における**ラウエプロット**を示した．SF₆では空

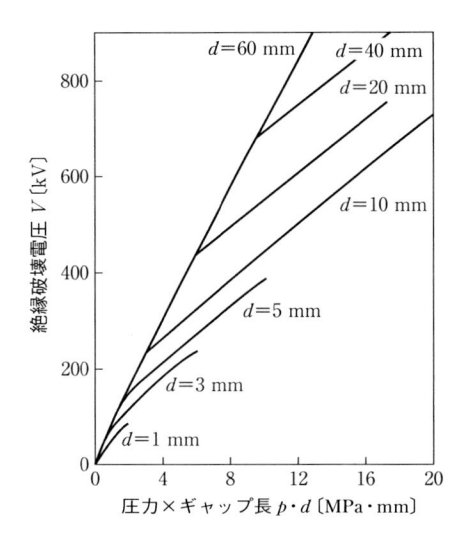

図4・9 SF$_6$ガスの火花電圧のパッシェン曲線からのずれ[4]

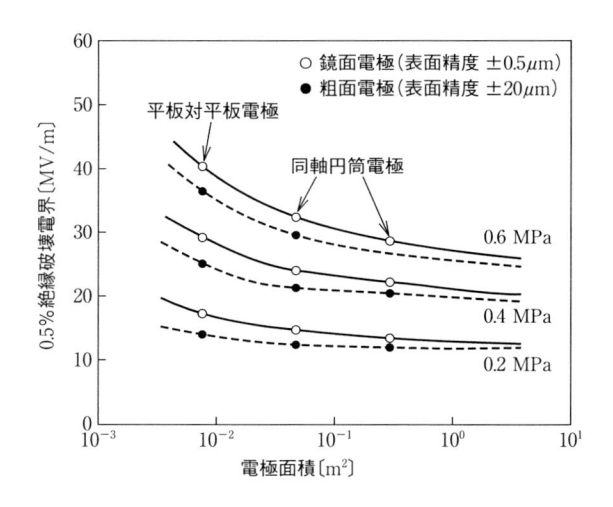

図4・10 SF$_6$ガスの絶縁破壊電界における電極面積効果[5]

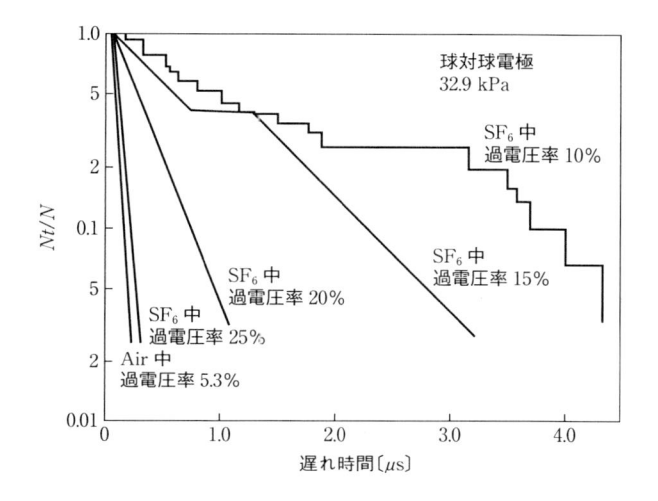

図 4・11 種々の過電圧率の印加電圧における SF_6 ガスおよび空気（Air）の火花遅れ時間の分布（ラウエプロット）[6]

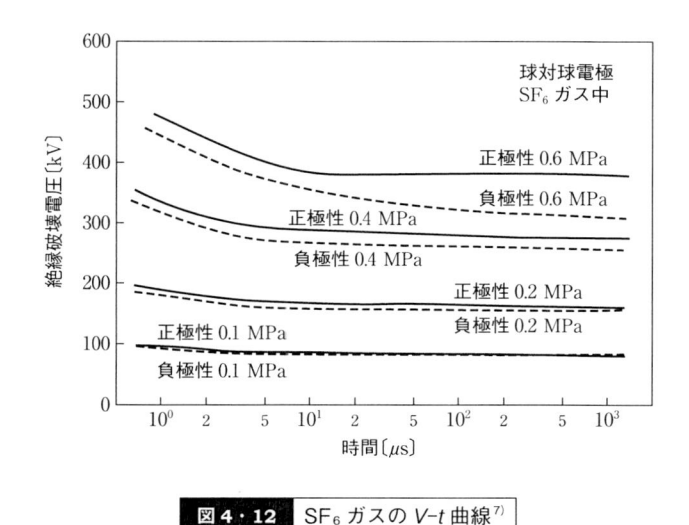

図 4・12 SF_6 ガスの V-t 曲線[7]

気中に比べて遅れ時間は長くなるが，その理由は SF_6 ガスの強い電子付着作用が火花の成長に影響するためと言われている．

図 4・12 に正負極性電圧印加による SF_6 ガスの V-t 曲線を比較して示した．負極性の方が初期電子の供給が容易であるため正極性に比べて絶縁破壊電圧は低

い．

　以上の特性は，（準）平等電界におけるものである．不平等電界においては，負極性に比べて，正極性のほうが破壊しやすく，交流電圧では，正の位相で破壊するため，正位相における絶縁破壊電圧とコロナ開始電圧を直流のそれらと比較して，図4・13に示す．直流，交流いずれの場合においても，比較的圧力の低い領域では，絶縁破壊電圧はコロナ開始電圧より高く，ある圧力で極大を示す．比較的圧力の高い領域では，絶縁破壊電圧はコロナ開始電圧にほぼ一致し，圧力にほぼ比例する．圧力の低い領域における絶縁破壊電圧の極大は，コロナの発生によって生じた空間電荷が，放電の進展・全路破壊を抑制するためと考えられており，これは**コロナ安定化作用**と呼ばれている．このように圧力の上昇に対して絶縁破壊電圧は極大値および極小値を持つN字型の特性を示す．このN字型の特性は，SF_6ガスなどの電気的負性気体のみにみられ，特に正極性において顕著に現れる．

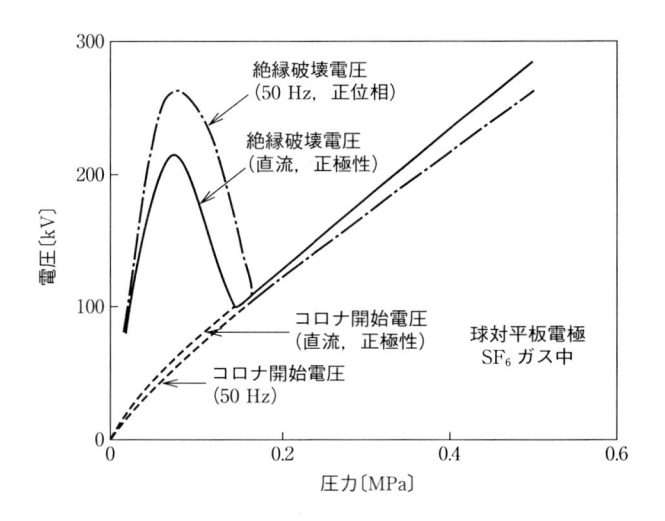

図4・13 SF_6ガスの交流（50 Hz）の正位相の絶縁破壊電圧とコロナ開始電圧の圧力依存性[8]

〔4〕混合ガス絶縁

　2種類以上のガスをある比率で混合したものが**混合ガス**である．液化温度の低下など単独ガスにはない特性を実現した新たな絶縁ガスの探索や，気体絶縁を

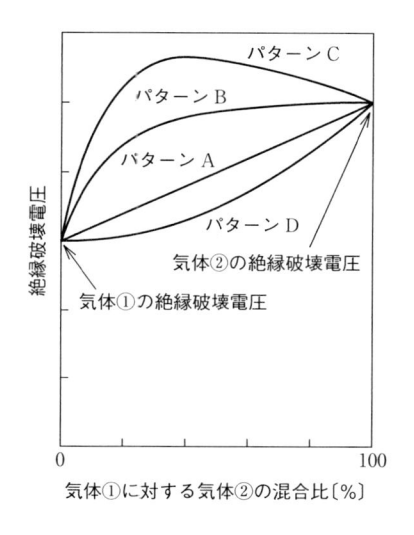

図4・14 2種類のガスの混合時の平等電界における絶縁破壊電圧の変化

用いた装置の保守点検時において，他のガスの混入が避けられないような状況下での特性変化の把握のため，混合ガスの絶縁特性が調べられてきた．特に，ガス絶縁に使用されているSF₆ガスは，近年，地球温暖化ガスとして大気中への漏出量を削減する必要が出てきた．そのため，SF₆に替わる新たな絶縁媒体として混合ガスが注目され，種々の混合ガスの絶縁特性が調べられてきた．

絶縁破壊電圧の異なる2種類の気体①と気体②の混合率（分圧比）を変えたときの絶縁破壊電圧の変化を**図4・14**に示す．混合ガスでは，気体①の絶縁破壊電圧から気体②の絶縁破壊電圧まで，図中のAのように絶縁破壊電圧は混合比に対して線形的になると思われるが，実際にはそのような例は多くない．BのようにAの線形関係よりも高い絶縁破壊電圧を示す気体の組み合わせがあることが知られている．場合によっては，Cのようにある混合比においては，気体①，気体②のいずれの絶縁破壊電圧よりも高い値を示すことさえある．一方，逆にDのように線形関係より低い絶縁破壊電圧となる場合もある．以上のように，混合ガスの絶縁破壊電圧は2種類の気体の**相乗作用（シナジズム）**が現れる．特に，BやCのように線形関係より高い絶縁破壊電圧が得られる場合は正の相乗作用（あるいは単に相乗作用），Dのように線形関係より低くなる場合は負の相

4章 気体絶縁

乗作用と呼ばれる．

正の相乗作用が現れる混合ガスの例として，N_2とSF_6の混合ガスが挙げられる．**図4・15**には，N_2に対するSF_6の混合比を変化させた場合の絶縁破壊電圧を示している．30% 程度のSF_6を混合することにより，絶縁破壊電圧はSF_6ガス単体の約 90% にまで達する．SF_6ガス単体との差分はガス圧を上げることによって補うようにすれば，SF_6ガスの使用量の削減やコストの削減が可能になる．また，液化温度が低くなるので，SF_6単体より使用可能温度範囲をより低温度領域まで広げることもできる．

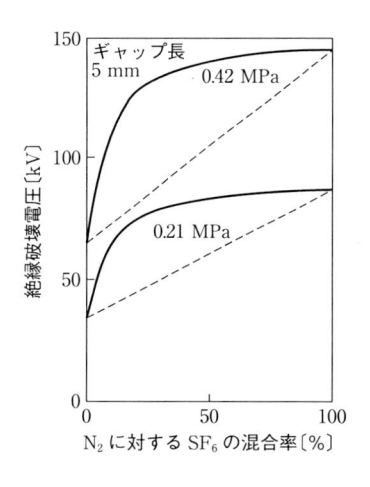

図4・15 N_2ガスへのSF_6ガス混合時の平等電界における絶縁破壊電圧の変化[9),10)]

混合ガスには気体の組み合わせにより多数の種類があるうえ，混合比や圧力などもパラメータとなり，絶縁破壊特性をすべて実験的に求めるのは困難である．また，多くの混合ガスの場合，その絶縁破壊電圧は図4・14のパターン A あるいは B の変化を示す．そのため，混合ガスの実効電離係数を各成分気体の分圧比分の和とすることで，混合ガスの絶縁破壊電圧 V_m を各成分気体の特性から推定する次式が提案されている．

$$V_m = V_2 + \frac{k}{k + C(1-k)}(V_1 - V_2) \tag{4・4}$$

ここで，V_1, V_2, V_m：それぞれ気体①，気体②および混合気体の絶縁破壊電

圧（$V_1 > V_2$ とする），k：全圧に対する気体①の分圧比（容量比），$C = A_2/A_1$（A_1，A_2 は気体①，②それぞれについて，E/p に対して $(\alpha-\eta)/p$ が線形関係にあるとしたときの傾き）とする．

上式では各成分気体の実効電離係数 $\alpha-\eta$ が必要であるが，これが不明であっても，各成分気体の単独の絶縁破壊電圧が既知であり，またある混合比における絶縁破壊電圧が判れば，これに合うパラメータとして C を定め，全混合比に対する絶縁破壊電圧を推定することもできる．

4・5 バリア効果と沿面放電

電極間に固体絶縁物を介在させることにより，放電の発生と進展を抑制し，絶縁破壊電圧を上昇させることができる．放電の抑止を目的として電極間の放電路に設けるこの絶縁物を**放電バリア**と呼び，絶縁破壊電圧が上昇することを**バリア効果**と称する．図 4・16 は針対平板ギャップに放電バリアとして絶縁紙を設置したときの直流絶縁破壊電圧を示している．この場合，針から発生した放電で電荷が放電バリア上に蓄積し，針と放電バリア間の電位差を低減することにより，その後の放電進展を抑制する．バリア効果を得るためには絶縁紙を適切な位

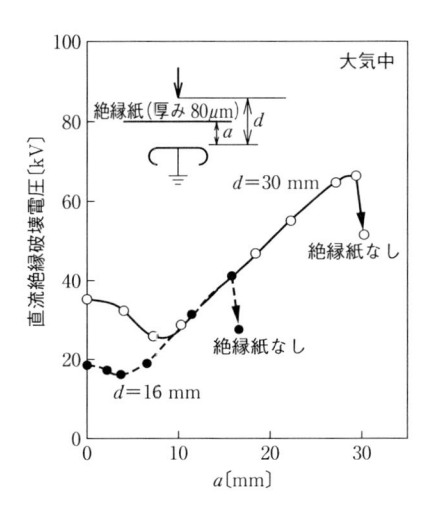

図 4・16 直流絶縁破壊電圧における絶縁紙によるバリア効果（●：$d=16$ mm，○：$d=30$ mm）[11]

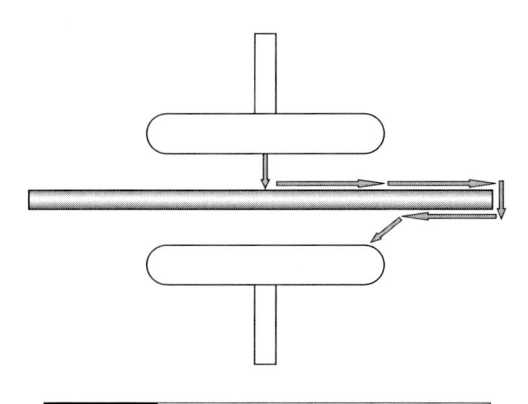

図4・17 バリア配置時の破壊経路の模式図

置に設置する必要がある．また，バリア効果は，印加電圧波形，極性などの影響を受ける．

　上記の放電バリアが設置された場合の放電経路の例を図4・17に示す．放電はバリアに達した後，バリアの表面上を進展し，その後再びバリアから離れ平板電極に向かって気体中を進み全路破壊にいたる．このバリア表面を進展する放電は**沿面放電**と呼ばれる．沿面放電は異種の誘電体界面（上記の場合は気体と固体の界面）を進展するが，その最先端には盛んに電離している領域（電子なだれ）が，その後方にはプラズマ状態の幹が存在する．この両者を合わせて沿面ストリーマと呼ぶ．さらに，放電進展長が長くなるとストリーマの後方に導電性のよいリーダが形成される．進展機構そのものは気中放電とほぼ同じである．電極間が異種の誘電体で構成される場合，この異種の誘電体の組み合わせは複合誘電体と呼ばれ，その詳細については5章の5・2節〔3〕にて述べる．

演習問題

1 大気圧空気中針対平板電極の絶縁破壊電圧のギャップ長依存性における極性効果について説明せよ．

2 SF_6 ガス中の絶縁破壊電圧における面積効果について説明せよ．

3 電子付着とはどのような現象か説明せよ．また，高い電子付着性能を持つ気体が，高い絶縁破壊電圧（電界）を示す理由を述べよ．

4 混合ガスの絶縁破壊電圧における相乗作用について説明せよ．

5 気体絶縁物中に固体絶縁物を設置した場合におけるバリア効果について説明せよ．

5章 固体の放電と絶縁

　固体誘電体は主要な絶縁材料の一つであり，その絶縁を考えるためには，固体誘電体の高電界下での振る舞いを理解しておく必要がある．本章では，まず高電界下における固体誘電体中の電気伝導現象や絶縁破壊の理論について学ぶ．また，絶縁特性に影響を及ぼす各種要因についても学ぶ．実際の固体絶縁では，固体内部で発生する部分放電や表面で起る沿面放電などが絶縁破壊をひき起こす原因となるため，これらの現象についても学ぶ．また，固体誘電体を長時間使用することで生じる絶縁劣化は，実用上重要であり，これについても理解する．

5・1 固体の電気伝導

　固体は導電体から絶縁体まで幅広い電気伝導性を示す．固体誘電体（絶縁体）は多くの場合，原子や分子の強固な化学結合によって作られており，物質の三態の中で最も密度が高い．そのため，一般的には固体誘電体は気体や液体に比べて高い絶縁破壊強度（電界）を持ち，その誘電的性質や絶縁特性は構成している原子や分子の種類だけでなく，分子構造や固体構造によっても変化する．

　理想的な固体誘電体にはキャリアと呼ばれる電気伝導の担い手は存在しない．しかし，実際の固体誘電体は，電圧が印加されるとわずかであるが電流が流れる．この電流の担い手は電子，正孔および正負イオンである．固体誘電体に直流電圧を印加すると図5・1に示すように，誘電体中を流れる電流は時間とともに減少し，十分時間が経過した後一定値に落ち着く．この電流は次の成分からなっている．

① **瞬時充電電流** I_{sp}：電圧印加直後瞬間的に流れる電流で，電極系の幾何学寸法で決まる静電容量の充電，および電子分極や原子分極の速い誘電分極に起因し，短時間で減衰する．

② **吸収電流** I_a：双極子分極，空間電荷分極，界面分極といった比較的ゆっく

5・1 固体の電気伝導

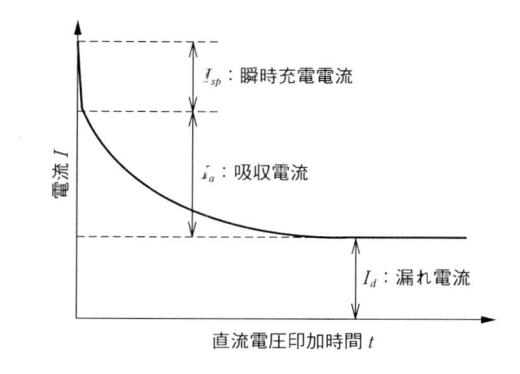

図5・1 固体誘電体への直流電圧印加時の電流の変化

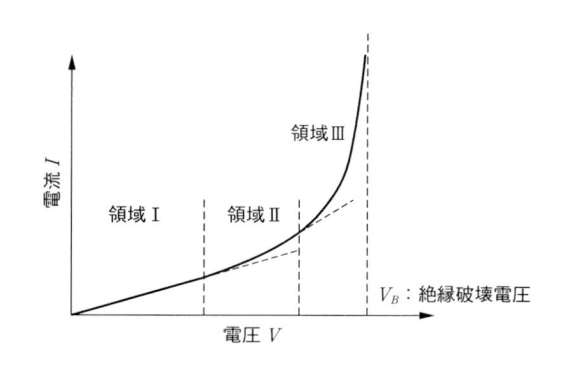

図5・2 固体誘電体における電流—電圧特性

りとした誘電分極によるもので，この電流成分は徐々に減衰する．

③**漏れ電流 I_d**：時間に対して一定の電流成分で，固体誘電体中のキャリアである電子，正孔および正負イオンの密度，移動度で電流の大きさが決まる．

これらの成分を足したものが，固体誘電体中を流れる電流 $I(=I_{sp}+I_a+I_d)$ となる．

固体誘電体における電流—電圧特性は**図5・2**に示すように，三つの領域に分けることができる．領域Ⅰは印加電圧の低い場合で，漏れ電流はオームの法則に従い電圧に比例して増加する．印加電圧が高くなった領域Ⅱでは，オームの法則からはずれて電流の増加率は徐々に大きくなる．これは，ホッピング電導など低

電界下では見られない種々の電導機構が，電界が高くなることではじめて現れてくるためである．印加電圧がより高い領域Ⅲでは，さらに電流は急増し絶縁破壊に至る．このとき絶縁破壊経路となった部分は，固体の結合が切断されて化学的変質や物理的な破壊が生じる．

5・2 固体の絶縁破壊理論

前節で述べたように，固体の絶縁破壊では原子間，分子間の結合の切断による化学的変質や物理的な破壊が生じるため，一度失われた絶縁性は回復せず，非自復性である．固体中の電子が絶縁破壊過程に関係する電子的破壊や，格子系の熱的平衡状態が破壊過程に関係する熱的破壊の場合は，電界印加後短時間で破壊に至る．一方，部分放電やトリーイングなどを経る破壊は，徐々に絶縁性能が低下し，破壊までに長い時間を要する．これらの絶縁破壊の理論について説明する．

〔1〕電子的破壊

（a） 真性破壊

真性破壊では，固体誘電体の分子構造，原子や分子の結合エネルギーなどの誘電体の物理的な性質によって破壊電界 E_B が決まる．そのため，E_B は測定試料の形状，電極材料および構造，電圧波形などに影響されない．光や放射線などの外部エネルギーによって電子は価電子帯から伝導帯に励起され，わずかではあるが自由電子が存在する．この電子が電界により加速され，固体の結晶格子[*1]と衝突する．単位時間当たりに電子が電界から得るエネルギー A と衝突して失うエネルギー B の平衡状態は次式で示される．

$$A(E, T_0, \alpha_0) = B(T_0, \alpha_0) \tag{5・1}$$

ただし，A は電界 E，格子温度 T_0，電子温度 α_0 の関数であり，B は T_0，α_0 の関数である．なお，緩和時間[*2]の電子エネルギー依存性などから，電子エネル

[*1] 結晶を作っている原子・分子・イオンなどの立体的な規則正しい配列の特徴を示す格子のこと．また，固体の中では，原子は格子点を中心に微小な振動をしている．この振動を格子振動という．この格子振動による温度を格子温度という．

[*2] 1個の電子が格子に衝突するまでの平均的な時間で，電子のエネルギーによって変化する．

ギーに対して，A は非線形的に増大し，B は極大を持つ．

　電子が得るエネルギー A と格子に衝突して失うエネルギー B は通常平衡しているが，高電界下において両者のバランスが崩れたとき絶縁破壊が起こる．電子エネルギー U_e に対する A と B の関係を，電界 E をパラメータとして図5・3 (a) に示す．すなわち，電界 E のとき，A と B の交点 M の電子エネルギー U より高いエネルギーを持つ電子は加速し続け，この電子数が増大すると平衡はくずれ，破壊が引き起こされる．この電子の振る舞いを表す方法には，1個の電子で代表させる単一電子近似と，電子のエネルギー分布を考慮した集合電子近似の二通りがある．

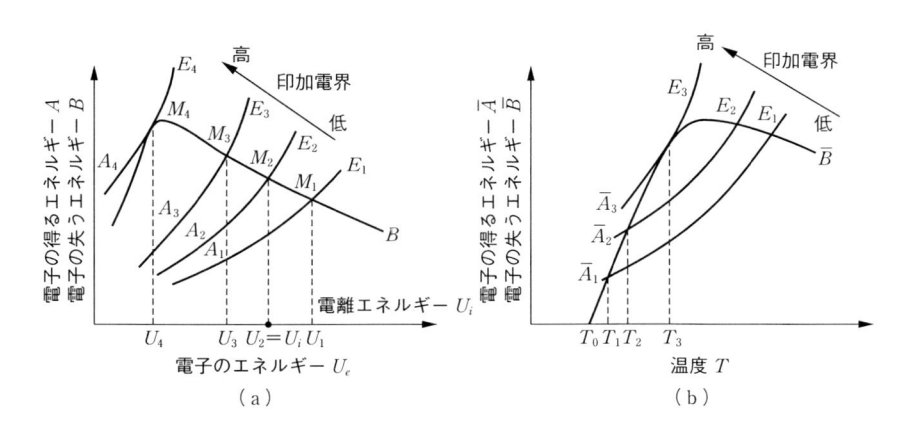

図5・3 固体誘電体における真性破壊と破壊電界

　単一電子近似では，von Hippel は，B と接する点 M_4 を持つ A_4 を与える電界 E_4 を越えたとき，すべての電子が加速されて破壊に至るとした．すなわち，すべての電子に対して式(5・1)が成立する最高の電界を絶縁破壊電界とした．また，Fröhlich は固体誘電体の電離エネルギーに近いエネルギーをもつ電子に着目した．A と B の交点の電子エネルギーが電離エネルギー U_i を与える電界，すなわち図5・3 (a) の A_2 と B の交点のエネルギー U_2 が U_i となり，E_2 を絶縁破壊電界とした．Hippel の考え方は，低エネルギー基準による破壊電界，Fröhlich の考え方は高エネルギー基準による破壊電界と呼ばれる．これらは，融点やガラス転移点より低い低温域の破壊特性を表す．

また，集合電子近似の場合には，ボルツマンの輸送方程式を用いて，電子温度が無限大になる最小の電界を破壊電界とする．この考え方に基づき，不純物準位を有する無定形固体（例えば，ポリエチレンなどの絶縁性高分子）の破壊電界については Fröhlich-Paranjape が次に説明する理論を提唱している．

伝導帯下端より下に電子を捕捉する不純物準位（トラップ準位）が数多くあると，このトラップ準位の電子が伝導帯に励起され伝導電子として働き，電界より平均のエネルギー $\overline{A}$ を得る．一方，トラップ準位の電子は格子との衝突で平均のエネルギー $\overline{B}$ を失う．この関係を図5・3（b）に示す．伝導電子の温度が格子温度 T_0 から $\overline{A} > \overline{B}$ となる状態まで上昇する電界 E_3 を破壊電界とした．破壊電界は格子温度 T_0 に依存し，T_0 の上昇によって破壊電界が急激に低下する．ガラス転移点より高温領域の絶縁破壊特性を説明できる．

（b）　電子なだれ破壊

伝導帯の電子が電界によって加速され，格子と衝突することにより，衝突電離を引き起こし，電子なだれが生じる．この衝突電離の繰り返しにより電子なだれ中の電子数が限界値以上になったとき，電子なだれの生じた部分に与えられるエネルギーがその部分の結合エネルギーに等しくなり，固体が破壊され，絶縁破壊となる．電子が衝突電離を起こすエネルギーを電界から得るためには，時間と距離を要するので，電子なだれ破壊では，試料の厚さが薄くなれば，破壊電界は高くなる．1個の電子が陰極から出発して約40回の衝突電離を起こせば，破壊の条件を満たすとする Seitz の40世代理論がよく知られている．この理論による破壊電界は次式で表わされる．

$$E_B = H/\ln(d/40\lambda) \tag{5・2}$$

ただし，E_B：破壊電界，d：試料厚，λ：電子の平均自由行程，H：定数　である．

（c）　ツェナー破壊

高電界によって価電子帯の電子は，**トンネル効果**によって禁止帯をすり抜け，価電子帯から伝導帯に移ることができる．これにより，伝導帯の自由電子が急増して，格子系に与えられるエネルギーが格子系を臨界温度まで上昇させて絶縁破壊するとの理論が Zener によって提唱された．このツェナー破壊の特徴は絶縁破壊電界が試料厚および温度に依存しないことである．例えば，禁止帯幅が小さくトンネル効果が有効となる，絶縁層が100 nm 以下の p-n 接合部に，10^8

V/m 程度の高電界がかかる場合の絶縁破壊に適用できる理論である．

〔2〕熱的破壊

電子的破壊と並んで，固体の絶縁破壊機構として重要なものに熱的破壊がある．**熱的破壊**では，電界による熱エネルギーの注入と，熱伝導や熱放射による熱エネルギーの損失との間の平衡を考える．固体誘電体に電界が加わるとキャリアが移動し，電流が流れるとジュール熱が生じて熱エネルギーが流入する．一方，熱伝導などによる熱エネルギーの流出もあり，通常両者は平衡している．キャリア密度を n，キャリアの電荷を q，移動度を μ，電界を E，定積比熱を C_v，熱伝導率を κ，固体誘電体中のある位置の温度を T とすると，その熱平衡状態は次式で与えられる．

$$nq\mu E^2 = C_v \frac{dT}{dt} - \mathrm{div}(\kappa\,\mathrm{grad}\,T) \tag{5・3}$$

式(5・3)の右辺は熱の流れを表し，具体的には第1項は温度上昇，第2項は熱伝導に伴う熱の放出に対応する．印加電圧をゆっくりと上げていく場合，温度上昇項である式(5・3)の第1項は無視できる程小さくなるので，注入された熱エネルギーのほとんどは第2項の熱伝導の形式で放散される．この場合，熱平衡が崩れるか，あるいは固体の融点を越えた時点で破壊とする．これを**定常熱破壊**といい，破壊電界は試料の厚みや周囲温度の影響を受ける．一方，急激に印加電圧が上昇するような場合，式(5・3)の第2項による熱エネルギーの損失よりも注入された熱エネルギーのほうが大きくなるため，第1項により固体の温度が急激に上昇する．この温度上昇によって破壊に至る場合を**インパルス熱破壊**と称し，破壊電界は印加電圧波形や電圧印加時間の影響を受ける．

図5・4に高分子の絶縁破壊電界の温度変化を示した．温度が上昇しガラス転移点あるいは融点近くになると，急激に破壊電界は低下する．低温域では電子的破壊であるため，破壊電界は周囲温度の影響をほとんど受けない．これに対して，固体誘電体の温度が上がると伝導電子密度が増加し，導電率の上昇，電流の増大となる．このためにジュール熱は増大し，一方，周囲への放散は低下するため，絶縁破壊電界は低下する．すなわち，高温域では熱的破壊（定常熱破壊）である．

固体の絶縁破壊機構として電子的破壊と熱的破壊について述べたが，これら以

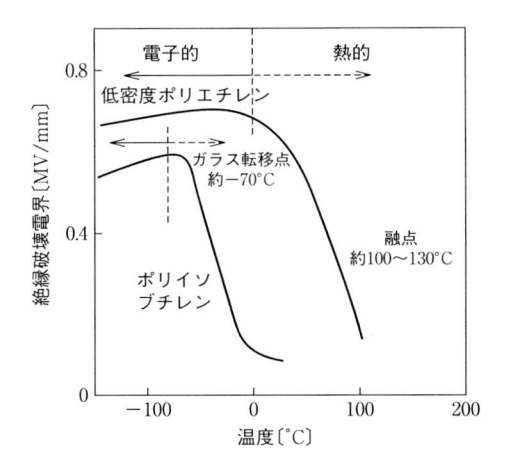

図5・4 固体誘電体における破壊電界の温度変化と破壊機構[1]

外にも電気機械的破壊[*3]も知られている．

〔3〕部分放電・ボイド放電と破壊

4・3節でも触れたように，電極間に気体と固体など異なる複数の誘電体が存在する場合があり，これは**複合誘電体**と呼ばれる．ここではまず，複合誘電体の基本的な取扱いについて述べる．図5・5に示すような電極および誘電体が無限に拡がった二層誘電体を考える．これに電圧を印加したとき，印加電圧 V と電流 i は，

$$V = d_1 E_1 + d_2 E_2, \quad i = \sigma_1 E_1 + \varepsilon_1 \varepsilon_0 \frac{dE_1}{dt} = \sigma_2 E_2 + \varepsilon_2 \varepsilon_0 \frac{dE_2}{dt} \tag{5・4}$$

となる．ただし，ε_1, ε_2 は第1層と第2層の比誘電率，σ_1, σ_2 はそれぞれの導電率，d_1, d_2 は厚さ，E_1, E_2 は各層に加わる電界である．また，電流の第1項は伝導電流を，第2項は変位電流を表している．

式(5・4)から，電界 E_1 および E_2 は次式で与えられる．

$$E_1 = \frac{\sigma_2}{\sigma_2 d_1 + \sigma_1 d_2} V + \left(\frac{\varepsilon_2 \varepsilon_0}{\varepsilon_2 \varepsilon_0 d_1 + \varepsilon_1 \varepsilon_0 d_2} - \frac{\sigma_2}{\sigma_2 d_1 + \sigma_1 d_2} \right) \cdot V e^{-\frac{t}{T}} \tag{5・5}$$

[*3] 誘電体に電圧を印加したとき発生するマックスウェル応力と内部応力の平衡が崩れて，破壊に至る．

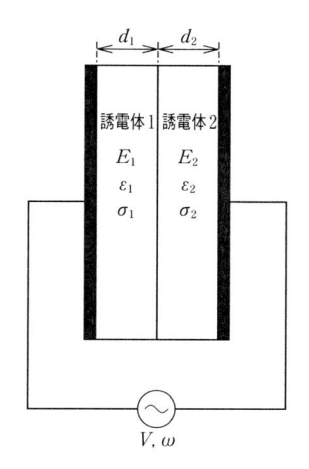

図5・5 複合誘電体

$$E_2 = \frac{\sigma_1}{\sigma_2 d_1 + \sigma_1 d_2} V + \left(\frac{\varepsilon_1 \varepsilon_0}{\varepsilon_2 \varepsilon_0 d_1 + \varepsilon_1 \varepsilon_0 d_2} - \frac{\sigma_1}{\sigma_2 d_1 + \sigma_1 d_2} \right) \cdot V e^{-\frac{t}{T}} \quad (5\cdot 6)$$

ただし，T は次式である．

$$T = \frac{\varepsilon_2 \varepsilon_0 d_1 + \varepsilon_1 \varepsilon_0 d_2}{\sigma_2 d_1 + \sigma_1 d_2} \quad (5\cdot 7)$$

上式より，電界 E_1, E_2 は時間に依存する．いま，インパルス電圧が複合誘電体に印加されたとき，電圧印加は短時間であり，$t/T \approx 0$ としてよいので，E_1, E_2 は，

$$E_1 = \frac{\varepsilon_2}{\varepsilon_2 d_1 + \varepsilon_1 d_2} V, \quad E_2 = \frac{\varepsilon_1}{\varepsilon_2 d_1 + \varepsilon_1 d_2} V \quad (5\cdot 8)$$

となり，その比は $E_1/E_2 = \varepsilon_2/\varepsilon_1$ となる．すなわち，静電容量（コンデンサ）の直列接続として等価的に表される．

一方，印加電圧が直流の場合，定常状態では $t/T \approx \infty$ と考えてよく，電界 E_1, E_2 の比を求めると，$E_1/E_2 = \sigma_2/\sigma_1$ となる．したがって，直流の場合には，抵抗の直列接続と等価である．なお，交流電圧の場合，その周期は 20 ms 程度であり，式(5・7)で示される時定数の値に対して大きいか小さいかを考えることになるが，一般的にはインパルス電圧の場合と同様に扱うことが多い．

実際の固体誘電体では，その製造過程や長期の使用によって，**ボイド**（Void）と呼ばれる小さな空隙が生じる場合がある．図5·6（a）に示したような電極間に厚みの薄いボイドが1個存在している固体誘電体に交流電圧が印加された場合を考える．図のボイド部分とその上下の固体誘電体のみを取り出し，二層誘電体と同様に，静電容量の直列接続として，各層の電界が求められる．また，各誘電体層は同一厚さ d で，誘電体層2が空気で比誘電率は $\varepsilon_2 \approx 1$，誘電体層1と3が同一固体誘電体で比誘電率を $\varepsilon_1 = \varepsilon_3$ とすると，各層の電界は次式となる．

$$E_1 = E_3 = \frac{1}{(2+\varepsilon_1)d}V, \quad E_2 = \frac{\varepsilon_1}{(2+\varepsilon_1)d}V \tag{5・9}$$

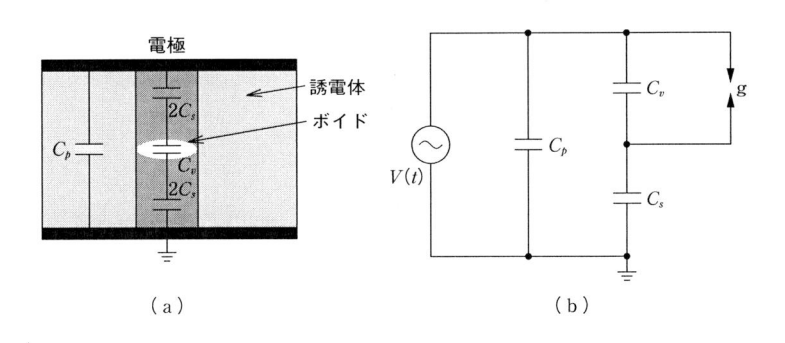

(a) (b)

図5・6 固体中のボイドとその等価回路

通常は，固体誘電体の比誘電率 ε_1 は1より大きく，固体層の厚みはボイド層に比べて大きいので，より大きな電界がボイドにかかる．さらに，空気は固体誘電体に比べて絶縁破壊電界は低いので，電極間の電圧を徐々に上げていくと先ずボイドで放電が起こる．固体層にかかる電圧が絶縁破壊電圧以内であれば全路破壊せず，ボイドのみで放電が生じる．このような部分的に起る放電を**部分放電**と称し，特にボイド内での生じるものを**ボイド放電**と呼ぶ．

ボイド放電を例にして部分放電現象とその性質について述べる．図5·6（b）に図5·6（a）のボイドを含む固体誘電体の等価回路を示す．ボイドの静電容量を C_v，ボイドに直列な領域の静電容量を C_s，それに並列でボイドのない領域の静電容量を C_p とする．C_v に並列に設けられたギャップ g がボイドにおける放電発生時のボイド部分の短絡を表す．

5・2 固体の絶縁破壊理論

　電極間に交流電圧 $V(t)$ が印加されたとき，ボイド部分には図5・7の点線で示すように静電容量の逆比で分圧された電圧 $V_c(t)$ がかかる．この電圧 $V_c(t)$ がボイドの放電開始電圧 V_i に達すると，ボイド内は短絡される．これは図5・6（b）のギャップgが短絡されたことに相当する．このとき C_v に蓄えられた電荷はギャップを通じて一気に放電されてパルス状の放電電流が流れる．C_v の電圧は放電消滅電圧 V_d より低下し，放電が停止する．ボイド内の放電が停止すると，ギャップgは再び開いて非導通状態になる．その後，$V(t)$ が上昇すれば，C_v は再び充電され，$V_c(t)$ が V_i に達すればまた放電が生じ，V_d まで減少する．以降これを繰り返す．印加電圧がピーク値付近になると，C_v の電圧は V_i まで上昇できなくなり，放電は停止状態が続く．交流電圧の極性が反転し，C_v の電圧が $-V_i$ となると，ボイド内で再び放電が生じる．以降，上記の放電と停止を繰り返す．この断続的な放電にさらされると，ボイド内壁がダメージを受け，ついには破壊が引き起こされる．

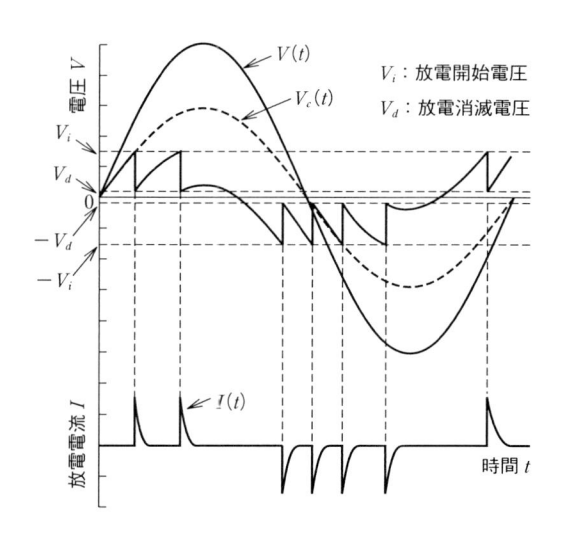

図5・7 ボイド放電における電圧と放電電流の関係

　ボイド放電では，放電によって発生した電子，正イオンがボイド内壁に蓄積される．これを**壁電荷**と呼び，外部から印加される電界と同方向あるいは逆方向の電界を作る．前者の場合は電界を強め合い，後者の場合は電界を弱め合うこと

になる．その結果，印加電圧に対するボイド放電の発生位相が影響を受ける．

〔4〕トリーイング破壊

　固体誘電体に電界を印加し続けた場合，それが破壊電界より低くても，部分的あるいは全路の絶縁破壊を生じることがある．このとき絶縁破壊を起こした固体中にはトリーと呼ばれる樹枝状の破壊痕が形成される．その例を図5・8に示す．この様な絶縁破壊は**トリーイング破壊**と呼ばれる．また，発生原因から，電気トリー，水トリーや導体の銅が関係した反応による化学トリーに分類される．

（a）マリモ状　　　（b）樹枝状

図5・8　電気トリーの例

　電気トリーとは次のような現象である．導体と固体絶縁体との界面に金属突起があったり，絶縁体内部に亀裂・異物があると，その先端部に高電界が形成され，部分放電が発生する．この部分放電により，固体絶縁体中に局部的な結合の切断や亀裂，内壁の摩耗などの放電劣化が進むと，直径数μm〜$100\mu m$の中空の放電路（トリーチャネル）が形成される．このトリーは電圧印加の時間あるいはパルス電圧の印加数とともに進展し，厚い絶縁体も全路破壊を起こす．

　一方，絶縁材料の中に水分があると，静電気力により高電界領域に水分が集まり，トリーチャネルが形成される．この**水トリー**は，電気トリーに比べて，低い電界で発生することが知られている．電力ケーブルでは絶縁材料として架橋ポリエチレンがよく用いられる．かつては，架橋に水蒸気を用いていたため，絶縁体に水分が残留し，水トリーの発生が問題となった．現在では，水分の発生が微量な架橋剤を用いるようになったが，その水分が残ることで，水トリー発生の可

能性がある．また，実使用環境での水分管理も重要である．

　トリーが一度発生すると，定格電圧で運転されていても時間とともに成長して全路破壊が引き起こされるため，電力ケーブルなどの固体誘電体部分ではトリーが問題となることが多い．しかし，トリーイング現象は，十分に絶縁距離をとっていても，停止させるのが困難である．そこで，無機材料の粉末を充填剤として混ぜ，トリーの進展のバリアにする方法が採られることがある．

〔5〕沿面放電とトラッキング

　4・5節でも触れたが，異種誘電体よりなる複合誘電体では，一方の電極より生じた放電が，固体誘電体の界面に沿って進展する沿面放電となり，最終的に電極間を橋絡する現象がしばしば見られる．固体誘電体の表面を進展し，絶縁破壊を起こす現象を**フラッシオーバ**と言う．また，固体誘電体表面の汚損や部分放電に端を発し，導電性の経路が形成される現象を**トラッキング**と呼ぶ．

　沿面放電は固体誘電体と電極の配置によって2種類のタイプに分類される．図5・9（a）のように電極間の電界が固体誘電体表面に平行になっている場合を電界平行形，図5・9（b）のように電界が固体誘電体を横切るように存在する場合を電界交差（直交）形と称する．沿面放電が開始する場所として，電極表面の突起などの電界集中点が挙げられる．また，複合誘電体の特徴的な電界集中点として2種の誘電体と電極の3者が接する点（**三重点**）が挙げられる．2種の誘電

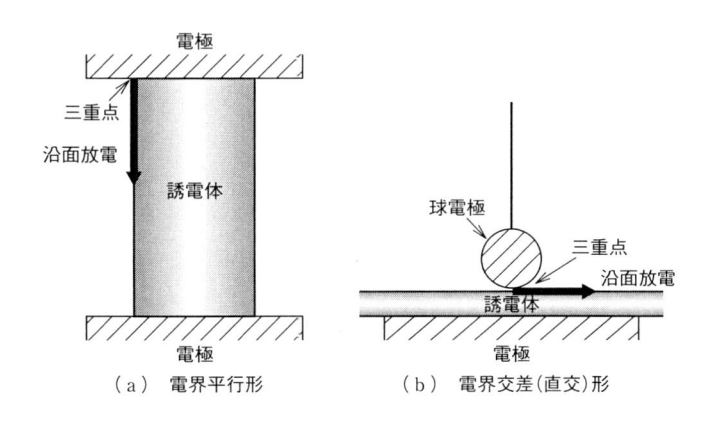

（a）電界平行形　　　（b）電界交差(直交)形

図5・9 沿面放電

体の界面が電極面と楔形に接する場合は，三重点で特異な電界集中が生じる（9章参照）．また，図5・9（b）のように誘電体の界面と電極面とが角度0度で接する場合も，三重点で電界集中が生じる．沿面放電の特性は印加電圧の種類，極性，誘電体の性質，誘電体裏面導体[*4]の有無などに左右される．

5・3 固体の絶縁特性

すでに述べたように固体誘電体は，さまざまな破壊機構によって絶縁破壊に至る．また，破壊機構によっては破壊電界が，電極形状や空間電荷など様々な要因の影響を受ける．したがって，本節で説明するように，これらの要因に注意しなければ，破壊機構によって決まる破壊電界はまったく異なったものとなる可能性がある．

〔1〕空間電荷の影響

電極からの電荷の注入や，固体内部の欠陥や不純物およびそれらによる電荷のトラップなどに起因して，固体誘電体内部に空間的な電荷の偏りが生じる．この電荷の偏りは**空間電荷**と呼ばれ，固体内の電界分布を歪ませる．**図5・10**に空間電荷の様子を示した．例えば，陰極から固体誘電体に電子が注入されて，陰極近傍に負の電荷が蓄積された場合（図5・10（a）），電極と空間電荷は同極性であ

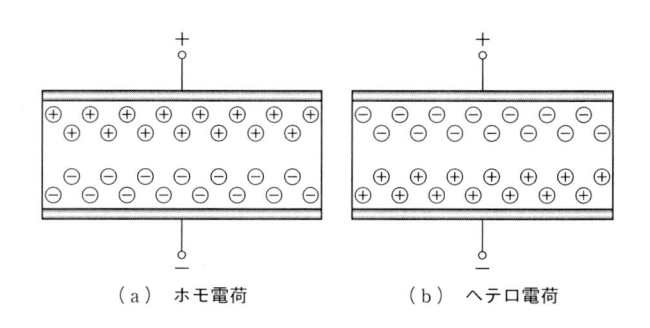

(a) ホモ電荷　　　(b) ヘテロ電荷

図5・10　誘電体中の空間電荷（ホモ電荷とヘテロ電荷）

[*4] 背後電極と呼ばれ，図5・9（b）の誘電体板下部の電極がこれに相当する．

りホモ空間電荷と呼ばれる．この場合，電極近傍の電界を弱めることになる．一方，陰極の近傍に正電荷である正イオンが蓄積された場合（図5・10（b））では，電極と空間電荷は異極性でありヘテロ空間電荷と呼ばれ，電極近傍の電界は増強される．したがって，印加電圧の極性反転時において，ヘテロ空間電荷が形成される場合，外部電界に比べて，実際にかかる電界は高くなるので十分に注意する必要がある．また，空間電荷は絶縁破壊特性の極性効果をもたらす原因の一つである．

〔2〕電極形状と媒質効果

　固体誘電体に電圧を印加する実際の環境は，対象とする固体誘電体と電極のみで構成されるのではなく，固体誘電体と電極からなる系全体が，気体や液体と接している．このような系では，固体の絶縁破壊が生じる以前に，電極端部で気体や液体のコロナ放電・部分放電，あるいは沿面放電が生じ易い．そのため，絶縁破壊特性は固体誘電体の周りに存在する気体や液体（媒質と呼ばれる）の影響を受ける．このことは媒質効果と称される．なお，電極端部は縁端効果により高電界となり，媒質中で放電が発生しやすい状態になっている．このように縁端効果は媒質効果が生じる原因の一つである．

　一般に，媒質効果・縁端効果によって，測定される絶縁破壊電圧は，固体絶縁物本来の値より低くなる．したがって，固体誘電体の正確な絶縁破壊電圧を測定するためには，これらの効果を低減する電極形状の工夫が必要である．試料に凹部を設けることによって，媒質効果・縁端効果を低減した実例を図5・11に示した．また，端部での媒質の放電が起こりにくくするため，固体誘電体の周辺媒質に圧力をかけて，周辺媒質の絶縁破壊電圧を高めておくことも有効な手法である．

〔3〕面積効果と体積効果

　電極面積や電界がかかる試料体積の増加とともに，絶縁破壊電圧が低下する現象がみられる．前者は面積効果と呼ばれ，電極面積の増加とともに，電極表面の突起などの絶縁破壊の起点となる微小欠陥の存在確率も増大するために起きる効果である．あらかじめ予備的な放電を行い，微小欠陥の低減処理を行った電極を用いると，この効果を小さくすることができる．これをコンディショニング効

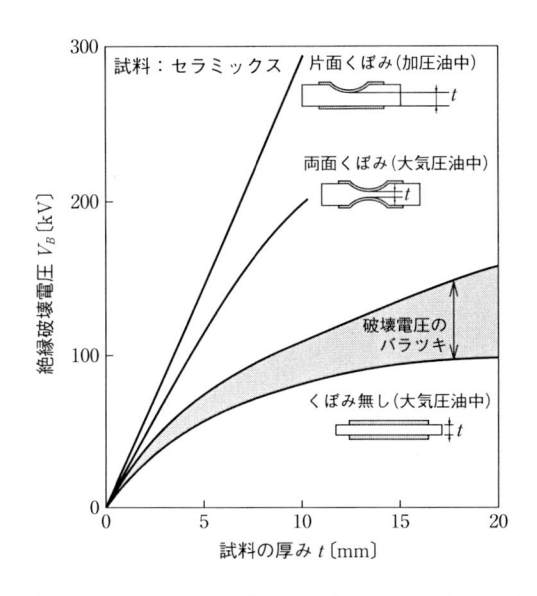

図5・11 各種試料形状と破壊電圧に及ぼす影響[2]

果という．また，後者は**体積効果**と呼ばれ，固体誘電体の電界のかかる体積が大きくなると，体積中の欠陥などによる絶縁破壊電圧の低い部分の存在確率も高くなるために起きる効果である．

5・4 固体の絶縁劣化と寿命予測

電気機器や設備に使われる固体絶縁物は，その物質固有の絶縁破壊電界より低い電界でも，印加時間が長くなると絶縁破壊が起こる．例として，このような場合の絶縁破壊故障率の経時変化を図5・12に示した．初期段階では，製造工程などの問題で，設計通りの絶縁性能を有さない部品・材料が多数存在し，電圧印加後短時間で絶縁破壊にいたる．初期故障期と呼ばれ，故障率は高い．その後ほぼ一定値の低い故障率で推移する．この期間は偶発故障期で，想定外の外的要因の侵入などにより，破壊が引き起される．さらに時間を経ると，故障率は徐々に上昇する．これは劣化・磨耗期と呼ばれ，長時間の電圧印加により部品，材料はストレスを受けて，絶縁性能が徐々に低下するためである．このような絶縁性能の

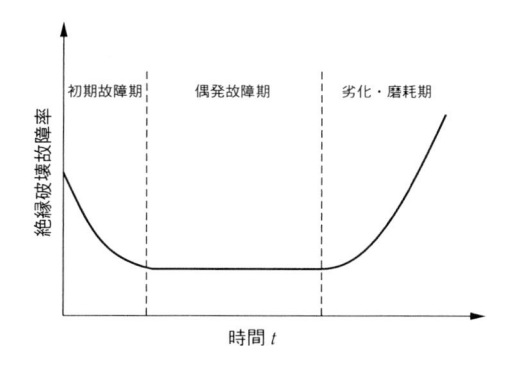

図5・12 絶縁破壊による故障の時間推移

低下を**絶縁劣化**と称する．劣化の要因を分類すると以下のようになる．
① 熱劣化

　使用環境の温度，運転による温度上昇や局部的な過熱などによって，固体誘電体が熱にさらされるために化学反応などで分子構造に変化が生じて，絶縁性能が低下する．熱劣化は温度の上昇で加速される．
② 機械的劣化

　圧力，振動，機械的な力などが加わって，誘電体と導体間や誘電体間の剥離が生じたり，誘電体に亀裂などが生じることによって絶縁性能が低下する．
③ 電気劣化

　誘電体に電流が流れたときには，ファラデーの電気分解の法則に従う電気化学反応により劣化が起きる．また，放電に曝された部分が化学反応で分解したり，構造変化が生じたり，物理的に削り取られたりすることでも劣化が起きる．

長期にわたり電圧を印加したときの破壊電圧と時間の特性は**長時間 V-t 特性**と呼ばれ，一般的には図5・13に示すような $V = k \cdot t^{-1/n}$ で表される，両対数グラフ上の直線関係となる．n は**寿命係数**と呼ばれ，劣化の種類，原因によって異なる．n が2～5程度のときはコロナ劣化で，10程度と大きくなるとトリーが発生していると言われている．

　誘電体材料の絶縁劣化によって電気機器やケーブルの性能が低下し事故が起こ

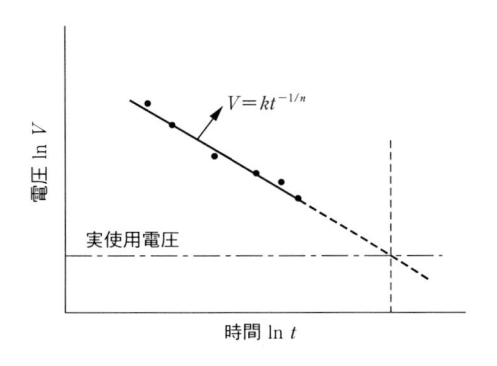

図 5・13　長時間 V–t 特性

れば，重大な問題となる．機器やケーブルには数十年の耐用年数が求められているが，前述のように，ゆっくりと劣化が進行する場合もある．時間的制約のため，実使用条件でそれらの寿命を測ることは長時間を要し，一般に困難な場合が多い．比較的短時間の実験で，実使用電圧における寿命を予測するため，実使用電圧より高い電圧を印加して得た破壊電圧―時間特性を外挿する方法が採用されている．この様な試験法を**加速劣化試験**と呼んでいる．

長期の使用によって絶縁劣化の要因，種類，形態が変化したり，複数の種類の劣化が同時に進行したりすることが多い．そのため，予測寿命と実際の寿命とが一致するとは限らず，あくまでも寿命の予測，目安である．

演習問題

1 図 5・14 に示すような平行平板間が 3 種の誘電体で構成される複合誘電体で満たされている．下記の問いに答えよ．
  (1) 電極間に電圧 V を印加したときの各層の電界の強さを求めよ．
  (2) 各層の厚みが $d_1=d_2=d_3$ で，中間層が空気で，他の固体層の比誘電率が $\varepsilon_1=\varepsilon_3=3$ であるとき，電極間の電位の位置によ

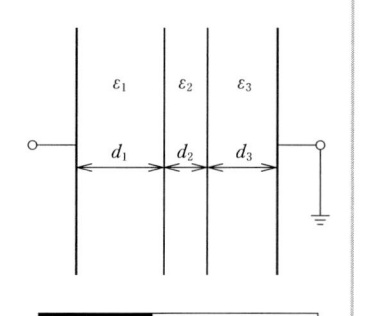

図 5・14　三層複合誘電体

る変化を求め，図示せよ．
(3) 印加電圧を上昇させたとき，どの部分で放電が始まるか，またその理由を述べよ．
(4) (3)よりもさらに高い波高値の交流電圧を印加したとき（ただし，固体誘電体の絶縁破壊電圧より低い値である），印加交流電圧の極性が反転前後ではどのような現象が起こるか，またその理由を述べよ．

2 同軸円筒電極において，そのギャップが**図5・15**のように誘電体層Ⅰ（比誘電率 ε_1）と誘電体層Ⅱ（比誘電率 ε_2）で満たされている．
(1) 電極間に電位差 V を与えたとき，同軸円筒間の任意の位置（同軸円筒の中心からの距離 r）における電界強度 E を求めよ．
(2) 図5・15の同軸円筒電極が不平等電界を形成し，また誘電体層Ⅰが空気で誘電体層Ⅱが固体誘電体とする（$\varepsilon_2 > \varepsilon_1$）．このとき，内部円筒電極と外部円筒電極間で全路破壊が生じず，内部円筒の外側表面で継続してコロナ放電が発生する条件を求めよ．
(3) $\varepsilon_1 = \varepsilon_2$ の場合と $\varepsilon_1 > \varepsilon_2$ の場合において電極間の電界強度の変化の様子を図示し，違いを簡潔に説明せよ．

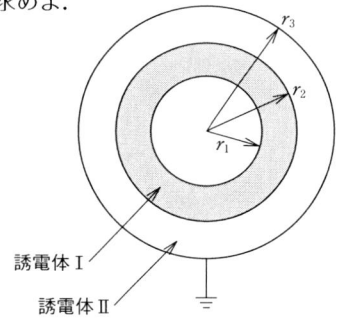

図5・15 同軸円筒電極間の二層誘電体

3 寿命係数 $n=13$ のポリエチレンで絶縁されたケーブルがある．定格電圧での使用に対して，何％増の電圧で使用すると，寿命は百分の1になってしまうか？

6章 液体の放電と絶縁

　代表的な液体の絶縁体として，合成油や天然の鉱物油などが挙げられる．絶縁油は変圧器や電力ケーブルなどに多く使用されてきた．本章では，まず液体誘電体（絶縁体）における電気伝導現象，絶縁破壊とその理論について学ぶ．また，気体や固体と同様に，液体誘電体の絶縁特性は種々の要因の影響を受けるため，それらについても学ぶ．また，最近では高温超電導体材料の発展とともに，超電導を利用した電力機器や電力ケーブルへの期待が高まっている．超電導体材料を冷却するために液体ヘリウムや液体窒素などの極低温液体（冷媒と呼ばれる）が用いられるが，超電導を利用した電力機器・ケーブルにおいては，これらの極低温液体の絶縁性も重要である．このことから，極低温液体の絶縁特性についても学ぶ．

6·1 液体の電気伝導

　平等電界下での**液体誘電体**の電圧と電流の関係を**図6·1**に示した．印加電圧が比較的低い領域Ⅰでは，液体中を流れる電流はオームの法則に従う．すなわち，電圧に比例して電流も増大する．この領域における電流の担い手は，気体中

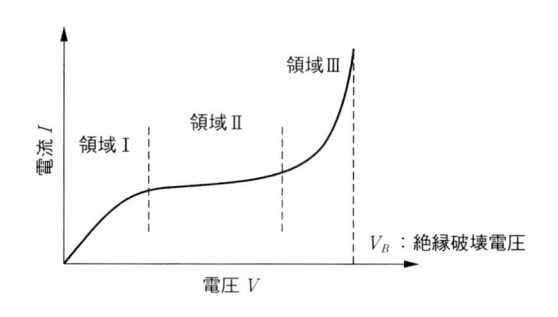

図6·1 液体誘電体における電流―電圧特性

と同様に，液体中においても外部エネルギーによる電離や解離でできた電子や正負イオンである．電圧をさらに上昇させると，電流がほぼ飽和する領域Ⅱとなる．このような飽和領域が現れる原因は気体と同様である．しかし，液体においては，その種類や含まれる不純物の種類と混入量などの条件により，飽和が明確には現れない場合もある．さらに印加電圧を高くすると，電流が急増する領域Ⅲに入り，最終的に絶縁性は失われる．この領域では，後述するショットキー効果による電極金属からの熱電子放出の増強，電子による衝突電離，高電界下における液体分子の解離にともなうイオンの増加などが電流急増の原因と考えられる．

上述のように，液体誘電体と気体誘電体の電流―電圧特性には共通点が多いが，気体と比べて液体の**分子密度**は非常に高く[*1]，分子間距離が短いので，液体の絶縁破壊電圧などの絶縁特性は気体の場合とは異なる．すなわち，液体中では分子間距離と同様に電子やイオンの**平均自由行程**は短いので，電界によって加速されて，衝突電離を起すのに必要なエネルギーを得る前に，他の分子と衝突する確率が高くなる．そのため，気体に比べて，電子衝突電離は起こりにくく，液体の絶縁破壊電圧は気体のそれより高くなる傾向がある．

液体誘電体における放電，絶縁破壊のきっかけとなる初期電子の発生機構の一つとして，ショットキー効果によって増強された陰極からの熱電子放出がある．一般に，金属内の電子にある値より大きなエネルギーを加えると電位障壁を越えて電子を取り出すことができる．特に熱エネルギーによる電子の放出現象は熱電子放出と呼ばれる．金属表面に電界がかかっているときは，次に述べるように，電界がないときよりも電子の放出が起こりやすくなる．いま，金属 M（仕事関数 ϕ_M 〔eV〕）より誘電体（誘電率 ε）中に電子が放出されたとき，その電子には，金属表面に誘起された正電荷との間に鏡像力が働き，金属表面から距離 x 離れた位置にある電子のポテンシャルエネルギー（**鏡像ポテンシャルエネルギー** $\phi_0(x)$）は，e を電子の電荷として，次式で表される．

$$\phi_0(x) = -\frac{e^2}{16\pi\varepsilon x} \tag{6・1}$$

また，電界 E がかかったときのこの電子のポテンシャルエネルギーは $-eEx$

[*1] 例えば，空気の分子密度は 1 気圧 0℃ で 2.69×10^{25} 個/m³，水の分子密度は 1 気圧 4℃ で 3.3×10^{28} 個/m³，シリコーン油（平均分子量 1 200，密度 940 kg/m³）で約 4.7×10^{26} 個/m³

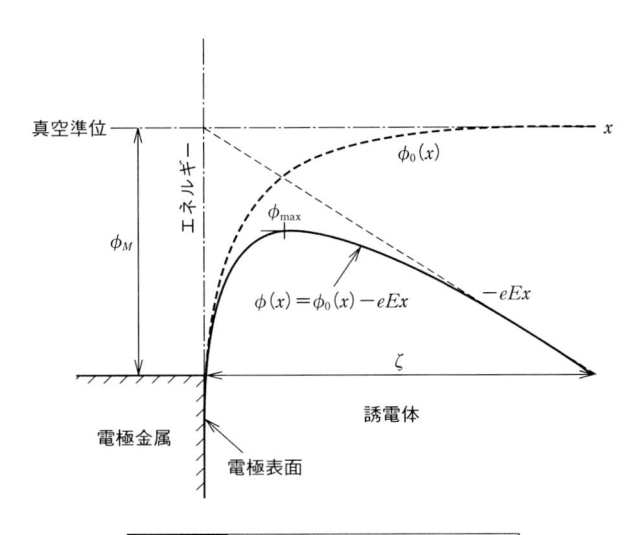

図6・2 ショットキー効果と電子放出

であるので，全体のポテンシャルエネルギー $\phi(x)$ は，次式となる．

$$\phi(x) = \phi_0(x) - eEx = -\frac{e^2}{16\pi\varepsilon x} - eEx \tag{6・2}$$

$\phi(x)$ は，図6・2に示すような曲線として表され，$\phi(x)$ の最大値は，

$$\phi_{\max} = -\sqrt{\frac{e^3 E}{4\pi\varepsilon}} \tag{6・3}$$

となり，電界がかかったときの実際の**電位障壁**（eV 単位）は次式で表され，式(6・3)で求められた分だけ障壁は低くなる．電界による電位障壁の低下現象，およびそれによる**熱電子放出**の増強現象を**ショットキー効果**と呼ぶ．

$$\phi_M + \phi_{\max} = \phi_M - \sqrt{\frac{e^3 E}{4\pi\varepsilon}} \tag{6・4}$$

ショットキー効果により増強された熱電子放出による電流の電流密度 J は，式(6・4)の電位障壁を用いて次式で表わされ，電界および電極温度の上昇とともに急激に増大する．

$$J = AT^2 \exp\left(-\frac{\phi_M - \sqrt{\dfrac{e^3 E}{4\pi\varepsilon}}}{k_B T}\right) \tag{6・5}$$

ここで，A は定数で $A = 4\pi e m_e k_B^2 / h^3$，$T$ は電極の絶対温度，m_e は電子の質

量，k_B はボルツマン定数，h はプランク定数である．

印加電界が 10^9 V/m 程度に高くなると，$\phi(x)$ の幅 ξ が狭くなり，金属内の自由電子はトンネル効果によって障壁をすり抜け誘電体側に放出される．これを電子の電界放出あるいは冷陰極放出という．

6・2 液体の破壊理論

〔1〕電子的破壊

液体の**電子的破壊**に関する初期の理論では，液体誘電体中の自由電子が電界により加速され，液体分子の衝突電離を引き起こすことで，気体の場合と同様に絶縁破壊が引き起こされるとされた．しかし，前節で述べたように，液体誘電体中での平均自由行程は短く，電子が衝突電離を起こすエネルギーを得るためには，気体に比べて高い電界を必要とする．この高電界により陰極からの放出電子数が増加する現象や，電子衝突電離の際に生じる正イオンが陰極近傍に空間電荷を形成する現象（本節で後述）などが，急激な電流増大を引き起こす原因として，電子的破壊理論に取り入れられた．

液体中の偶存電子やショットキー効果に伴なう熱電子放出などによる陰極からの放出電子は，平均自由行程内で電界からエネルギーが与えられる．このエネルギーが電離エネルギーより大きくなれば，気体の場合と同様に，液体分子と衝突電離を起こし，電子なだれへと進展し，絶縁破壊が引き起こされる．電子の平均自由行程を λ とすると，このとき電界 E から得るエネルギーは $eE\lambda$ となる．

電子なだれが一定以上に成長したとき，絶縁破壊を起こすとすれば，絶縁破壊条件は，気体の場合と同様に考えて，液体誘電体中における電子の衝突電離係数を α，電極間距離を d，定数を N とすると，次式となる．

$$\alpha d = N \tag{6・6}$$

電子が電界から電離エネルギー U_i 以上のエネルギーを得る確率は，1回の衝突につき，$\exp(-U_i/eE\lambda)$ であり，また単位長さ進む間に $1/\lambda$ 回衝突するので，衝突電離係数は，次の式で表わされる．

$$\alpha = \frac{1}{\lambda}\exp\left(-\frac{U_i}{eE\lambda}\right) \tag{6・7}$$

いま，電極間隔 d で，この間に生じる電子の数は αd であり，これがしきい値

N に達したとき絶縁破壊となるので，絶縁破壊電界 E_B は，次式となる．

$$E_B = \frac{U_i}{e\lambda \ln\left(\dfrac{d}{N\lambda}\right)} \tag{6・8}$$

また，上記の電子なだれの発生と成長の過程において，電離によって生じた正イオンは，電子に比べて移動速度が遅いので，陰極表面近くの正電荷密度は高くなり，**空間電荷層**を形成する．この空間電荷によって陰極面の電界は強められるので，陰極からのショットキー効果に伴なう熱電子放出や電界放出は一層容易になると考えられている．液体の絶縁破壊において，特にこの空間電荷の作用が絶縁破壊電界を決めるとする考えもある．

電子の運動エネルギーは液体分子との衝突により分子の振動のエネルギーとして失われる．この分子の**振動エネルギー**に着目した液体中の絶縁破壊の理論もある．プランク定数を h，分子の振動数を ν とすると1回の衝突で電子が失うエネルギー（分子の振動に与えられるエネルギー）は $h\nu$ となる．したがって，電子が液体分子に与えるエネルギーが大きくなり，液体分子の電離エネルギーより大きくなると，液体分子の電離が起り，これを液体誘電体中での電子なだれの開始の条件とみなす．電子なだれの開始の条件は，K を定数として，次の式で表わされる．

$$eE\lambda = Kh\nu \tag{6・9}$$

よって，電子なだれが開始する条件を破壊の条件とみなせば，絶縁破壊電界（絶縁破壊強度）E_B は次式で表される．

$$E_B = \frac{Kh\nu}{e\lambda} \tag{6・10}$$

6・1節で述べたように，液体は高い絶縁破壊電界を持ち，気体よりも絶縁破壊を起こしにくいが，外部から加わる電界が十分大きくなれば，式(6・9)で示されるように，電子は液体分子に衝突して電離を起こすことが可能となり，電子なだれが開始して，絶縁破壊が引き起される．

〔2〕バブル（気泡）破壊

液体は密度が高く分子間距離は短いので圧力をかけても圧縮されず，絶縁破壊電界は圧力の影響を受けないはずである．しかし，実際には圧力が高くなると絶

縁破壊電界は上昇することが知られており，このような効果は電子的破壊理論だけでは説明することはできない．絶縁破壊電界が液体中で圧力の影響を受ける結果を説明する破壊理論として**気泡（バブル）破壊説**がある．液体中において，電極表面の突起などによって電界集中が生じれば，そこでは局所的なジュール加熱，電子衝突による液体分子の解離，不純物の加熱などが原因となってバブルが発生する．液体中にバブルが存在するとき，バブルの誘電率は液体に比べて低く，また絶縁破壊電界も低いので，まずバブルで気体放電が生じることになる．一度バブルが生じその中で放電が起こると，それによってバブルはさらに成長し，容易に絶縁破壊に至る．このバブルが関与した絶縁破壊のメカニズムをバブル破壊と呼んでいる．

〔3〕不純物破壊

電子的破壊，バブル破壊説の他に，液体中の不純物粒子によって，絶縁破壊が引き起されるとする考え方がある．液体中に存在する不純物は，電極表面の突起などによる電界集中の生じる点に静電気力によって引き寄せられて，図 6・3 のように不純物が数珠繋ぎとなって，その先端は対向電極に近づくため先端電界は強くなる．そのため，さらに不純物が引き寄せられて，ついには電極間を橋絡し，絶縁破壊が生じる．これは**不純物破壊**として知られている．

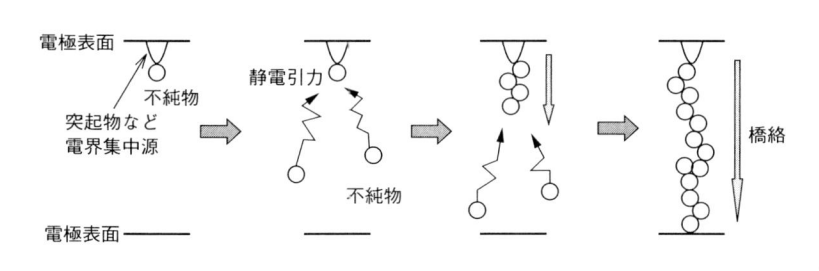

図 6・3 不純物破壊の模式図

6・3 液体の絶縁破壊特性

前節では，液体誘電体の絶縁破壊のメカニズムの代表的なものについて述べ

た．実際の液体の絶縁破壊電界（電圧）は様々な要因の影響を受け，また複数の要因が重なって複合的に影響することもある．主な要因とその影響について説明する．

〔1〕液体の種類，分子構造と絶縁破壊電界

　液体誘電体の絶縁破壊電界は不純物の影響を受けやすいが，インパルス電圧印加時には不純物の影響が弱くなり，液体誘電体本来の絶縁破壊電界に近い値が得られる．そこで，インパルス電圧を用いて有機液体誘電体の分子構造と絶縁破壊電界の関係が調べられている．分子構造を表わすものとして分子パラコールと呼ばれる指標を用い，絶縁破壊電界との関係を整理すると，図6・4に示すように両者に密接な関係があることが知られている．**分子パラコール**は，一定表面張力における分子容積であり，分子を構成する原子の種類，密度，結合状態できまり，分子の大きさを示すものとされ，次式で表される．

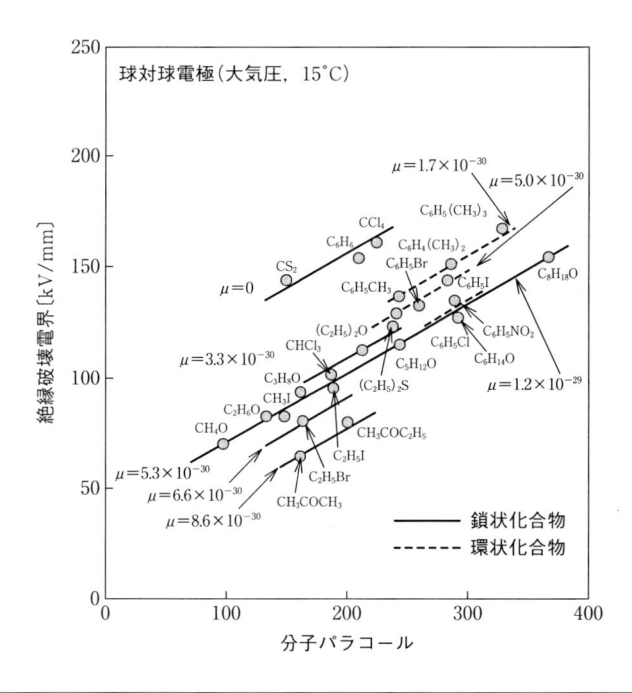

図6・4 有機液体の分子パラコールと絶縁破壊電界の関係（双極子モーメントμの単位はCm）[1),2)]

$$\text{分子パラコール} = \frac{M\gamma^{\frac{1}{4}}}{D-d} = C^{\frac{1}{4}}M \tag{6・11}$$

ここで，Mは分子量，γは表面張力，Dおよびdはそれぞれ液体の密度および液体が蒸発したときの蒸気密度，Cは Macleod 定数である．

図6・4ではさらに，個々の液体分子が有する永久双極子モーメントμについて分類してある．同図のように，μのほぼ等しい分子では，分子パラコールが大きいほど絶縁破壊電界は高い．すなわち，液体誘電体の分子が大きいほど絶縁破壊電界は高くなる．また，永久双極子モーメントが大きくなるほど，絶縁破壊電界が低下する傾向がある．これは，分子が極性基を有するなど極性が強いほど絶縁破壊電界が低下する傾向にあることを表している．

〔2〕不純物・電極材料の影響

液体には，気体，液体，固体といった様々な形で不純物が混入しやすく，絶縁破壊特性はその影響を受ける．例えば，液体誘電体の代表である絶縁油は通常，空気に曝される環境で取り扱われることが多いので，空気が絶縁油中に取り込まれる．絶縁油中に取り込まれたり，溶解したりした空気は，バブルを形成しやすく，絶縁破壊電界の低下をもたらす．一方，絶縁耐力の高い電気的な負性気体であるSF_6が溶解したような場合は，逆に絶縁破壊電界が上昇することが知られている．

このような**溶存気体不純物**が存在する場合，環境温度や圧力の影響が現れやすい．すなわち，温度上昇や圧力低下によって溶存気体はバブルを形成して容易に絶縁破壊電界が低下する．逆に，温度の低減や加圧によりバブルの成長を抑制すると，絶縁破壊電界を高められる．**図6・5**に空気が溶解した絶縁油および脱ガスした絶縁油の直流絶縁破壊電界の圧力依存性を比較して示す．大気圧以下の圧力において，脱ガスを行った油の絶縁破壊電界は，圧力に対してほとんど変化なくほぼ一定である．一方，溶解空気を含む油の破壊電界は，脱ガスを行った油より同じ圧力においても低く，圧力が低くなるとさらに低下する．これは，圧力の低下とともに，破壊の起点となる溶解空気によるバブルの形成が行われるためと考えられている．また，電極表面におけるガスの吸着の有無についても，上記と同様の絶縁破壊電界の圧力依存性が得られている．

また，液体中の水分や吸湿しやすい固体の不純物が絶縁破壊特性に与える影響

6章 液体の放電と絶縁

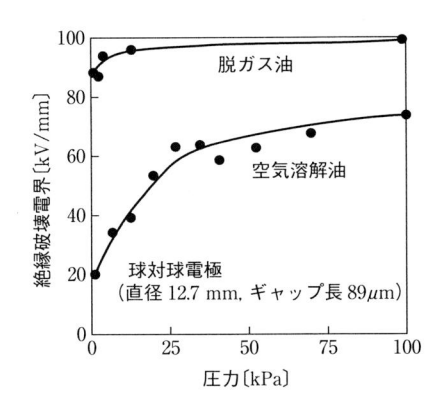

図6・5 気体不純物が直流破壊電圧に及ぼす影響[3]

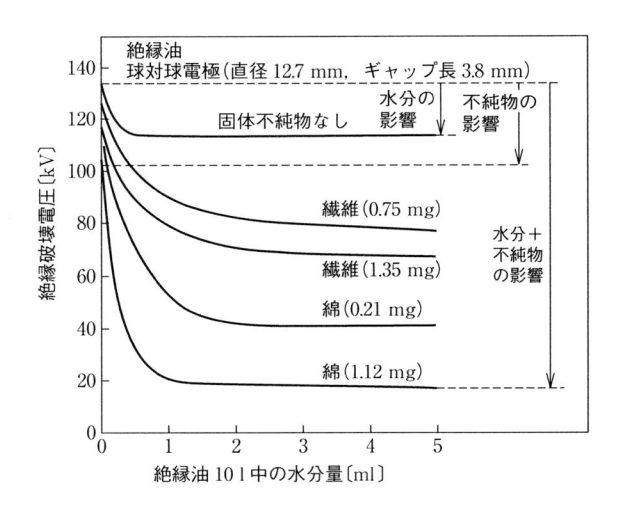

図6・6 不純物が破壊電圧に及ぼす影響[4]

も大きいことが知られている．図6・6は綿や繊維が不純物として混入した絶縁油中における絶縁破壊電圧と絶縁油中の水分量の関係を示す例である．図6・6に示すように，固体の不純物を含まない絶縁油（純油）の水分量が増えると絶縁破壊電圧は低下するが，水分量が多くなってくると，絶縁破壊電圧の低下は止まり，ほぼ一定となる．0.1 ml以下の絶縁油中の水分量が少ない状態で，綿や繊維

といった固体の不純物が混入すれば，固体不純物なしの場合に比べて絶縁破壊電圧は低下する．また，不純物の量が増加すれば，さらに絶縁破壊電圧は低下する．このことから，液体中の水分も固体の不純物も絶縁破壊電圧の低下をもたらすことがわかる．さらに，絶縁油中の水分量も固体不純物も増加した場合，水分だけや固体不純物混入のみに比べて，絶縁破壊電圧の低下の度合いは大きい．これは，綿や繊維（木綿の比誘電率は約 3～7.5，ポリエステルの比誘電率は3.2）といった固体不純物に誘電率の大きな水（水の比誘電率は約 80）が吸収・吸着することによって，綿や繊維に静電気力が働きやすくなり，水分と固体不純物の影響が相乗的に作用し，不純物破壊が助長されることを示している．この例からもわかるように，誘電率の大きな不純物の液体誘電体への混入には十分注意を払う必要がある．

以上に述べたように，液体誘電体の絶縁破壊電界は，気体や液体，固体の不純物の影響を受ける．したがって，絶縁油などの液体誘電体を用いた絶縁には，ろ過による不純物の除去や空気などのガスに曝さないようにするなどの注意を払う必要がある．

また，液体の絶縁破壊電圧は，電極金属の種類によっても変化することが知られている．**図 6・7** は異なる電極金属材料による絶縁破壊電圧の例を示している．

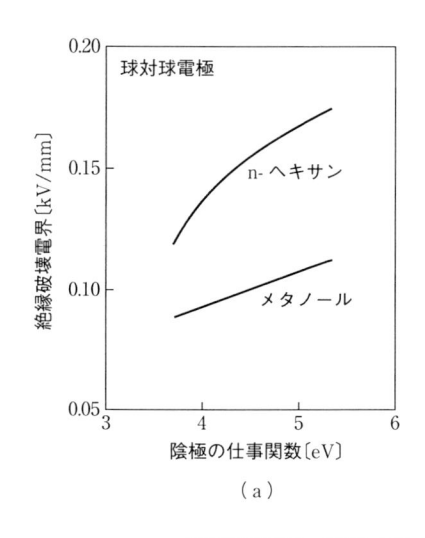

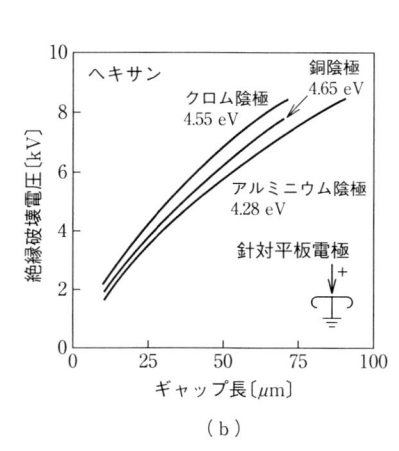

図 6・7 電極材料が破壊電圧に及ぼす影響[5),6)]

図6・7 (a) のように陰極の金属材料の**仕事関数**が大きいほど破壊電圧が高い結果が得られている．図6・7 (b) は針対平板電極において異なる平板陰極材料を用いたときのヘキサン中における絶縁破壊電圧の例である．絶縁破壊電圧は陰極材料によって影響を受けることがわかるが，絶縁破壊電圧の順序と図中に示した仕事関数の順序は必ずしも一致していない．図6・7 (a) の例は表面が清浄な電極の場合であるが，実際の電極表面には酸化層や分子を吸着した層が存在し，仕事関数が変化するため，図6・7 (b) の例のように絶縁破壊電界と仕事関数の対応がつかない場合も多い．

〔3〕ギャップ長と印加電圧波形

交流電圧とインパルス電圧について，球対球電極および針対針電極におけるギャップ長と絶縁破壊電圧の関係を図6・8 に示している．球対球電極，針対針電極のいずれにおいても，インパルス電圧 1/4 〔μs〕，インパルス電圧 1/80 〔μs〕，交流電圧の順に絶縁破壊電圧は低くなる．すなわち，液体誘電体に電圧が印加される時間が長くなるほど，絶縁破壊電圧が低下する結果となる．液体誘電体の破壊においては，液体の**誘電体損**や**ジュール損**による熱の影響がある．これらの損失熱による温度上昇は，液体中のバブルの発生や成長を助長する役割を果た

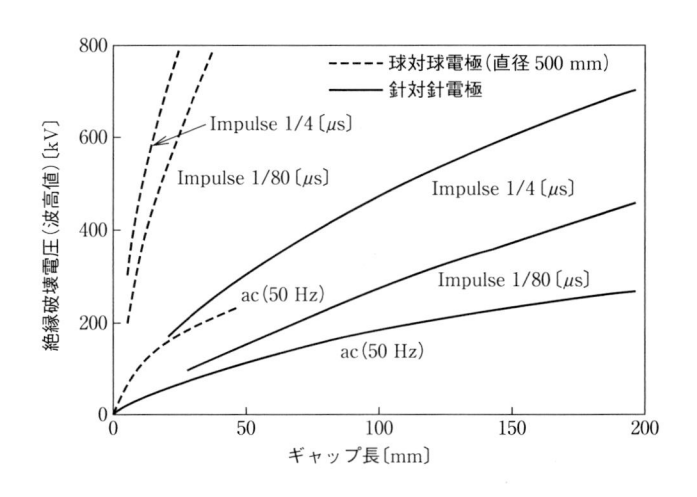

図6・8 絶縁破壊電圧に及ぼす印加電圧波形の影響[7]

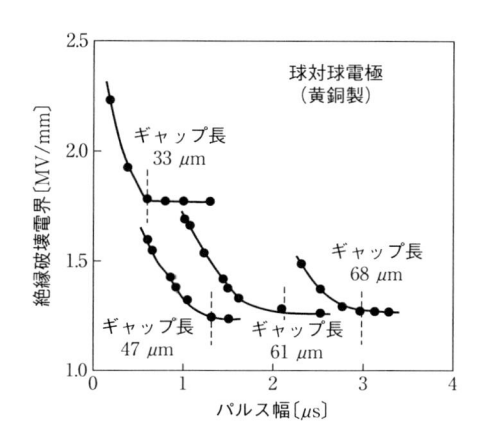

図6・9 印加パルス電圧のパルス幅と破壊電界の関係[5]

すため，電圧印加時間が長いほど絶縁破壊電圧が低くなることを定性的に説明できる．これに関連して，次に述べるように，電圧の立ち上がり時間やパルス幅，周波数と絶縁破壊電圧との関係もよく調べられている．

例えば，印加電圧と破壊までの時間は，5・4節で述べた固体の場合と同様に，寿命係数 n を用いて，$V = k \cdot t^{-1/n}$ で表される．インパルス電圧領域の**短時間 V–t 特性**から交流電圧領域の**長時間 V–t 特性**を合せた**広時間 V–t 特性**として n 値を調べた結果，インパルス電圧では30，交流短時間領域では16，交流長時間領域では39という n 値が知られている．

また，**図6・9**に印加パルス電圧のパルス幅とヘキサンの絶縁破壊電界の関係を示す．この例のように，パルス幅が長くなると絶縁破壊電圧は低下し，一定値に近づく傾向を示す．この結果から，破壊の遅れ時間と破壊機構の関係についても調べられ，短時間領域では電子的破壊，長時間領域ではバブルの発生や熱的要因によるとされている．さらに，数100 kHz～10 MHzの**高周波電圧**を印加した場合，周波数が高くなると液体の絶縁破壊電圧は低下する結果が得られている．高周波では誘電体損による温度上昇が生じて，これが破壊に影響する．この場合，絶縁破壊電圧は周波数 f の1/2乗に反比例して低下する．実際に，シリコーン油などの低粘度絶縁油の絶縁破壊電圧では，周波数 f の1/2乗に反比例する．しかし，高粘度の絶縁油では周波数に対する破壊電圧の低下は高周波領域で

は小さくなり，単なる熱的な破壊では説明できない．

〔4〕**面積効果と体積効果**

　固体の場合と同様に，誘電体に接する電極の面積や電極間の誘電体の体積の増加とともに，絶縁破壊電圧（電界）が低下する現象がみられる．前者は**面積効果**と呼ばれ，電極表面の突起などの微小な欠陥や吸着ガスの存在する確率が増大するために起きる効果である．後者は**体積効果**と呼ばれ，体積中のバブルや固体不純物などの存在確率が高くなるために起きる効果である．相似形状の電極を用いても，そのサイズ（例えば，球対球電極の球電極の直径）が大きくなると，温度などが同じである条件下でも，絶縁破壊電界は低下する．

　特に，実際の絶縁油など液体誘電体を用いた絶縁では，不純物による破壊が問題となることが多く，絶縁破壊電界の体積効果は良く調べられている．図 6・10 は絶縁油の交流破壊電界の体積効果の例である．電界のかかる体積が増えると，破壊電界は急激に低下する．インパルス電圧や交流電圧などの印加電圧波形に対して，電界のかかる体積と絶縁破壊電界の関係を表わす実験式が得られている．

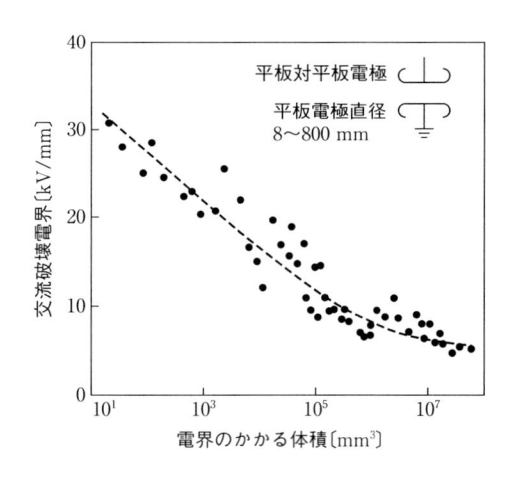

図 6・10　平等電界下における絶縁油の破壊電圧の体積効果[8]

〔5〕**極低温液体の破壊**

　近年，環境保護などの観点から，低損失電力伝送や電力貯蔵を実現するため，

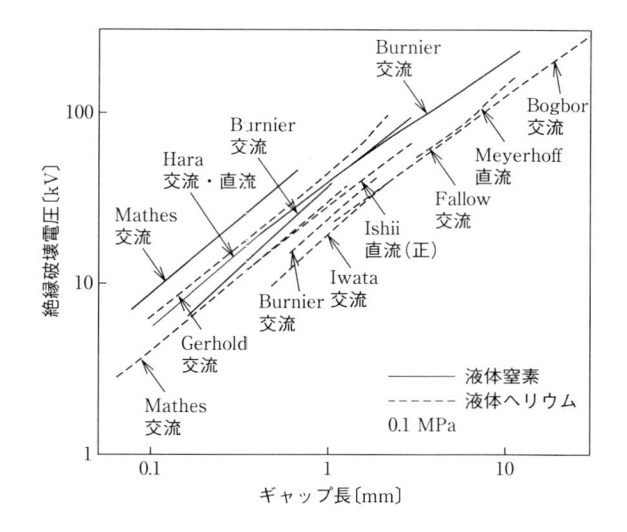

図 6・11 液体窒素および液体ヘリウムの絶縁破壊電圧[9), 10)]

超電導を応用したケーブルや超電導機器の研究が精力的に行われている．高温超電導体が発見されて以来，その実現に向けて研究開発が加速しており，神奈川の変電所内の送電線路やアメリカ・ニューヨーク州の変電所間の送電に超電導ケーブルを使用するなど，一部実証実験が行われるまでに至っている．超電導は極低温で現れる現象であるため，**冷媒（極低温液体）**が必要である．この冷媒は超電導ケーブルや超電導機器の絶縁体の役割も果たす．冷媒としては，例えば液化温度 4.2 K の**液体ヘリウム**が用いられ，その絶縁特性が調べられてきた．1980 年代後半に発見された高温超電導体では液化温度 77 K の**液体窒素**を用いて超電導とすることができるため，液体窒素の絶縁特性が重要である．複数の研究者によって測定された液体ヘリウムおよび液体窒素の絶縁破壊電圧を**図 6・11** に比較したが，概ね液体窒素の絶縁破壊電圧は液体ヘリウムよりも高い値を示し，液体窒素は優れた絶縁媒体である．

演習問題

1 一般に絶縁破壊電圧は,「気体＜液体＜固体」の順で高くなる傾向にある.この理由を説明せよ.

2 電子放出について問いに答えよ.
(1) 仕事関数 ϕ_M の金属の陰極から比誘電率 ε_r の液体誘電体中にショットキー効果を伴って電子放出が起こるときの電位障壁 ϕ を求めよ.
(2) 特に,液体では一度電子放出が起これば,その後の電子放出は容易になる場合がある.その理由を説明せよ.

3 液体における代表的な三つの絶縁破壊機構について簡潔に説明せよ.

4 液体中の絶縁破壊電圧における面積効果と体積効果について説明せよ.

5 超電導応用に関連して,最近注目されている極低温液体はどのようなものか？またその役割や特徴についても説明せよ.

7章 真空中の放電開始と絶縁

　真空では"何もない"はずであるのに，なぜ放電が起こるのだろうか．それは，例えば，陰極から電界放出機構によって電子が供給され，その電流によって放出点の電極が溶融蒸発して電極間に多量の金属蒸気が発生するためである．また，電極間を支持する固体絶縁物があれば，電子が絶縁物を衝撃し，絶縁物の表面から気体分子を多量に放出するためと考えられている．このように，何らかの電気的および物理的な現象を経て真空状態が破れ，電極間に気体放電の条件が整うことが真空放電の原因である．本章では，これらの放電過程について学ぶとともに，真空に特有の絶縁特性について学ぶ．

7・1 基礎過程

〔1〕電子の電界放出

　電極間に電圧を印加し，陰極の表面が高電界になると，トンネル効果により表面から電子が放出される．この電子による電流は**電界電子放出電流**と呼ばれ，その電流密度は電界強度，電極金属の**仕事関数**，電子の質量と素電荷，プランクの定数を用いた **Fowler と Nordheim の式**で表される．

　平坦で，原子レベルでも清浄な陰極においては，理論的には $3 \times 10^9 \mathrm{Vm}^{-1}$ 以上の電界で電界電子放出電流が流れはじめる．一方で，実験では $10^7 \mathrm{Vm}^{-1}$ 程度の電界からこの電流が観測される．この原因は，図7・1のように陰極表面に 10^{-6} m 程度の微小な金属突起が存在すれば，その先端電界は印加電界の数百倍にも増倍されるため，この先端が電子放出源になるためと理解されている．

　印加電圧を V 〔V〕，電界の集中係数を β 〔m^{-1}〕，電界を $E = \beta V$ 〔Vm^{-1}〕，電界放出に寄与する面積を S 〔m^2〕，仕事関数を ϕ 〔eV〕とし，電子の質量と素電荷およびプランク定数を Fowler と Nordheim の式に代入すると，電界電子放出電流 I は次式のようになる．

電子

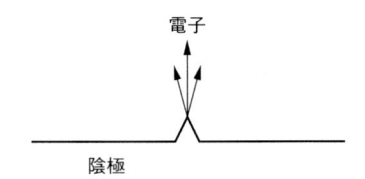

陰極

図7・1 電子の電界放出

表7・1 金属の仕事関数

金属	Al	Cr	Fe	Ni	Cu	Mo	Ag	W	Pt	Au
仕事関数〔eV〕	4.3	4.5	4.5	5.2	4.7	4.6	4.3	4.6	5.7	5.1

$$I = 1.4 \times 10^{-6} \phi^{-1} S \beta^2 V^2 \exp(9.8\phi^{-0.5}) \cdot \exp(-6.5 \times 10^9 \phi^{1.5} \beta^{-1} V^{-1}) \quad (7\cdot1)$$

この式を $I = aV^2 \exp(-b/V)$ の形に書き直し，さらに変形すると次式が得られる．

$$\ln(IV^{-2}) = -bV^{-1} + \ln(a) \quad (7\cdot2)$$

ただし，$a = 1.4 \times 10^{-6} \phi^{-1} S \beta^2 \exp(9.8\phi^{-0.5})$，$b = 6.5 \times 10^9 \phi^{1.5} \beta^{-1}$ である．

電流-電圧の測定データから，縦軸を $\ln(IV^{-2})$，横軸を V^{-1} とするグラフを描くと，式(7・2)より，傾きが $-b$ の直線となることがわかる．このグラフは **F-Nプロット** とよばれ，測定した電流が電界放出機構によるものかどうかの判断材料にされる．代表的な金属材料の仕事関数を **表7・1** に示す．同表のように，多くの金属の仕事関数は 4.5 eV に近い値である．

なお，金属突起がなくても，陰極表面に微小な不純物絶縁体や半導体があれば電子放出が起こるというモデルもある．

〔2〕二次電子放出

加速された電子が金属や絶縁物などの固体に入射すると，固体の薄い表面層で構成分子あるいは原子が電離し，電子とホールが生成される．生成した電子の一部は表面層から真空へ放出される．入射電子数に対して真空へ放出された電子数の比を二次電子放出係数という．入射電子のエネルギー A〔eV〕に対して二次電子放出係数 δ は，一般に，**図7・2**のような形状の特性曲線になる．

7・1 基礎過程

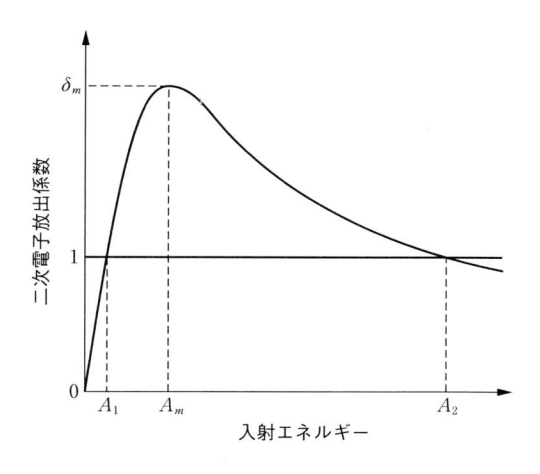

図7・2 二次電子放出係数

表7・2 主な材料の二次電子放出係数

	金属		酸化物		高分子	
	Al	Cu	Al_2O_3	SiO_2	Teflon	PMMA
δ_m	0.9〜1.0	1.1〜1.3	7〜10	3.5	2〜4	2.3
A_m〔eV〕	250〜300	500〜600	<500	350	350〜500	250

二次電子放出係数は，ある入射エネルギー A_m にて最大値 δ_m をもち，また，A_1 と A_2 ($A_1<A_2$) にて1である．δ_m, A_m の値は固体材料に依存し，したがって A_1 と A_2 も材料によって異なる．**表7・2**のように，多くの金属材料の二次電子放出係数の最大値 δ_m は1程度であるのに対し，絶縁体の δ_m はそれより大きい．二次電子放出係数は，数とエネルギーのわかった電子ビームを対象物に照射し，そのときに放出される二次電子数を測定する実験により求める．

絶縁体の場合には測定中に表面が帯電し，それによる表面電位の分だけエネルギーが変動してしまう．そのため，特に A_1 付近の低エネルギー（数10〜100 eV）での測定に困難をともない，信頼性の高いデータが得られにくい．

真空中に放出される二次電子は，固体内で生成されてから表面までの道程で構成原子との衝突によりエネルギーを失う．真空中に出た二次電子の持つエネルギー，すなわち初期運動エネルギー A_s は数 eV〜10 eV に最大値をもつ山型の分布

を示す.

7・2 真空ギャップの破壊理論

〔1〕陰極加熱説と陽極加熱説

平板電極対や球電極対などで（準）平等電界を構成し，電極間隙長 d が数 10 μm から数 mm 程度の比較的短い範囲で放電電圧 V_B を調べると，破壊電界 E_B はほぼ一定値になる．ここに，E_B は次式で表される．

$$E_B = \frac{V_B}{d} \tag{7・3}$$

破壊電界がほぼ一定値になるという事実から，このような比較的短い間隙での真空中の絶縁破壊は，次のように電界電子放出電流が破壊のきっかけになると考えられている．陰極表面の微小突起などから電子が電界放出されると，陰極ではその突起がジュール熱により加熱される．また，この電子が流入する陽極表面も電子の衝撃を受けて加熱される．これらの加熱により，陰極上の突起または陽極表面の電子流入範囲の温度が上昇して溶融蒸発する．真空中であるので，金属蒸気は拡散し，その圧力と間隙長の積がパッシェンミニマムに近づくと，容易に火花が形成され絶縁破壊にいたる．陰極上の微小突起の蒸発を重視するのが**陰極加熱説**，陽極金属の蒸発を重視するのが**陽極加熱説**である．陰極上では電子流が微小突起の先端に集中するのに対して，陽極に到達する電子流は拡がりを持つため，陽極の加熱にはより長い時間を要する．

前述の間隙長の範囲において，間隙長が 1 mm 程度以下では陰極加熱機構，これより長い場合は陽極加熱機構が主要な破壊原因とされている．また，破壊電界が一定であるという実験事実から，破壊電圧 V_B は間隙長 d に比例する．比例定数を k_1 とすると破壊電圧は次式となる．

$$V_B = k_1 d \tag{7・4}$$

〔2〕クランプ説

間隙長が数 mm 以上になると破壊電圧は間隙長の平方根に比例し，k_2 を比例定数として次式で表されるようになる．

$$V_B = k_2 d^{0.5} \tag{7・5}$$

この特性を説明するために考えられたのが**クランプ説**であり，この説では，次のように，電界電子放出電流などの前駆電流と無関係に放電過程を考える．

クランプとは，電極研磨時に生じる金属微小破片や研磨材料の残渣，不純物など電極の表面に付着した微小粒子のことである．電圧が印加された電極の表面では，クランプは印加電界に比例した電荷量に帯電する．帯電したクランプは静電力で表面から引き離され，電界によって加速される．この結果，クランプは帯電電荷量と印加電圧の積に等しい運動エネルギーで対向電極に衝突する．この衝突でクランプないしクランプが衝突した電極の局部が加熱され，金属蒸気が発生して絶縁破壊にいたる．金属蒸気の発生に必要最小限のエネルギーを W_B〔J〕とすれば，W_B を与える印加電圧すなわち破壊電圧 V_B は，前述のように d の平方根に比例することが導かれる（演習問題**3**参照）．

〔3〕粒子交換説

真空中に置かれた電極の表面には，通常，気体分子が吸着されている．気体分子は，その種類と電極材料の種類の組み合わせによって異なる**吸着エネルギー**で吸着されている．外部から吸着エネルギーを超えるエネルギーを気体分子に与えると，気体分子は表面から脱離する．例えば，真空容器の圧力を下げるために，容器の外部にテープヒータを巻き付けて，排気をしながら200℃程度で長時間にわたって加熱（ベーキング）することがあるが，これは吸着気体に熱エネルギーを与えて，真空容器の内壁表面から脱離させて排気するためである．

さて，陰極からの電界放出電子が陽極に到達すると，その電子の運動エネルギーを受けて吸着気体が脱離する．また，電子のエネルギーが十分に高ければ脱離気体の電離も生じる．このとき生成された正イオンが陰極に向けて飛行し，その衝撃により陰極から二次電子が放出される．さらに，この二次電子が陽極に飛行して再び吸着気体の脱離や正イオンが生じるという帰還現象が繰り返し起きる．このような現象が**粒子交換現象**である．この結果，電極間の圧力が上昇し絶縁破壊に至る．

このように粒子交換現象を経て，絶縁破壊へ至る過程を説明するのが**粒子交換説**である．粒子交換現象が持続する条件は，陰極における二次電子放出係数を γ_K，陽極における正イオンの放出係数を γ_A とすると $1 \leq \gamma_K \gamma_A$ である．持続条件として負イオンの効果を加える場合もある．

真空ギャップでは，特にインパルス電圧を印加したときなどに，前駆現象として電極間全体にほぼ一様な微弱発光（**マイクロディスチャージ**）が観測されることがある．このとき，数 $10\,\mu s$ から $100\,\mu s$ の間持続するパルス状の電流が流れる．この電流のピーク値は電極面積に依存し，ときには数 A～10 A にも達するが，比較的低い電圧では自然に消滅する．粒子交換説は，当初，このような前駆現象を説明するために導入されたものである．

7・3 真空ギャップの絶縁特性

圧力が低下し，電子の平均自由行程が電極間隙長 d より十分に大きくなると，電極間での電子と気体分子との衝突はほとんど起こらなくなり，真空放電の領域になる．そして，圧力が $10^{-3}\,\mathrm{Pa}$ 程度以下になると，7・2節に述べた金属電極間の放電（**真空ギャップ放電**），および7・4節で述べる固体絶縁物が介在する放電（**真空沿面放電**）ともに，破壊電圧は圧力にほとんど依存しなくなる．一方，真空中の破壊電圧は電極材料，形状，表面状態と処理の程度など多くの因子の影響を受ける．間隙長の影響については，すでに7・2節で述べているので，ここではその他の主要な因子の影響を述べる．

〔1〕コンディショニング現象

放電電流を制限し，放電による電極の損傷を小さくしたうえで放電実験を繰り返すと，図7・3の例のように，初期の破壊電圧は低く，破壊回数とともに上昇

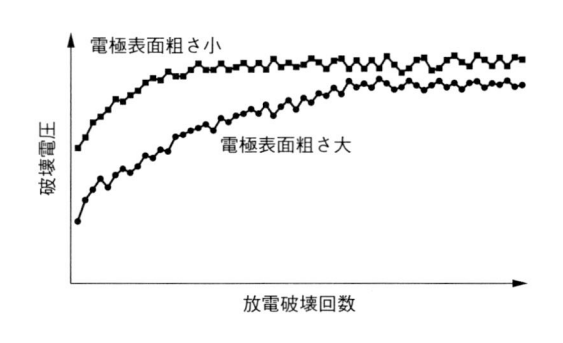

図7・3 コンディショニング現象

し，その後次第に安定する．これが**コンディショニング現象**である．気体放電などでも同様の現象が起こるが，真空中の場合は，安定した後の破壊電圧が初回のそれに比べて数倍高くなることもあり，特に顕著である．破壊電圧が安定するまでに，100回以上の放電実験を必要とすることもある．

コンディショニング現象が起きる原因は，破壊を繰り返すことによって，電界放出源になる電極表面の微小突起や酸化被膜などが除去されるため，また，クランプや吸着気体が次第に除去されるためと考えられる．機械加工による電極の平均表面粗さは数 μm から $10\mu m$ の程度であり，多数の微小突起が存在する．研磨剤などを用いて丁寧に表面加工を施すと，平均粗さが $0.1\mu m$ 程度の鏡面状態が得られる．また，電解液中で金属に電圧を印加し表面を溶かす電解研磨処理を施せば，より滑らかで清浄な表面が得られる．これらより，初回の破壊電圧が高くなり，また安定化するのに必要な破壊回数が少なくなる．

機器の耐圧を高める目的で，放電破壊を用いて電極をコンディショニングすることを**スパークコンディショニング**と呼ぶ．遮断器用真空バルブの生産最終工程では全製品にこれを施し，製品の信頼性を向上させている．

真空ギャップ放電では，当該の電極系の破壊電圧を定義する方法は特に決まっておらず，図7・3のように，破壊電圧の安定した部分の平均値を用いるのも一つの方法である．その他に，真空ギャップ放電の機構が弱点破壊であることから，目的に応じて，8章で説明されるワイブル統計手法を適用し，電圧と累積破壊確率の関係として表すこともある．

〔2〕電極材料の影響

一般に，硬度が高く，融点，沸点が高い材料，および熱伝導率が低い材料の破壊電圧が高い．陽極金属材料を変えたときの破壊電圧は，低いものから順に Pb，Zn，Au，Ag，Al，Cu，Fe，SS（ステンレス），Mo，W となる．ある間隙において，融点 T_m，比熱 C_p，比重 D_m を勘案した破壊電圧 V_B は次の実験式で表される．

$$V_B = A T_m^a C_p^b D_m^c \quad [\text{kV}] \tag{7・6}$$

ただし，A および a，b，c は実験により決まる定数である．このように，電極材料の物理的な性質が破壊電圧に強く影響する．合金の破壊電圧は成分比の影響を受ける．

〔3〕電極面積の影響

電極の面積が大きくなると,絶縁破壊の弱点になる微小突起やクランプなどの存在確率が大きくなるので,破壊電界 E_B は低くなる.**有効面積** S_{eff} の銅電極やステンレス電極に対し,

$$E_B = B S_{\mathrm{eff}}^C \ [\mathrm{kV/m}] \tag{7・7}$$

の実験式がある.ただし,B および C (<0) は実験により決まる定数である.また,例えば実験に用いる球電極の表面において,印加電界の大きさがその最大値の 90% を超える範囲の面積を有効面積とすることが多い.

7・4 真空沿面放電の理論

真空中で高電圧の導体を支えるには,固体誘電体(絶縁物)を用いることが必須である.固体絶縁物は単に導体を支持するのみではなく,真空遮断器の真空バルブに代表されるように,真空容器を兼ねることが多い.絶縁物が真空と接する面に沿う放電が**真空沿面放電**である.

絶縁物の表面抵抗率が比較的小さい場合には,固体絶縁物における破壊と同様に,表面でのジュール損による熱的破壊が起こる.抵抗率が大きい場合には,絶縁体表面の帯電が放電の引き金になると考えられている.このように,抵抗率によって放電の機構が変わる.放電機構の変わり目となる抵抗率は $10^{10}\ \Omega\cdot\mathrm{m}$ 程度である.

〔1〕真空沿面放電における電子供給

真空ギャップ放電の場合と同様に,電子は主として陰極表面の微小突起の先端から供給される.固体絶縁物が存在する場合は,微小突起先端部の電界増倍に加えて,次に述べる**三重点(トリプルジャンクション)効果**によっても電界が強められるため,真空ギャップの場合よりも電界放出が起こりやすい.

電極に固体絶縁物を取り付けるとき,図 7・4 に示すように,電極と絶縁物との接触部に間隙が生じやすい.この部分は金属電極−真空−絶縁物の 3 者が重なった構造になるので三重点と呼ぶ.ここでは陰極での三重点を考える.この真空間隙 Δd が絶縁物の長さ d に比して十分に小さい場合の間隙部の電界 E_{TJ} は,電束連続の条件を考慮して次式で近似できる.

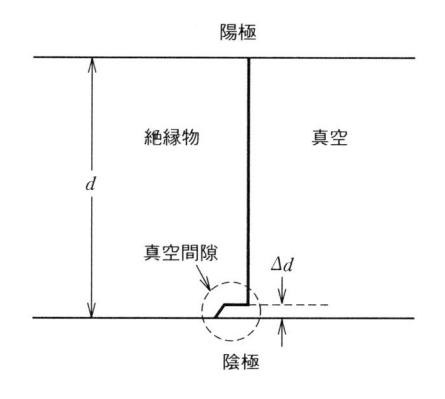

図7・4 陰極上の三重点

$$E_{\mathrm{TJ}} = \varepsilon_r V/d \tag{7・8}$$

ただし，ε_r は絶縁体の比誘電率，V は印加電圧である．したがって，比誘電率が大きい絶縁体ほど三重点の電界が強くなる．絶縁体がない場合の突起先端の**電界増倍係数**（電界集中係数）をここでは ξ とすると，陰極三重点では突起の先端電界が平均電界の $\varepsilon_r \xi$ 倍に増倍される．ただし，絶縁体がない場合の平均電界（V/d）と突起の先端の電界（$E=\beta V$）の比を ξ と定義している．

比誘電率は，高分子材料では 3〜4 程度，真空バルブの材料によく用いられるアルミナセラミック（Al_2O_3）では 9 程度である．このことから，陰極上の接合部は電子供給源となりやすいことがわかる．接合部の間隙をなくすことは耐圧向上に有効で，アルミナセラミックの場合は，両端面に金属膜を形成するメタライズ加工を施した上で，電極に取り付ける．また，接合部周辺の平均電界を緩和するため，接合部を取り囲む電極と同電位の金属リング，すなわち**シールドリング**を取り付けることもある．シールドリングは，メタライズ加工ができない高分子材料などにも有効である．

〔2〕帯電の理論

陰極上の三重点あるいはその近傍の微小突起から放出された電子の何％かは絶縁体の表面を衝撃し，二次電子を放出する．二次電子は真空部を飛行し，すでに帯電した部分があれば，それによる電界に沿って再び絶縁体に入射し，新たな

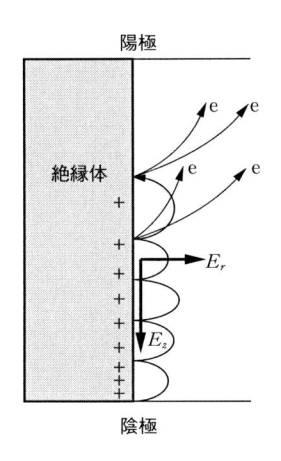

図7·5 二次電子なだれ

二次電子を放出する．気体放電における電子なだれに準じて，この過程を**二次電子なだれ**と呼ぶ．

入射電子数と，二次電子の放出にともなって放出された二次電子数との差（Δn_e）だけ表面が帯電する．入射電子のエネルギー A が，図7·1で示したように，$A_1 < A < A_2$ のときは $\delta > 1$ であり，なだれは増倍しながら進む．また，このとき表面から Δn_e（>0）の電子が取り出されるので，表面は正に帯電する．同様に考えて，$A < A_1$ または $A > A_2$ のときは $\delta < 1$ であるので $\Delta n_e < 0$ となり，表面の電子数が過剰になるので負に帯電する．

$A_1 < A < A_2$ の条件で，二次電子なだれが進行中の帯電のモデルを**図7·5**に示す．それぞれの二次電子は入射点において，もとの放出点から入射点までの移動距離 Δz に，接線方向の電界の大きさ E_z を乗じたエネルギー $eE_z\Delta z$ を得る．ただし，e は電子の電荷量である．正帯電が進むにしたがって法線方向の電界の大きさ E_r が大きくなるので，二次電子を表面にひきもどす力が強くなる．これにより，Δz が小さくなるため，二次電子が得るエネルギーは次第に小さくなり，最終的には A_1 に落ち着く．エネルギー A_1 では二次電子放出係数 δ が1である．この状態が絶縁物の表面全体で達成されると，陰極から放出された電子は表面で小さなジャンプを繰り返しながら陽極にいたる．このとき，どの入射点でも電子の増減はなく，表面の帯電状態は時間的に一定である．この状態をここでは**帯**

電の平衡状態と呼ぶ．

入射エネルギーが $A<A_1$ の条件で帯電が進展するときも，$\delta<1$ であることを考慮して上述と同様に考えると，最終的には A_1 で平衡状態となる．この場合，表面全体が負に帯電するという結果が得られる．しかし，負帯電の進行によって陰極三重点の電界が緩和されるので，実際には，電子の電界放出が持続できるかどうかの検討も必要となる．

以上が二次電子なだれ機構と呼ばれる帯電理論の概要である．回転対象3次元の電荷分布（円筒座標系）において，平衡状態では，絶縁体の表面における電界の法線方向成分と接線方向成分の比 E_z/E_r，電子の入射エネルギーと二次電子の初期エネルギーの比 A_1/A_s の間に次の関係が成立する．

$$\frac{E_r}{E_z} = \frac{1}{\sqrt{2}}\left(\frac{A_1}{A_s}-1\right)^{0.5} \tag{7・9}$$

ここに，電界は印加電界成分と帯電電荷による電界成分との和である．数値電界計算において，絶縁物表面における電束連続の条件の代わりに，上式の関係を境界条件として帯電領域に適用すると，帯電電荷の密度が計算できる．ただし，この解は誘電分極電荷も含むので，二次電子なだれによる真電荷と分極電荷とを分離する計算が別途必要である．なお，電荷分布の対称性がない場合には，式 (7・9) の左辺の分子 E_z を $\sqrt{E_z^2+E_\theta^2}$ に置き換えれば良い．

真空中の絶縁体の帯電理論として，二次電子なだれ機構のほかに，絶縁体の表層での電子電導機構を取り入れた説もある．この説では，不純物や格子欠陥などにより形成された電導帯で加速された電子が，価電子帯での電離を伴い，電子なだれとなって増殖する．その過程において一部の電子が真空準位を超えて真空中に放出される結果，ホールが残留して絶縁体が正に帯電する．

〔3〕フラッシオーバへの進展

絶縁体の表面にも吸着気体が存在する．二次電子なだれの電子が絶縁体に入射するさいに，吸着気体は電子からエネルギーを得て脱離し，脱離した分子によって気体の層が形成される．この低圧力の気体層において沿面の絶縁破壊（**フラッシオーバ**）が発生すると考えられる．

二次電子なだれ機構による理論的な電荷密度と脱離気体の密度の限界値を用いてフラッシオーバ電圧を算定する理論式も提案されている．それによると，フラ

ッシオーバ電圧は，次式のように，絶縁体の長さのほぼ1/2乗に比例し，回転対称の電荷分布では大略実験結果とも一致する．

$$V_B = k_3 \sqrt{\frac{d}{\tan \theta}} \tag{7・10}$$

ただし，$\tan \theta = E_r/E_z$（式(7・9)参照），d は絶縁体の長さである．また，k_3 は脱離気体の密度の限界値，入射電子の速度，脱離気体の速度，入射電子1個当たりの気体分子脱離確率などのパラメータを含む関数である．

このほかに，正の帯電電荷の増大および放出気体中で発生した正イオンの効果により陰極の電界が上昇し，電界放出電流が急増してフラッシオーバにいたるという説などがある．

7・5 沿面放電の絶縁特性

一般に，フラッシオーバ電圧は，同じ間隙長の真空ギャップ放電の破壊電圧に比べて低い．このため，高電圧の導体を絶縁物で支持する場合には，沿面の耐電圧を向上させるための配慮が重要になる．沿面放電でも顕著なコンディショニング現象があり，使用する固体絶縁物の許容温度以下でのベーキングやグロー放電処理など，絶縁体の前処理がフラッシオーバ電圧に影響する．また，フラッシオーバ電圧は帯電しやすい条件で低く，帯電を抑制すると上昇するという顕著な傾向がある．

二次電子放出係数や誘電率のほかに，絶縁体の表面粗さ，形状などが帯電のしやすさに影響する．さらに，電極，特に陰極と絶縁体との接合方法や，陰極付近の電界分布もフラッシオーバ電圧に大きく影響する．

〔1〕試料長さおよび表面粗さ依存性

図7・6に円柱型絶縁体のフラッシオーバ電圧の試料長さ依存性を概念的に示す．同図の R_a は絶縁体の平均表面粗さを示し，$R_a = 0.1\,\mu m$ はほぼ鏡面状態に研磨した試料，$R_a = 3\,\mu m$ は意図的に表面を粗くした試料である．実用される素焼き状態のアルミナは1ないし1.5 μm 程度の平均粗さである．これらのフラッシオーバ電圧は試料長さ h の0.5乗に比例して描いてある．表面を粗くすると，表面の凹凸によって二次電子なだれの進展が物理的に阻害され，帯電し難くなるた

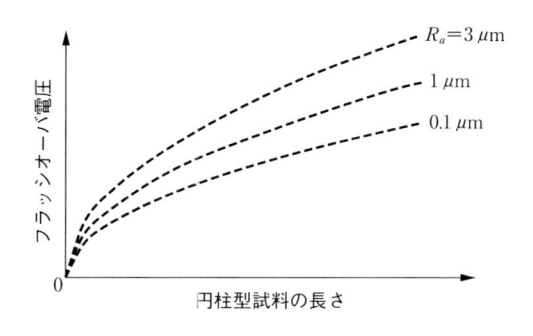

図7・6 試料長さおよび表面粗さ依存性の例

め耐電圧が上る．高分子材料やガラス材料でも同様の長さ依存性，粗さ依存性が存在する．

対象とする絶縁物の材料や表面粗さに対応する A_1 と A_s，あるいは式(7・9)の右辺の値が既知とする．この条件で，ある長さ d の試料について放電実験を行い，得られたフラッシオーバ電圧を式(7・10)の左辺に代入すれば，k_3 の値を逆算して特定することができる．この k_3 をもちいると，長さの異なる試料のフラッシオーバ電圧が計算でき，図7・6の例のように，1本の曲線が得られる．この曲線は，表面粗さが比較的小さい試料であれば，長さの異なる試料の実験値を良く表すことが最近わかってきている．

〔2〕絶縁体の形状効果

絶縁体の形状はフラッシオーバ電圧に大きく影響する．特に，絶縁体表面と電極との成す角度は強く影響する．図7・7は絶縁体を円錐台形としたときの電位分布を表す．円錐台の下底側[*1]では等電位線の間隔が広く，したがって電界強度が緩和されている．逆に，上底側[*1]では間隔が狭く，電界が強められている．

図7・8は円錐台形試料の絶縁特性を示したもので，横軸は陰極に立てた垂線と絶縁体の表面とが成す角 α，縦軸は絶縁体がない場合のフラッシオーバ電圧を100%として規格化してある．下底が陰極と接している場合を $\alpha>0$，上底が陰極と接している場合を $\alpha<0$ と定義している．$\alpha=0°$ は円柱型試料である．$\alpha>0$ で

[*1] 円錐台の面積が大きい端部を下底，小さい端部を上底としている．

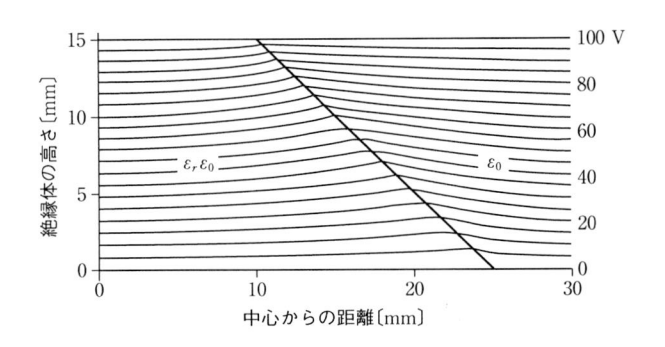

図7・7 円錐台型絶縁体の電位分布の例（$\varepsilon_r=2.3$, $\alpha=45°$）

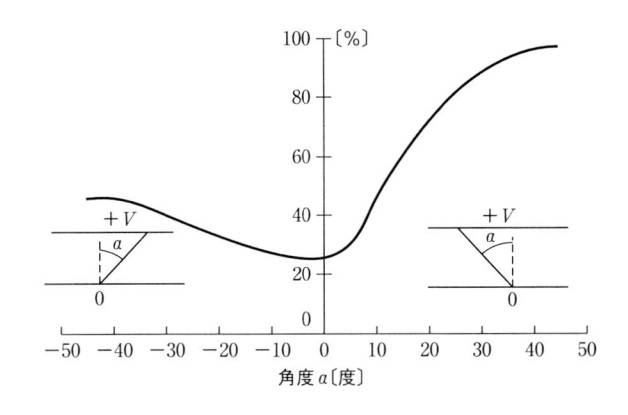

図7・8 円錐台型絶縁体のフラッシオーバ特性の例[*2]

は上述の電界緩和効果により陰極三重点からの電界電子放出が抑制される．さらに，界面での電界の向きが表面に向かう方向であるため，電子が放出されたとしても絶縁体に衝突しないので帯電せず，フラッシオーバ電圧が高くなる．このため，極めて高い電圧を必要とする電子銃の高電界部には，$\alpha=+45°$程度の固体絶縁支持物（スペーサ）が用いられる．

　$\alpha<0$場合は陰極側の電界が強いが，実験ならびに帯電平衡条件を用いた計算によると，$|\alpha|$が大きくなるにしたがって帯電電荷が減るため（$-15°\leq\alpha<0°$．

[*2] 縦軸は絶縁支持物がない平板ギャップ間の破壊電圧を100%として表示している．

帯電電荷は正極性），あるいは，帯電電荷の極性が負となって陰極電界を緩和するため（$\alpha < -15°$），破壊電圧が高くなる．

演習問題

1 真空中で放電が発生するための基本的な条件は何か，説明せよ．

2 真空ギャップ放電におけるコンディショニング現象を，その原因とともに説明せよ．

3 クランプの電荷を $q = fV_B d^{-1}$（f は比例定数）とし，式(7・5)を導出せよ．

4 電子のエネルギー $A_1 < A < A_2$ の条件で絶縁体の表面帯電が開始するときに，帯電が平衡状態（$A = A_1$）に至る過程を説明せよ．

5 円錐台型固体絶縁支持物（$\alpha > 0°$）の耐電圧が優れている理由を説明せよ．

8章 破壊統計

確率・統計に関する基礎事項と，破壊統計の概要に触れ，高電圧工学の様々な局面で観察される確率・統計現象の背後にある法則や性質について学ぶ．基本分布として正規分布，対数正規分布，二項分布，指数分布を，破壊統計用分布としてワイブル分布を学び，性質を理解するとともに高電圧工学での応用例に触れる．

8・1 正規分布

最初に，各種の確率分布関数の中でも特に重要で利用頻度の高い**正規分布**（ガウス分布）を取りあげよう．ある連続確率変数が実現値 x 以下の値をとる累積確率が次式で表されるとき，この確率変数は正規分布に従うという．

$$F(x;\mu,\sigma^2) = \frac{1}{\sqrt{2\pi}\sigma} \int_{-\infty}^{x} \exp\left\{\frac{-(x-\mu)^2}{2\sigma^2}\right\} dx \tag{8・1}$$

ここで μ，σ^2，σ は正規分布の母数（パラメータ）である．正規分布の平均・分散・標準偏差[*1]はそれぞれ μ，σ^2，σ と一致し，これらを母平均，母分散，母標準偏差と呼ぶ．平均は期待値とも呼ぶ．$F(x;\mu,\sigma^2)$ の;の右側は母数の列挙で，略記時は $F(x)$ と書く．接頭語の「母」には，これらが推定値でなく真値（母集団の値）だという含意がある．図8・1に正規分布 $F(x)$ の例を示す．x が十分小さければ $F(x)$ は0で，この事象が起きる確率は0である．x が十分大きければ $F(x)$ は1で，この事象は100％の率（累積確率1）で起きる．$x=\mu$ のときに $F(x)$ は1/2となり，この点 $(\mu, 1/2)$ を中心に曲線の左下側と右上側とが点対称形状となる．σ は $F(x)$ の広がり幅を定める母数である．$\mu-\sigma$ から $\mu+\sigma$ の区間に分布の68.27％が含まれ，$\mu-3\sigma$ から $\mu+3\sigma$ の区間に分布の99.73％が

[*1] 累積確率分布 $G(x)$ の平均・分散・標準偏差の計算式は密度分布 $g(x) = dG(x)/dx$ を用いて次の通り．平均 $= \int_{-\infty}^{\infty} x g(x) dx$，分散 $= \int_{-\infty}^{\infty} (x-\text{平均})^2 g(x) dx$，標準偏差 $= \sqrt{\text{分散}}$

8・1 正規分布

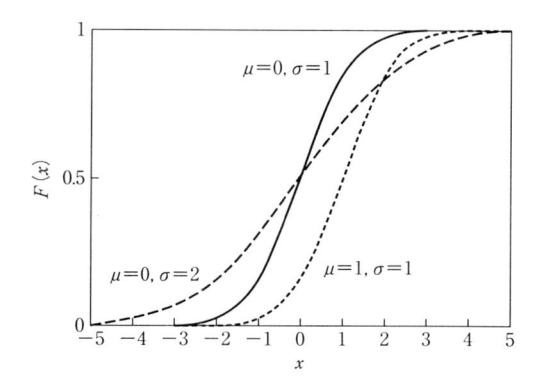

図8・1 正規分布（累積分布）

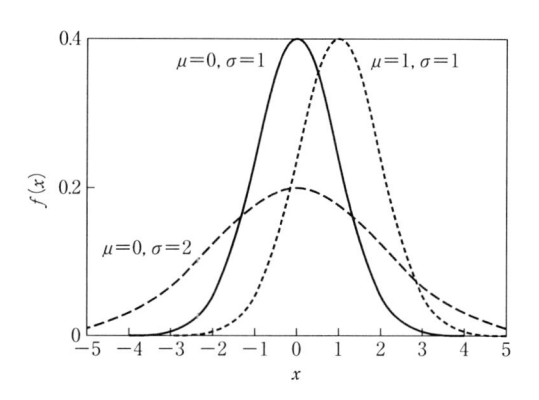

図8・2 正規分布（密度分布）

含まれる．$\mu - 3\sigma$ を分布の下限値の代用値とすることも多い．確率密度関数 $f(x) = dF(x)/dx$ は次式となる．

$$f(x;\mu,\sigma^2) = \frac{1}{\sqrt{2\pi}\sigma}\exp\left\{\frac{-(x-\mu)^2}{2\sigma^2}\right\} \tag{8・2}$$

図8・2のように，$f(x)$ は左右対称の釣鐘形の凸関数である．μ は $f(x)$ が極大時の x（最頻値）であり，分布の中央値であり，かつ分布の平均値でもある[*2]．正規分布の仲間に**対数正規分布**（図8・3参照）があり，密度分布は次式とな

[*2] 最頻値とは $g(x)$ が最大となるときの x．中央値とは $G(x)$ が0.5となるときの x．一般の確率分布では平均値，最頻値，中央値はすべて異なる値を持つ．

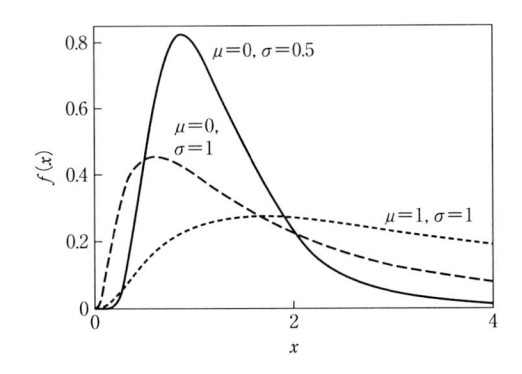

図8・3 対数正規分布（密度分布）

る．

$$f(x;\mu,\sigma^2)=\frac{1}{\sqrt{2\pi}\,\sigma x}\exp\left\{\frac{-(\ln x-\mu)^2}{2\sigma^2}\right\} \tag{8・3}$$

x が常に正の現象の記述に有用なことが多いが，母数 μ と σ^2 が，分布の平均と分散に一致しない点に注意を要する．

確率変数の標本値群（データ）を入手した際，それが正規分布に従っているか判定したい場合がある．この際はまず正規確率紙にデータを打点する方法を試みるとよく，打点結果が直線状なら正規分布に従っていると直観的に判定できる（14・4節，図14・10参照）．数値的な方法には，歪度，尖度[*3]の推定値を真値と比較する方法や，コルモゴロフ・スミルノフ検定，シャピロ-ウィルク検定などの検定法がある．

8・2 二項分布

離散確率変数の確率分布の例として**二項分布**を取り上げよう．1回の試行で裏と表，破壊と非破壊のように，2種の排他的な結果が独立に生ずる試行を考え

[*3] 分布のひずみ具合ととがり具合を示す指標で，定義式は次の通り．

歪度 $=\int(x-\text{平均})^3 g(x)dx/(\text{標準偏差})^3$，

尖度 $=\int(x-\text{平均})^4 g(x)dx/(\text{標準偏差})^4-(3\text{ または }0)$

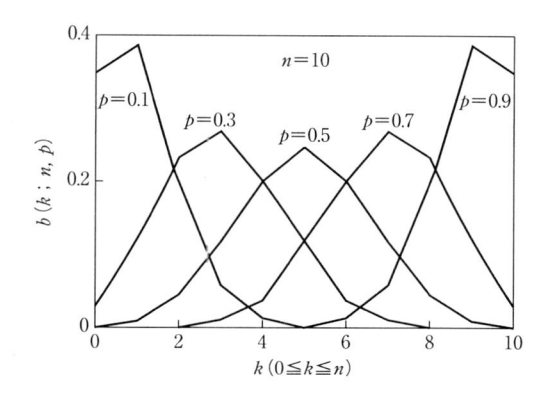

図 8・4 各種二項分布 ($n=10$)

る. 試行回数を n 回, 各回での破壊確率を p として, 破壊が k 回起きる確率を考える. 確率 p で起きる現象が k 回, 確率 $(1-p)$ で起きる現象が $n-k$ 回起き, 順序を問わないのでその回数は n 個から k 個をとる組み合わせ $_nC_k$ に比例する[*4]. これらより次式の二項分布が得られる (図 8・4, 図 8・5 参照).

$$b(k;n,p) = {_nC_k} p^k (1-p)^{n-k} \tag{8・4}$$

母数は n と p である. 平均は np で, 確率 p で起きる現象を n 回試行すると約 np 回その現象が起きるという常識的結果を意味する. 分散は $np(1-p)$, 標準偏差は $\sqrt{np(1-p)}$ となる. **図 8・4**, **図 8・5** の横軸 k を n で割って k/n とし, $[0, 1]$ 区間に規格化すると, 平均は p, 標準偏差は $\sqrt{p(1-p)/n}$ となる. よって, n の増加と共に相対的に標準偏差は小さくなり, $k/n = p$ 付近に分布が鋭く集中していくことが分かる.

ここで, n が大きな値のときの二項分布の形状が, 正規分布の密度分布と大変よく似ていることに注意しよう. 実際, $\mu = np$, $\sigma^2 = np(1-p)$ として正規分布を描くと, 図 8・5 とほぼ同一の曲線群が得られる. 二項分布に限らず任意の確率変数の和 (または平均) の確率分布は, 和の回数の増加につれて正規分布に収束する強い傾向があり, これを**中心極限定理**と呼ぶ. n の増加時に二項分布が正規分布に近づく現象も中心極限定理の一例である. このため多数の確率現象の和

---

*4 $_nC_k = n!/(k!(n-k)!)$

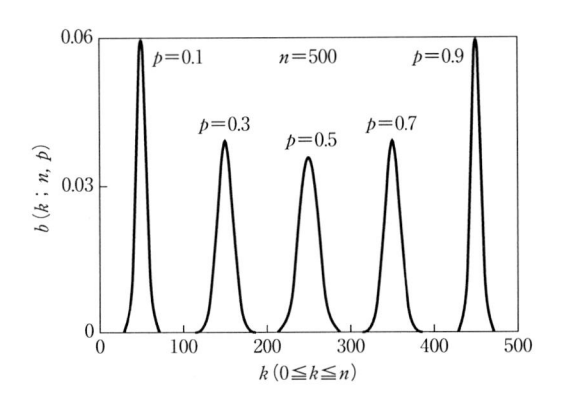

図8・5 各種二項分布（$n=500$）

（または平均）で記述される複雑な確率現象（絶縁破壊，放電現象も該当する）は，巨視的には正規分布のみを用いてその統計的性質を記述できる場合がある．

8・3 放電率曲線

高電圧工学においても確率分布は様々に応用されるが，その典型例として，放電率曲線（3・3節，4・2節，14・4節参照）という考え方があるので説明する．

絶縁物に電圧 x を印加する実験を以下の手順で実行し結果を整理する．（ⅰ）電圧 x は固定し，電圧印加を n 回繰り返し，n 回中 k 回で放電が起きたとする．（ⅱ）このとき，放電率 p を k/n とし，電圧 x での放電の起き易さの指標とする．（ⅲ）電圧 x を変化させて実験を繰り返し，p を x に対して描画し，これを放電率曲線と呼ぶ．放電率曲線は，概ね正規分布の累積分布に近い分布になる（図14・10参照）．

確率分布の観点から補足説明を加えよう．（ⅰ）は実験結果が二項分布に従う（二項分布でモデル化できる）ように，実験方法を設定したものと解釈できる．この解釈には，放電（確）率 p が x に対して定数として存在し，毎回の放電の有無が独立かつ排他的に生じるという前提が含まれる．（ⅱ）は放電率 p を二項分布の平均の性質を用いて推定したものと解釈できる．実験回数 n を増やせば二項分布の標準偏差は小さくなり，p の推定信頼度は向上する．（ⅲ）について

は，放電率曲線が正規分布に従う物理的理由は必ずしも明確でないのだが，おそらく中心極限定理に基づいて正規分布が現れているものと考えられる．

このように確率分布の知識や考え方は，物理現象の理解や実験データの解釈を始め，さまざまな局面で必要とされ，役立っているのである．

8・4 正規分布の母数の推定

正規分布に従う確率変数の標本値を n 個 $(x_1, x_2, \cdots x_n)$ 入手した際の，母数の推定方法を学ぼう．まず，標本平均，標本分散，標本標準偏差は次式となる．

標本平均 $= (x_1 + x_2 + \cdots + x_n)/n$

標本分散 $= ((x_1 - 標本平均)^2 + (x_2 - 標本平均)^2$
$\qquad + \cdots + (x_n - 標本平均)^2)/n$

標本標準偏差 $= \sqrt{標本分散}$ \hfill (8・5)

これらは，実は，正規分布の母数 μ, σ^2, σ の最尤法で求めた推定式（最尤推定量：コラム「最尤法」参照）と一致し，最も尤もらしい母数の推定式となっている[*5]．しかし高々 n 個の標本値群から算出した推定値は通常は真値と一致せず，標本値群ごとに真値より過大または過小に推定値がばらつく（図8・6参照）．そこで，このばらつきを考慮して改良した推定量が用いられる．

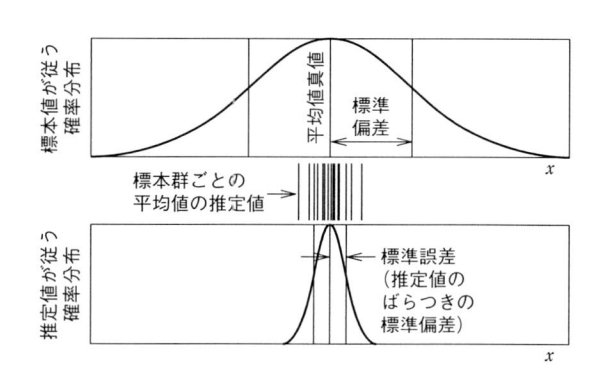

図8・6 平均値の推定値のばらつきの例

[*5] 「尤もらしい」は「もっともらしい」と読む．

第1に,推定値のばらつきが過大側か過小側に偏ると,推定値にバイアスが生じるので,偏りが無い方が望ましい.詳細は省くが,偏りが生じない推定式を導け,これを不偏推定量と呼ぶ.不偏平均,不偏分散,不偏標準偏差は次式となる.

不偏平均 = 標本平均

不偏分散 = 標本分散 $\times n/(n-1)$

不偏標準偏差 = 標本標準偏差 $\times \left(\sqrt{\dfrac{n}{2}} \Gamma\left(\dfrac{n-1}{2}\right) \middle/ \Gamma\left(\dfrac{n}{2}\right) \right)$ (8・6)

Γ は Γ 関数である.不偏平均を除き,不偏推定量は n 依存の補正係数分だけ最尤推定量と異なり,n が小さいときに相違が大きい.不偏標準偏差は不偏分散の平方根と一致しないので,不偏分散で σ^2 を推定し,その平方根を σ の推定値とすることも多い.不偏分散の分母の因子 $n-1$ は自由度と呼ばれる(コラム「不偏分散の分母」参照).

第2に,推定値のばらつきの標準偏差(標準誤差と呼ぶ)が分かれば,ある確率(信頼水準)の下での存在区間という表現方法で母数を推定できる.これを区間推定と呼び,最尤推定量や不偏推定量のような点推定と区別する.標準誤差の式は推定量毎に異なり,ここでは標本平均の標準誤差のみを示す.

標本平均の標準誤差 = 標本標準偏差 $/\sqrt{n-1}$ (8・7)

n が増えれば標準誤差は小さくなり,推定値のばらつきも小さくなる.つまり,推定値の信頼度は高くなる.μ が存在すると推定される区間は次式となる.

μ が存在すると推定される区間 = 標本平均 $\pm t \times$ 標本平均の標準誤差

(8・8)

例えば $n=100$,$t=3.3915$ の場合,信頼水準約99%で μ はこの区間内に存在する.t 値は自由度と信頼水準とで定まり,t 分布表を参照するか,表計算ソフトの組込み関数を使うなどして値を得る.信頼水準には95%や99%がよく用いられる.

他にも様々な望ましい特性を備えた推定量が考案されている.正規分布以外の分布を取り扱う場合も,式は異なるが推定の方針は上記と大きく変わらない.

Column 最尤法

最尤法は,母数の推定量の導出を始め様々な用途に使われる数学技法で,その概

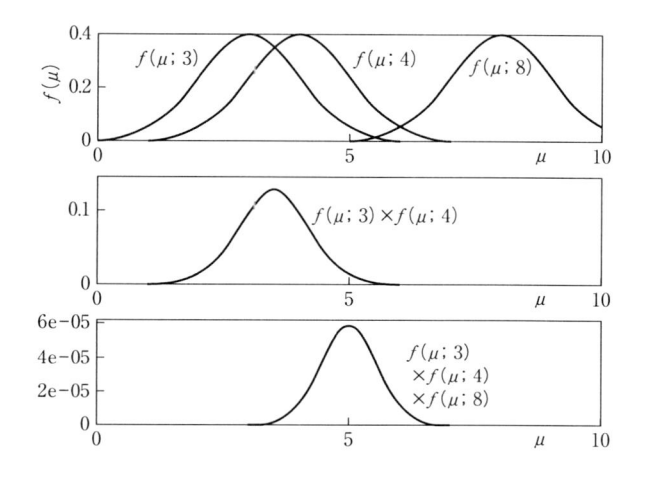

図8・7 正規分布の平均値の推定

要を示す．正規分布 $f(x;\mu,\sigma^2)$ を例にとり，簡単のため $\sigma=1$ とし $f(x;\mu)$ を考える．x は変数で μ は母数（母平均）である．今，標本値 $x_1=3$, $x_2=4$, $x_3=8$ を入手したとして，その平均を次の手順で求める．まず $f(x;\mu)$ を形式的に $f(\mu;x)$ とみなす（関数形は変えず元の母数を変数とみなし，元の変数を母数とみなす）．そして標本値を代入した変数 μ の関数 $f(\mu;x_1)$, $f(\mu;x_2)$, $f(\mu;x_3)$ を考える（図8・7上段参照）．これらより $f(\mu;x_1)\times f(\mu;x_2)$ を計算し図中段に描くと，極大は $\mu=3.5$ の位置になり x_1 と x_2 の平均値に一致する．次に $f(\mu;x_1)\times f(\mu;x_2)\times f(\mu;x_3)$ を計算し図下段に描くと，極大は $\mu=5.0$ の位置になり x_1, x_2, x_3 の平均値に一致する．実は n 個の標本値 $x_1\sim x_n$ を入手したときも，関数 $L(\mu)=f(\mu;x_1)\times f(\mu;x_2)\times\cdots\times f(\mu;x_n)$ を考え，$L(\mu)$ を極大にする μ を求めると，それは $x_1\sim x_n$ の平均と一致する．この μ の値を母平均の推定値とみなす．つまり $\partial L(\mu)/\partial\mu=0$ を手計算して得た μ の式を母平均の推定式とみなす．$L(\mu)$ が極大（最尤）の条件で求めたので，この推定式を最尤推定量，この手法を最尤法と呼ぶ．$L(\mu)$ は尤度関数と呼ばれる．この例の結果は，正規分布に従う標本値の平均値の最尤推定量が，標本平均と同じ式になることを示している．

図8・7の様に逐次新情報を取り込みながら現象を表現する分布関数の更新を続け，最終分布形状から全情報を取り込んだ結論を抽出する手法は，ベイズ統計のベイズ更新として一般化され実用されている．

Column | 不偏分散の分母

不偏分散の式の分母は $n-1$ だが,なぜ n でないのか? という頻出質問がある.偏りの無い推定量を導くとこの数式になった,が正しいが,意味の解説例を紹介する.(1) n で割るのはデータ整理が目的の場合で,$n-1$ で割るのは母数推定が目的の場合.目的が違うので式も異なる.(2) 分散(ちらばり)はデータ1個からは求めようがなく,データが2個以上必要.2個以上で答えが出るように $n-1$ としている.(3) 不偏分散の式内の標本平均は本来は平均値の真値を使うべき部分.これを標本平均で代用すると実は分散が最小になる.これを補正するため値を増やす係数が掛かり,それが $n-1$ の形になる.(4) 不偏分散の式内で標本平均を使っている.n 個のデータを1個と $n-1$ 個に2分したとき,$n-1$ 個のデータと標本平均があれば,実は残り1個のデータ値は計算できる.つまり標本平均を除き,独立なデータ数(自由度)は $n-1$ 個なので,$n-1$ で割る.

なお,(4)の考え方は不偏分散以外の推定量(とそれに付随する自由度)を考える際にも一般に有効である.ある推定量の式に複数の別の推定量が含まれているなら,自由度は n より小さい値となり,しかも $n-1$ とは限らない.「別の推定量」に内在する自由度だけ,差し引かれた自由度しか残らないのである.

8・5 弱点破壊と指数分布

弱点破壊現象と破壊確率について学ぼう.絶縁破壊や放電現象も弱点破壊の一種だが,より有名でシンプルな例が鎖の破壊現象である(図 8・8 参照).n 個の同等のリングで作った鎖に張力(ストレス)x をかけるとき,リングが1個でも壊れれば鎖全体が壊れてしまう.このように破壊しうる部分(弱点)が多数存在し,その1個でも(1個以上なら何個でもよい)壊れると全機能を喪失し,全体

ストレス=x
リングの個数=n
リング1個の破壊確率=Q
鎖の破壊確率=P

図 8・8 鎖の弱点破壊

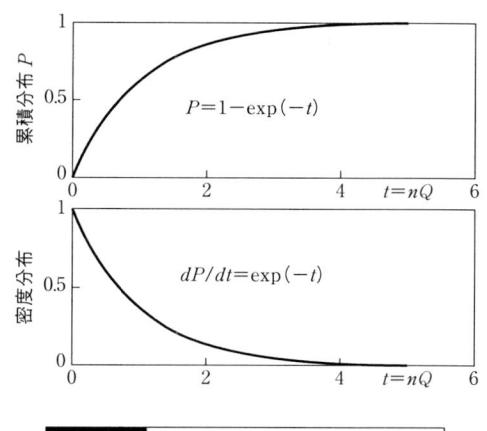

図8・9　鎖の破壊確率分布（x 固定時）

が壊れてしまう現象を**弱点破壊**という．

　鎖の例は特にシンプルで，各リングにかかるストレス x と，各リングの破壊確率 Q とは全リング共通である．当面ストレス x は固定値とする．このとき，鎖の破壊確率 P は「弱点が一個以上壊れる確率」であり，これは1−「全弱点が壊れない確率」と読み替えられ，$P = 1-(1-Q)^n$ となる．この式は，Q が十分に小さな値なら，$P \doteqdot 1-\exp(-nQ)$ と近似できる[*6]．P は積 nQ のみの関数になっており，$t=nQ$ として累積分布 $1-\exp(-t)$ とその密度分布 $dP/dt = \exp(-t)$ を示したのが図8・9である．t が増えると累積分布は 1 に，密度分布は 0 に，指数関数的に収束する．累積分布 $1-\exp(-\lambda t)$ は基本的な確率分布の一つで，母数 λ の**指数分布**と呼ばれる．よってストレス x での鎖の破壊確率は $\lambda=1$ の指数分布となっている．

8・6 ワイブル分布

　鎖の破壊の話を続ける．ここではストレス x を変化させる．ストレス x の下でのリング 1 個の破壊確率を $Q(x)$ とし，$P(x) = 1-\exp(-nQ(x))$ をストレス x

---

[*6] 与式より，$1-P = (1-Q)^n$, $\ln(1-P) = n\ln(1-Q)$．ここで $\ln(1-Q) \doteqdot -Q$（ただし $Q \ll 1$）より右辺 $\doteqdot -nQ$．よって $1-P \doteqdot \exp(-nQ)$, $P \doteqdot 1-\exp(-nQ)$ となる．

の下での鎖の累積破壊確率であると形式的に見なそう．さらに，経験的に実験結果を反映しやすい関数形として $Q(x)=((x-x_{\min})/x_0)^m$ を採用する．ただし，$x < x_{\min}$ では $Q(x)=0$（破壊は起きない）とする．実際の破壊現象は x に破壊の下限値があることが多く，実際に則した関数形といえる．x_0 は x のスケール調整用の，m は関数形状調整用のパラメータ（母数）である．ごく基本的なべき乗の関数であるが実は大変豊かな表現力を備えている．このとき $P(x)$ は $1-\exp\{-n((x-x_{\min})/x_0)^m\}$ となる．しかし，鎖の破壊以外の問題では弱点数 n が不明なことも多く，このままでは汎用的でない．そこで n を x_0 に含めて消去し，γ と書き直すと次式となる．

$$P(x) = 1 - \exp\left\{-\left(\frac{x-x_{\min}}{n^{-1/m}x_0}\right)^m\right\} = 1 - \exp\left\{-\left(\frac{x-x_{\min}}{\gamma}\right)^m\right\} \quad (8\cdot 9)$$

これを**ワイブル分布** $P(x;m,x_{\min},\gamma)$ と呼ぶ．ただし，$x < x_{\min}$ では $P(x)=0$ とする．γ は x のスケール調整用の母数となる[*7]．ここでは経験的な方法で式を導いたが，ワイブル分布は最小値の極値分布として数学的に厳密に導出できる[1]．なお，密度分布は次式となる．

$$\frac{dP(x)}{dx} = \frac{m}{\gamma}\left(\frac{x-x_{\min}}{\gamma}\right)^{m-1}\exp\left\{-\left(\frac{x-x_{\min}}{\gamma}\right)^m\right\} \quad (8\cdot 10)$$

図8・10にワイブル分布を，図8・11にその密度分布を示す[*8]．ただし，γ の効果は両図のグラフを x 方向に拡大または縮小するだけなので $\gamma=1$ とし，$x_{\min}$ も x の下限値（それ以下で分布の値は0）を与えるだけなので $x_{\min}=1$ とした．$m=1$ の累積分布は $1-\exp\{-(x-x_{\min})\}$ となり，下限を $x_{\min}$ とした指数分布である．$m=1$ を基準として，$m<1$ では累積分布の急上昇部と密度分布のピークが左側に偏り，$m>1$ ではこれらが右側に偏る．密度分布は左右非対称だが，$m\fallingdotseq 3.7$ では正規分布に近い形になる．このように，ワイブル分布は m の調整により，指数分布，正規分布を含む破壊現象の表現に適した関数形状を一括して表現できる．実験データをワイブル分布に当てはめて調査するには，分布の適合性検定も兼ねてワイブル確率紙にデータを打点するのがよい．打点結果から母数も推定できる．

[*7] γ は尺度パラメータ，$x_{\min}$ は位置パラメータ，m は形状パラメータと呼ばれる．
[*8] ワイブル分布の平均は $x_{\min}+\gamma\Gamma(1+1/m)$，分散は $\gamma^2\{\Gamma(1+2/m)-\Gamma^2(1+1/m)\}$

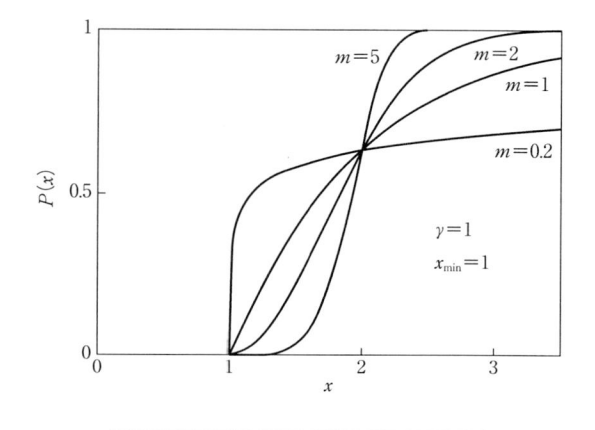

図 8・10 ワイブル分布(累積分布)

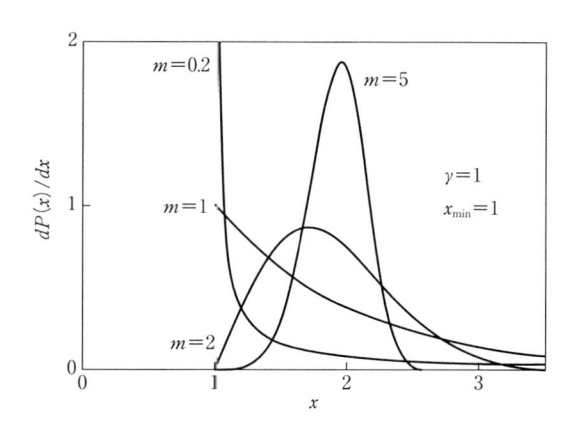

図 8・11 ワイブル分布(密度分布)

複数種のストレスで試料が破壊する場合もある.各ストレスの効果が独立なら拡張は容易で,例えば2種の独立複合ストレス x, y のワイブル分布は次式となる.

$$P(x, y) = 1 - \exp\left\{-\left(\frac{x - x_{\min}}{\gamma_x}\right)^{m_x}\left(\frac{y - y_{\min}}{\gamma_y}\right)^{m_y}\right\} \tag{8・11}$$

例えばxの効果を考える際は，独立変数yを含む項は定数とみなせ，nの消去と同じ手順で定数を消せばxのみのワイブル分布となり，矛盾がないことが分かる．

8・7 ワイブル分布の応用

ワイブル分布を用いて様々な現象が説明できる．いくつかの例を見ていこう．

〔1〕サイズ効果

絶縁試料の破壊電圧・放電電圧は，試料の体積や面積が大きくなるほど低下する傾向があり，これを体積効果，面積効果（合わせてサイズ効果）と呼んだ（4・4節〔3〕，5・3節〔3〕参照）．体積や面積が大きくなるほど試料内部や電極表面の不純物，空隙，微小突起などの弱点個数nが増加するので，弱点破壊確率が増加するためと考えられる．

〔2〕時間経過による故障（寿命）

時間tを一種のストレスと見なしてワイブル分布$P(t)$を考えると，初期段階で多数存在したアイテム（機器・部品など）が経年により徐々に壊れ（故障し），個数が減少していく様子を，壊れたアイテムの累積数で表したものとみなせる．図8・12に$\gamma=1$，$t_{\min}=0$とした場合の，累積分布$P(t)$，密度分布$dP(t)/dt$，および故障率$h(t)$を描画した．故障率とは，ある時刻での残存アイテム（残存数は$1-P(t)$）がその時刻以降の単位時間内に故障を起こす率$(dP(t)/dt)/(1-P(t))$を意味する．

$m=1$の場合は指数分布に一致し，放射性元素の崩壊のように一定の半減期や時定数でアイテム数が変化する．指数分布の故障率は大変特徴的で，時刻によらず一定値となっている．このため，$m=1$の分布は偶発故障形と呼ばれる．$m<1$の場合は故障率が左端（初期）に偏るので初期故障形と呼ぶ．$m>1$の場合は右方（末期）に偏りこれを摩耗故障形と呼ぶ．

5・4節の図5・12も故障率の例であり，その形状よりバスタブ曲線と呼ばれている．バスタブ曲線は3領域に分かれ，開始時刻より，初期故障形，偶発故障形，摩耗故障形の順で特性が推移する．人間の死亡率の例では，乳幼児期は初期

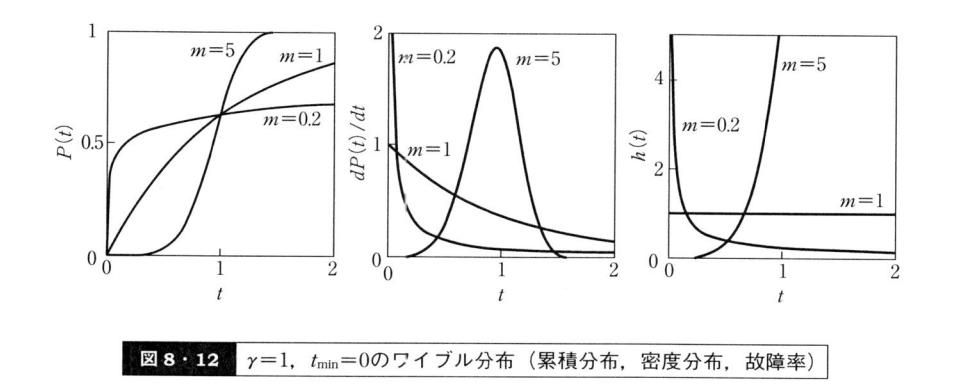

図 8・12 $\gamma=1$, $t_{min}=0$ のワイブル分布（累積分布，密度分布，故障率）

故障形（死亡率がやや高い），青年熟年期は偶発故障形（低率の偶発的事故・病気が主因），高齢期は摩耗故障形（加齢により加速度的に死亡率増加）となる．ワイブル分布は m の調整のみで全故障形を表現でき，大変重宝である．

〔3〕 印加電圧と寿命

長期間高電圧が印加される機器は，印加電圧の上昇につれて短命になる傾向がある．実験的には電圧と寿命の両対数プロット結果がほぼ直線になる傾向があり，この傾向を利用して加速劣化試験が行われている（5・4節，図5・13参照）．図5・13の直線関係はアイリングモデルという物理化学モデルからも導かれるが，ワイブル分布を使って定性的に説明するには次のように考える．複合ストレスのワイブル分布で印加電圧 V と時間 t を変数にとる．V_{min}, t_{min} は簡単のため 0 とし，ある累積確率（95% などの任意値）での V と t の関係を調べると，$\ln V = -(m_t/m_v)\ln t +$ 定数 という関係が導ける（演習問題**2**参照）．これが図5・13の関係式である．図5・13は図左上付近の短期実験の結果を直線近似し，図右下付近の長期寿命が外挿される様子を概念的に示している．

〔4〕 放電時間遅れ

絶縁試料に急峻なインパルス電圧を印加した際，印加電圧波形が破壊に必要な最低電圧を超えてもすぐには破壊せず，時間遅れ（火花遅れ τ）の後に破壊する（4・2節，図4・5参照）．この遅れは，初期電子が偶発的に放出されるのに要する時間（統計遅れ）と，その後の電子なだれの成長に要する時間（形成遅れ $\fallingdotseq$ ほ

ぼ一定時間）の和になる．

この様子をワイブル分布 $P(t; m, t_{\min}, \gamma)$ に当てはめると，（ⅰ）形成遅れはほぼ一定値なので $t_{\min}$ が当てはまる．（ⅱ）統計遅れは偶発的なので偶発故障形の指数関数形で表され，$m=1$ が当てはまる．（ⅲ）ワイブル分布の平均値（火花遅れ τ の期待値）は $m=1$ のときに $t_{\min}+\gamma$（$\Gamma(2)=1$ を利用）となる．これは形成遅れと統計遅れの和なので，γ は統計遅れの期待値に当てはまる．結局，火花遅れの統計的性質もワイブル分布を用いて自然に表現できる．

その他，ワイブル分布は正規分布に近い形状の分布も表現できるので，放電率曲線をワイブル分布に基づいて解釈し直すこともできる．

ワイブル分布などの確率分布を数学モデルに採用すると，様々な現象を説明できる．しかし，数学モデルは物理化学モデルとは異なり，背景にある確率分布を見誤ると現実とかけ離れた結論を導く危険性もある．そうならないためにも様々な確率分布の性質をよく把握しておくとともに，実験データをよく観察し，仮定した確率分布の適合性検定も怠らず，適切なモデル設定に努めねばならない．

Column｜極値分布

毎年の最大雨量を調べ，50年間の調査結果を集めたとしよう．これら50個のデータが従う確率分布を調べると，極値分布と呼ばれる分布になることが知られている．最高気温・最大瞬間風速など，さらに最低気温・最低気圧などでもよく，これら最大・最小値（極値）の集団には共通の統計的性質が潜んでいる．自然現象全般はもとより，人の身長の最大最小値やスポーツの最高記録まで，極めて広範な現象が同様の性質を持つ．各現象の標本値は様々な個別・固有の確率分布に従っているのに，標本値の極値に注目すると極値分布に従う性質が浮かび上がる．ワイブル分布はこの極値分布の一種で，現在では一般極値分布に統合されて性質が調べられている．関連分布として，十分大きな閾値を超えるデータ群の性質を取り扱う一般パレート分布がある．高電圧分野でも極値分布やパレート分布で説明される現象は多くあり，様々な検討が行われている．

演習問題

1 初期故障形のアイテム，偶発故障形のアイテム，摩耗故障形のアイテムの保守・交換に関して，それぞれ最も適切な記述は（a）（b）（c）のどれかを考えよ．
  （a）壊れそうな時期を推定して，できればその時期の直前に交換する．
  （b）壊れるものは早めに壊れるようにどんどん使い，壊れたものは交換する．
  （c）特別なことは何もせず，壊れたら交換する（壊れる前に交換したりしない）．

2 複合2ストレスのワイブル分布で印加電圧 V と時間 t を変数にとる．V_{min}, t_{min} は簡単のため 0 とし，累積確率 C での V と t の関係を調べ，「$\ln V = -(m_t/m_v)\ln t + 定数$」という関係を導け．

3 ワイブル分布 $P(x; m, x_{min}, \gamma)$ のパラメータを $m=3.7$, $x_{min}=0$, $\gamma=1$ とする．なお $m=3.7$ のワイブル分布は正規分布に近い形状になる．この分布の平均値・分散・標準偏差を求めよ．ただし $m=3.7$ のとき $\Gamma(1+1/m) \fallingdotseq 0.903$, $\Gamma(1+2/m) \fallingdotseq 0.888$ である．さらに（平均値 $-x_{min}$）が標準偏差の何倍になっているかを計算せよ．

4 σ を 1 に固定した正規分布の密度関数 $f(x;\mu)$ を考える．2個の標本値を x_1, x_2 とするとき，$f(\mu;x_1) = \dfrac{1}{\sqrt{2\pi}}\exp\left\{\dfrac{-(x_1-\mu)^2}{2}\right\}$ と $f(\mu;x_2) = \dfrac{1}{\sqrt{2\pi}}\exp\left\{\dfrac{-(x_2-\mu)^2}{2}\right\}$ とから $f(\mu;x_1) \times f(\mu;x_2)$ を計算し，この平均値が $(x_1+x_2)/2$ になることを示せ．

9章 電界解析手法

　高電圧現象と強電界とは不可分の関係にあり，絶縁・放電現象を電気物理的観点から十分に理解するためには，系内の電界分布の把握が不可欠である．本章では，静電界の基本式とその解析的解法について学び，次に電界分布の挙動とその放電開始との関連について学ぶ．さらに数値電界計算手法の概要についても学び，高電圧現象の理解に役立つ知識の習得を目指す．

9・1 基本式と解析解

〔1〕 ラプラス方程式

　マクスウェル方程式は4個の式で表されるが，静電界や低周波電界を考える場合は，磁界が及ぼす効果を無視できて，次の2式のみを考慮すればよい．

$$\mathrm{div}\boldsymbol{D} = \rho \tag{9・1}$$

$$\mathrm{rot}\boldsymbol{E} = -\partial \boldsymbol{B}/\partial t \tag{9・2}$$

$\boldsymbol{E}$ は電界，$\boldsymbol{D}$ は電束密度，ρ は真電荷密度，$\boldsymbol{B}$ は磁束密度である．式(9・1)は，ρ から電束が湧き出ており，電束の湧き出しの密度が真電荷密度に等しいことを意味する．磁界の効果を無視できるなら式(9・2)右辺は0となり，$\mathrm{rot}\boldsymbol{E}=0$ となるが，これは $\boldsymbol{E}$ が渦なしの場であることを意味する．$\boldsymbol{E}$ が渦無しなら，ベクトル解析の公式に従ってスカラポテンシャル ϕ を導入でき，式(9・2)は次式と等価である．

$$\boldsymbol{E} = -\mathrm{grad}\,\phi \tag{9・3}$$

ϕ は静電位を意味し，電界は電位の勾配（向きは ϕ が減る向き）を意味する．
　一方，$\boldsymbol{D}$ と $\boldsymbol{E}$ とは構成方程式とよばれる次式で関係づけられる．

$$\boldsymbol{D} = \varepsilon \boldsymbol{E} \tag{9・4}$$

ε は媒質の誘電率である．式(9・1)，式(9・3)，式(9・4)をまとめると次式が得られる．

$$\mathrm{div}(\varepsilon\,\mathrm{grad}\phi) = -\rho \tag{9・5}$$

ε は一般に座標に依存し，異方性や非線形性も示すが，スカラ定数と見なせるなら，式(9・5)は次式となる．

$$\mathrm{div}(\mathrm{grad}\phi) = -\rho/\varepsilon \tag{9・6}$$

式(9・6)はポアソン方程式とよばれ，ρ が 0 の場合は**ラプラス方程式**と呼ばれる．電極表面や媒質境界にて，ϕ や E についての境界条件が必要十分に与えられると，ラプラス方程式の解は一意に定まり，これを解くことで静電場を求められる[*1]．

〔2〕二次元デカルト座標のラプラス方程式

二次元デカルト座標では，$\mathrm{div}(\mathrm{grad}\phi) = (\partial/\partial x\,\boldsymbol{i} + \partial/\partial y\,\boldsymbol{j})\cdot(\partial\phi/\partial x\,\boldsymbol{i} + \partial\phi/\partial y\,\boldsymbol{j})$ より，ラプラス方程式は次式となる．

$$\frac{\partial^2\phi}{\partial x^2} + \frac{\partial^2\phi}{\partial y^2} = 0 \tag{9・7}$$

$\partial^2\phi/\partial x^2$ は x 座標沿いに ϕ を観察した際の ϕ の凹凸の度合いを表す．$\partial^2\phi/\partial x^2$ が正なら凹，負なら凸である．同様に $\partial^2\phi/\partial y^2$ は y 座標沿いの ϕ の凹凸の度合いを表す．式(9・7)より両者の和は 0 なので，一方が凹形なら他方は凸形となる．図 9・1 に ϕ 分布の一例を示すが，図中 $(x, y) = (0.2, 0.5)$ の黒点位置を例にとると，x 座標に沿って凹形，y 座標に沿って凸形となっている．このように二次元ラプラス場の ϕ は，境界を除く全位置で鞍形（を傾けた形）となる．ϕ が境界以外で極大・極小になるなら，そこには電荷が存在し，その電荷を $-\rho/\varepsilon$ に対応させたポアソン方程式で，その位置の場が記述される（電荷が正なら $-\rho/\varepsilon$ は負で ϕ は凸となる）．

次に，図 9・2 に示した等間隔 h の二次元格子点で ϕ の離散値 $\phi_{0,0}$，$\phi_{-1,0}$，$\phi_{1,0}$，$\phi_{0,-1}$，$\phi_{0,1}$ を考え，$\phi_{0,0}$ 位置での 2 階偏微係数を中心差分で近似すると次式となる．

$$\partial^2\phi/\partial x^2 = ((\phi_{1,0} - \phi_{0,0})/h - (\phi_{0,0} - \phi_{-1,0})/h)/h = (\phi_{1,0} - 2\phi_{0,0} + \phi_{-1,0})/h^2 \tag{9・8}$$

[*1] ラプラス方程式の解は，流体力学では完全流体の挙動を表す．流線は等ポテンシャル面に直交する．完全流体は，粘性（摩擦）の無い，密度一定の，渦無し流れの挙動を示し，静電界とは異なる視点からラプラス場の特徴を観察できる．

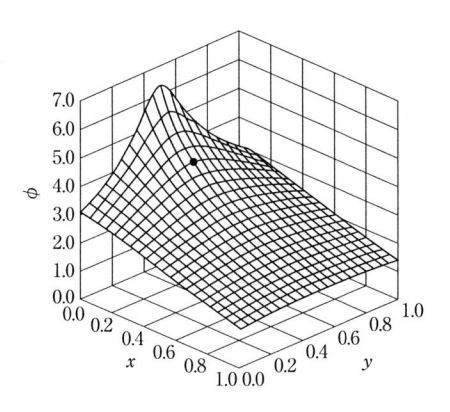

図9・1 二次元ラプラス場の ϕ の例

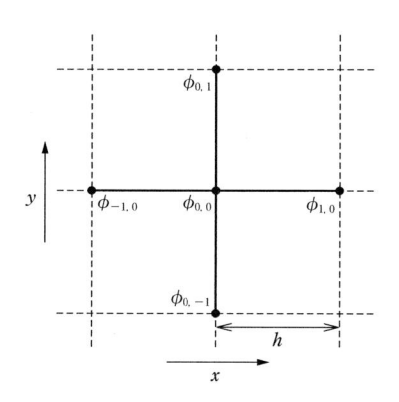

図9・2 二次元差分用格子点

$$\partial^2\phi/\partial y^2 = ((\phi_{0,1}-\phi_{0,0})/h - (\phi_{0,0}-\phi_{0,-1})/h)/h = (\phi_{0,1}-2\phi_{0,0}+\phi_{0,-1})/h^2 \tag{9・9}$$

よって，$\partial^2\phi/\partial x^2 + \partial^2\phi/\partial y^2 = (\phi_{1,0}+\phi_{-1,0}+\phi_{0,1}+\phi_{0,-1}-4\phi_{0,0})/h^2 = 0$ となり次式を得る．

$$\phi_{0,0} = (\phi_{1,0}+\phi_{-1,0}+\phi_{0,1}+\phi_{0,-1})/4 \tag{9・10}$$

つまり，$\phi_{0,0}$ は周辺電位 $\phi_{-1,0}$，$\phi_{1,0}$，$\phi_{0,-1}$，$\phi_{0,1}$ の平均値になっていることが分かる．

9・1 基本式と解析解

一方，E は等電位面に垂直なベクトルであるから，E と平行に描かれる電気力線も，等電位面と直交する．二次元ラプラス場では等電位面は等電位線となり，等電位線と電気力線とは常に直交する．等電位線の間隔および電気力線の間隔が狭い程，そこは強電界となっている．

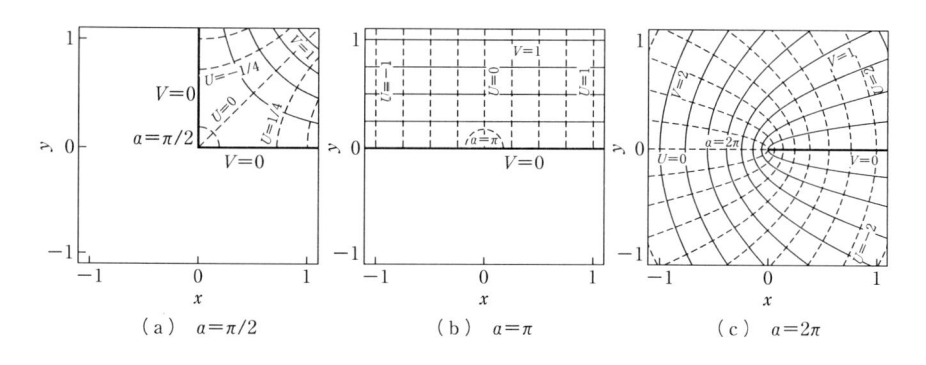

図 9・3 2枚の半無限接地平面が原点で角度 α で接続している場合の U, V 分布

(a) $\alpha = \pi/2$ (b) $\alpha = \pi$ (c) $\alpha = 2\pi$

二次元ラプラス場の解法の一つに等角写像法がある．理論の詳細は他書に譲り，ここでは2枚の半無限接地平面（厚み0）がx-y座標の原点を軸として角度 α で接続された系[1]（図 9・3 参照）を例にして，等角写像法の概要を説明する．ただし，$(x, y) = (1, 0)$ 位置で，E_y の大きさが1になるように電位分布を定めた．

最初に $\alpha = \pi$ の場合を考え（図 9・3 (b)），無限接地平面（太線）の上部 ($y > 0$) 領域での静電場を求める．この場に対応する等角写像の関係式は，U と V を x-y 面上のスカラ関数として，$U + jV = x + jy$ となることが知られているが，これは $U = x$ かつ $V = y$ を意味する．例えば，$V = 0, 1$ を表す線は $y = 0, 1$ となる．これらを等電位線（図中の実線）と見なせば，電位0の接地平面とその上方の電位分布をうまく表している．$U = -1, 0, 1$ を表す線は $x = -1, 0, 1$ となり，これらを電気力線（図中の破線）と見なせば，等間隔の電気力線が接地平面上部の平等電界をうまく表している．このように等角写像の式は，2個のスカラ関数 $U(x, y)$ と $V(x, y)$ の式を一括表示している[*2]．$V = y$ より，$E_x = -\partial V/\partial x$

[*2] ラプラス方程式の解となる実関数を調和関数と呼ぶ．調和関数の対 U, V が $\partial U/\partial x = \partial V/\partial y$, $\partial U/\partial y = -\partial V/\partial x$ を満たすとき複素関数 $U + jV$ を正則関数と呼ぶ．

$=0$, $E_y=-\partial V/\partial y=-1$ となり,これらも接地平面上方の電界分布を正しく表している.

次に $\alpha=\pi/2$ の場合を考える(図9・3(a)).対応する等角写像は $U+jV=(x+jy)^2/2$ となることが知られており,これは $U=(x^2-y^2)/2$ かつ $V=xy$ を意味する.V と U の様子を図9・3(a)に描いた.図9・3(b)と比較すると,接地面を折り曲げていった ($\alpha:\pi\to\pi/2$) ときに,V と U が位置関係と直交性を保ったまま全体に「変形」した様子が見て取れる.接地(電極)面は $V=0$ の等電位面なので,電気力線は接地面とも直交している(角部となった原点は例外).原点周辺で等電位線間隔と電気力線間隔が広がっており,電界が弱くなったことが分かる.なお,$E_x=-\partial V/\partial x=-y$, $E_y=-\partial V/\partial y=-x$ より,原点では $E_x=E_y=0$ となる.一般に,図9・3(a)のような導体の谷折り ($\alpha<\pi$) 角部の電界は0になる.

次に $\alpha=2\pi$ の場合を考える(図9・3(c)).対応する等角写像は $U+jV=2(x+jy)^{1/2}$ となることが知られており,これは $4x=U^2-V^2$ かつ $2y=UV$ を意味する.V と U の様子を図9・3(c)に描いた.図9・3(b)と比較すると,この場合も V と U が位置関係と直交性を保ったまま「変形」した様子が見て取れる.原点周辺で等電位線間隔と電気力線間隔が狭まっており,電界が強くなったことが分かる.$U=0$ の電気力線($y=0, x<0$)上では $V=2(-x)^{1/2}$ となり,$E_x=(-x)^{-1/2}$ となる.よって $x=-0$ の位置での電界は ∞ となる.一般に,図9・3(c)のような導体の山折り ($\alpha>\pi$) 角部の電界は理論上 ∞ になる.電界が0や ∞ になる点は,**電界特異点**と呼ばれる.

図9・3の例以外にも様々な等角写像が二次元ラプラス場解析に適用されている.

〔3〕三次元のラプラス方程式

三次元デカルト座標のラプラス方程式は次式となる.

$$\frac{\partial^2 \phi}{\partial x^2}+\frac{\partial^2 \phi}{\partial y^2}+\frac{\partial^2 \phi}{\partial z^2}=0 \tag{9・11}$$

二次元ラプラス場の性質(または規則)の多くが,三次元ラプラス場でも保持される.例えば,ϕ が極大・極小となる位置は境界上に限られ,ある位置の電位は周辺電位の平均値となり,等電位面と電気力線とは直交し,等電位面間隔およ

び電気力線間隔が狭いほど電界は強い．しかし，ある三次元場の電位・電界分布が，類似性のある（ように感じられる）二次元場の電位・電界分布で近似可能だと考えるのは，多くの場合に不適切で，そうした拡大解釈は避けねばならない．

式(9・11)の変数分離解の基本解は，a, b を任意の実数として次式となる．

$$f(x;a) \times f(y;b) \times f(z;-a-b) \tag{9・12}$$

関数 $f(x;a)$ は，$a>0$ なら $f = Ae^{\sqrt{a}x}$ or $Ae^{-\sqrt{a}x}$, $a=0$ なら $f = Ax$ or A, $a<0$ なら $f = A\cos(\sqrt{a}x)$ or $A\sin(\sqrt{a}x)$ とする．「係数×基本解」の無限個の総和式が変数分離解となる．境界形状と境界条件の設定次第では，a, b に整数を含む制約条件を課せる場合もある．変数分離解の全係数を境界条件の下で定めれば解が求まるが，一般に係数決定は困難で，この変数分離解が有用な例は多くない．

一方，三次元極座標のラプラス方程式は次式となる．

$$\frac{1}{r^2}\frac{\partial}{\partial r}\left(r^2\frac{\partial \phi}{\partial r}\right) + \frac{1}{r^2 \sin\theta}\frac{\partial}{\partial \theta}\left(\sin\theta\frac{\partial \phi}{\partial \theta}\right) + \frac{1}{r^2 \sin^2\theta}\frac{\partial^2 \phi}{\partial \varphi^2} = 0 \tag{9・13}$$

ここで θ は天頂角，φ は方位角である．先と同様に変数分離解を求められる．解析領域を全立体角領域に設定すると，角度方向の周期性から整数を含む制約式が自然に課され，応用範囲が広い次の変数分離解が得られる．

$$\phi(r,\theta,\varphi) = \sum_{n=0}^{\infty}\sum_{m=-n}^{n} L_n^m r^n Y_n^m(\theta,\varphi) + \sum_{n=0}^{\infty}\sum_{m=-n}^{n} M_n^m r^{-(n+1)} Y_n^m(\theta,\varphi) \tag{9・14}$$

第1項は r のべき乗項，第2項は $1/r$ のべき乗項（多重極展開項）を表し，L_n^m, M_n^m はその係数である．Y_n^m は球面調和関数であり，単原子の電子軌道の角度 (θ,φ) 方向分布の表現にも利用される関数である．n, m は整数で，電子軌道の表現ではそれぞれ方位量子数と磁気量子数に相当する．式(9・14)の特別な場合として，$M_0^0 = 1$（他の係数はすべて0）とすれば $\phi = 1/r$ となり，原点に置いた点電荷がつくるポテンシャルを表す．より高次の多重極展開項は，電気双極子や電気四重極子などの多重極子ポテンシャルを表す．点電荷が多数存在する場合も式(9・14)を適用できるが[2]，手計算では係数決定が困難なので，数値計算が必要になる．

三次元ラプラス場の解析的解法として，ここで紹介した以外にも様々な座標系での変数分離解が使用されている．ほかに，電気影像法も代表的な手法である．

9・2 電界特異点と電界分布の特徴

〔1〕電界特異点の挙動

電極系内に電界無限大の特異点[3),4)]や強電界領域が存在すると，電子の供給や，電子なだれの促進などを通じ，放電が開始する可能性が高くなる．つまり，これらの部分は絶縁上の弱点となりやすく，電界挙動の把握が望まれる．

二次元配置の導体角部（稜線）が電界特異点になることは9・1節〔2〕で学んだが，三次元配置でも多面体の稜線・頂点，円錐先端などが電界特異点となる．導体の山（谷）折り角部と同様に，導体の凸（凹）形角部の電界は理論上∞（0）になる．

角部電界の状況（∞または0）に連動して，角部の周辺部（例えば図9・3（a），(c)では，電気力線・等電位線の曲り具合が大きい領域など）でも，電界は有限の範囲で増減する．また，滑らかな導体の凸（凹）形部分でも，電界は強（弱）まる傾向がある．同心円筒または同心球電極系で，内部電極外側電界の方が外部電極内側電界よりも強いのも，この性質の一例と見なせる．円筒・球・半球電極などでは，曲率半径が小さいほど形状は角部に近付き，電界の強弱も角部の状況に近付いていく．

3種の媒質が接する場合も電界特異点（三重点）が現れる．例えば図9・4の様に，導体に接した2種の誘電体 A と B が角度 α（$0<\alpha<90$ 度[*3]）で接する場合を考える．誘電体 A と B の誘電率をそれぞれ ε_A と ε_B とする．$\varepsilon_A>\varepsilon_B$（A が固体で B が気体や真空の場合など）なら，上部と下部の三重点で電界は理論上それぞれ 0 と ∞ になる．$\varepsilon_A<\varepsilon_B$ なら逆に，∞ と 0 になる．この効果は**高木効果**と呼ばれる．

2種の誘電体の界面に誘電体の角部がある場合は，この角部も電界特異点になる．例えば平行平板電極間に菱形の誘電体を対称的に配置した際の角部電界の特異性は，図9・5のようになる．2電極の中間位置が電位0の等電位面になっていることに注意すると，この等電位面が通過する2ヵ所の角部の電界挙動は高木効果で説明できる．他の角部は高木効果の配置と厳密には同じでないが，類似した電界挙動を示している．任意方向の電界を印加すると，垂直電界と水平電界の印

[*3] $\alpha=90$ 度では特異性は現れず，電極間の電界は全域で一様電界となる．

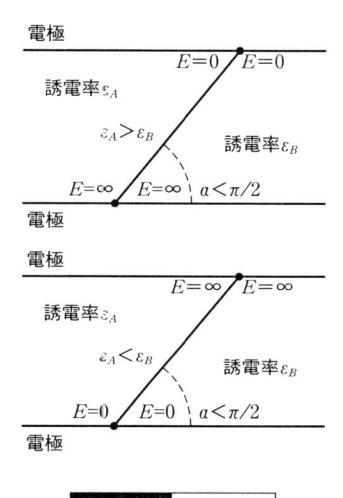

9・2 電界特異点と電界分布の特徴

図9・4 高木効果

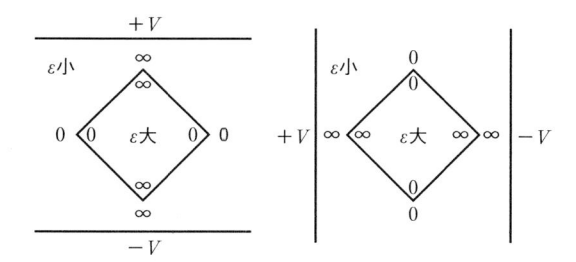

(a) ε大が凸(垂直E印加と水平E印加)

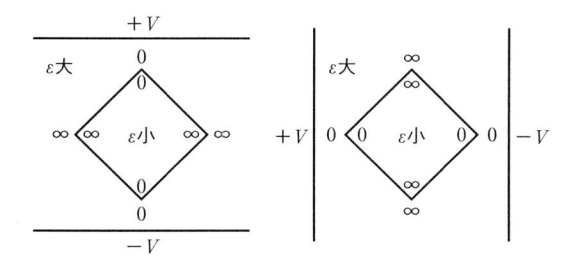

(b) ε小が凸(垂直E印加と水平E印加)

図9・5 誘電体角部の電界特異性

図 9・6 誘電体球内電界の強弱

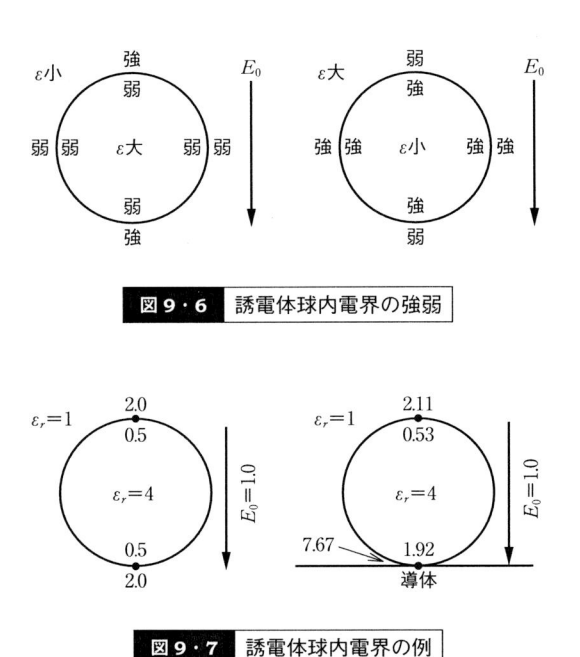

図 9・7 誘電体球内電界の例

加結果を重畳した結果となるので，一般に誘電体の角部で，電界は理論上ほとんど常に∞になる．

誘電体球と導体球（一方は平面形状でもよい）が点接触するような場合も，電界特異性が現れる．このような点接触部は接触角が0度となり，接触角が有限値の高木効果とは電界挙動が異なる．ここでは電界が∞や0にはならないが，有限の範囲で電界が増減し，意外な挙動を示しやすい．なお周知の通り，複数の誘電体からなる系内の電界は，一般に有限の範囲で値が増減する．典型例として**図9・6**に，一様電界下の誘電体球の電界分布の強弱の様子を示した．数式は略すが球内電界は一定値となり，誘電率の大きい方の誘電体内電界は弱まる傾向がある．図中の球上下端では電束密度の法線成分が連続するので電界は不連続となり，球左右端では電界の接線成分が連続するので電界は連続となる．**図9・7**の左図に，誘電体球内外の比誘電率を4と1として，垂直電界印加時の球上下端の内外電界の値を示した．一方，図9・7の右図には，この誘電体球が下部で導体平面に接触したときの，同じ位置の電界の値を示した．これは接触角0度の電界特異性の例で，左図と異なり球内電界は一様でなくなり，導体との接触点電界は印

9・2 電界特異点と電界分布の特徴

加電界よりも増加している．誘電率の大きい方の誘電体内であっても，電界は常に印加電界より弱まるわけではないのである．

> **Column　高木効果の定性的説明**
>
> 　高木効果を定性的に説明する（厳密な議論ではない）．図 9・8 のように誘電率 ε_A と $\varepsilon_B(\varepsilon_A>\varepsilon_B)$ の誘電体を配置し，左下の三重点電界が∞になることを示す．電極間位置を $0 \leq z \leq 1$ と表し，誘電体境界電位を $\phi(z)$ とする．上段図より，$z=1/2$ の誘電体境界位置（黒丸）の電位 $\phi(1/2)$ を検討する．黒丸位置の上（下）部では誘電率が相対的に大き（小さ）く，電界は低下（増加）し，電位差も小さ（大き）くなる．よって $\phi(1/2)$ は，例えば $z=0$ 位置と $z=1$ 位置（白丸）の電位の平均値 $(\phi(0)+\phi(1))/2$ より，高い値だと見積もられる．定数 $k_1(1<k_1<2)$ を用い，この関係は $\phi(1/2)=k_1(\phi(0)+\phi(1))/2=0.5k_1$ と表せる（$k_1=2$ とすると $\phi(1/2)=\phi(1)$ となるので $k_1<2$ とする）．この位置の ε_B 側垂直電界を，$\phi(1/2)/($ 黒丸と下部電極との距離$)=\phi(1/2)/0.5=k_1$ と概算すると，電極間平均電界 1 に対し，k_1 倍の強電界に

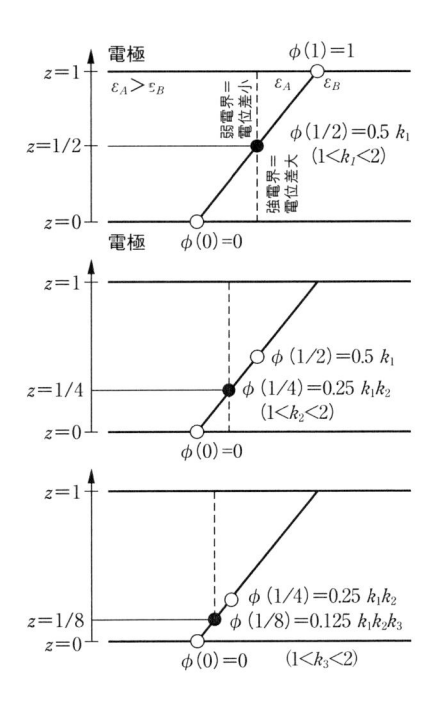

図 9・8　高木効果の定性的説明

なっている．次に中段図より $z=1/4$ の黒丸位置電位 $\phi(1/4)$ を検討する．今回も，$\phi(1/4)$ は $z=0$ と $z=1/2$ の白丸位置電位の平均 $(\phi(0)+\phi(1/2))/2$ より高い値だと見積もられる．定数 $k_2(1<k_2<2)$ を用い，この関係は $\phi(1/4)=k_2(\phi(0)+\phi(1/2))/2=0.25k_1k_2$ と表せる．ε_B 側垂直電界は $\phi(1/4)/0.25=0.25k_1k_2/0.25=k_1k_2$ と概算され，電極間平均電界の k_1k_2 倍となる．下段図より $z=1/8$ の黒丸位置電位 $\phi(1/8)$ は $z=0$ と $z=1/4$ の白丸位置電位の平均 $(\phi(0)+\phi(1/4))/2$ より高い値と見積もれ，$\phi(1/8)=k_3(\phi(0)+\phi(1/4))/2=0.125k_1k_2k_3$ と表せる $(1<k_3<2)$．ε_B 側垂直電界は $\phi(1/8)/0.125=k_1k_2k_3$ と概算され，電極間平均電界の $k_1k_2k_3$ 倍となり，徐々に電界が強まっている．この手順を n 回繰り返すと，$z=(1/2)^n$ での電位 $\phi((1/2)^n)$ は $(1/2)^n\prod_{i=1}^{n}k_i\leq(k_{max}/2)^n$，$\varepsilon_B$ 側垂直電界は $\prod_{i=1}^{n}k_i\geq k_{min}^n$ と見積もられる $(1<k_{min}\leq k_i\leq k_{max}<2)$．よって，$n\to\infty$ では，$z=0$，$\phi(0)\leq(k_{max}/2)^\infty=0$，$\varepsilon_B$ 側垂直電界 $\geq k_{min}^\infty=\infty$ となり，$z=0$ での電界が ∞ になることが説明できる．

〔2〕電界特異点と放電開始条件

前節で，電界特異点では電界が ∞ になりうることを学んだが，導体や誘電体を微視的に観察すると角部は無数に存在するので，電界特異点も系内に無数に存在する[*4]．幾何学的に理想的な角部は実在しないから，電界特異点といっても実際には非常に強い電界が発生する箇所に過ぎないであろう．それでもそうした絶縁上の弱点というべき箇所が無数に存在するなら，放電はたちまち開始するような錯覚に陥る．そうならない理由を，2章で学んだ放電開始条件に基づいて考えよう．

式 (2·21) $(\int_0^x \alpha dx = K)$ より，電子衝突電離係数 α を電子なだれの進展経路などに沿って線積分した値が，しきい値を超えないと放電は開始しない．α は例えば式 (2·14) で表現でき，E/p の増加関数となるが，E/p が極端に大きくなると α は飽和し，さらには減少する[*5]．いずれにせよ，α は ∞ にはならない．さらに，

[*4] 原子・分子スケールで物体を観察すると，例えば，1個の電子に $r\to 0$ で接近すると数式上電界は ∞ になる．これも一種の電界特異点だが，こういうスケールの現象は構成方程式 (9·4) に基づく巨視的取り扱いでは無視される．ここでは，構成方程式を前提としたラプラス方程式から導かれる特異点を取りあつかう．

[*5] 衝突電子が高速になりすぎると，電離のような原子分子の状態変化に要する時間よりも速い時間で電子が飛び去ってしまい，電離しにくくなるためである．

電界特異点のサイズは「点」という名称の通り0に近く，積分区間も短い．こうした理由により，$\int \alpha dx$ は必ずしも大きな値にならない．強電界領域が狭すぎると，電子なだれの成長に必要な「助走距離」が確保できない，ともいえる．結局，放電開始条件の成立には，ある程度広領域（大きなサイズ）での電界上昇の方が寄与しやすく，小サイズの特異点の存在は，必ずしも放電開始に直結しない[*6]．

一方，すでに述べたように角部などの電界特異点周辺部の電界は，特異点電界の増減と連動して増減しやすい．このため，ある程度大きなサイズを持つ角部領域全体は，放電開始条件の成立に都合のよい強電界領域を形成しやすい．あるいは図9・6の誘電体球内の電界分布を例にとると，誘電体中の空気ボイド（内部の誘電率の方が小さい）などは，ある程度大きなサイズの強電界領域となり，放電開始条件が満たされやすい．このように，放電開始条件はある程度の大きさの角部，欠陥部（ボイド，クラック，気泡など）などの弱点部で満足されやすい．もちろん，十分に高い電圧を印加すれば弱点部でなくても放電開始可能になる．

ただし，小サイズの電界特異点が放電特性に影響を与えないわけではない．例えば，電界特異点では電界放出などにより電子放出確率が高まることから，特に初期電子の供給量に大きな影響を与えうる．初期電子数が多いと，放電開始条件を満足しない場合でも，暗流による空間電荷の発生や帯電現象を通じ，放電特性を左右することがある．あるいは放電時間遅れにも影響を及ぼしうる．

なお，誘電体の特異点解析に誘電率のみを考慮していた点については，補足すべき注意事項がある．例えば，大気中で使用される誘電体は，汚損や湿潤によって多少の導電性を持つ．この場合，局所的に強電界が発生しても，真電荷の移動により電界は弱まりうる．よって，誘電率だけではなく表面導電率や体積導電率も考慮すると，電界特異点での電界増強は低減されうる．ただし，真空，SF_6 などの絶縁性能の高い絶縁物中では，水分が少なく，誘電体の導電性は無視できや

[*6] 本節での「大きい」「小さい」というサイズ表現は，例えば $\int \alpha dx = K$ が満たされるときの積分区間幅を代表長と考えて線引きがされている．α の値は印加電圧，電界分布，特異点での電界上昇の度合い，誘電体の種類などに依存するので，線引きの代表長もこうした条件に応じて，適宜読み替えが必要である．

すい．実際の経緯は，かつては現れにくかった特異点電界の放電特性への影響が，近年，高性能絶縁物を使用するようになって現れやすくなり，無視できなくなってきたということである．

〔3〕電界分布と放電開始条件

前節で見たように放電開始条件は，電離係数（または実効電離係数）α と積分区間とに依存し，これらは電界分布に依存する．特に，SF_6 のように E/p がしきい値を超えると α が急増する気体に注目すると，積分区間が短くても $\int \alpha dx = K$ を満足しやすく，事実上，系内の最大電界がしきい値を超えると放電開始する．この場合に放電を起きにくくするには，系内の最大電界をなるべく小さくする必要がある．

例えば，単一の誘電体を挟む 2 電極間に定電圧を印加する系で，電極形状を変形（設計）することで，最大電界をなるべく小さくしたいと考える．なお，9・1節で見たように最大電界発生位置は電極上となる．このためには，定性的に，電極間の最短の電気力線に沿ってなるべく電界が一定になるようにするのがよい（ただし最短の電気力線長は固定できるとした）．これは，定電圧印加時に電気力線に沿って電界を観察すると，ある場所で電界が強まると別の場所では電界が弱まる（図 9・9 参照）ので，最大電界を最小にするには，全域で強弱の少ない均

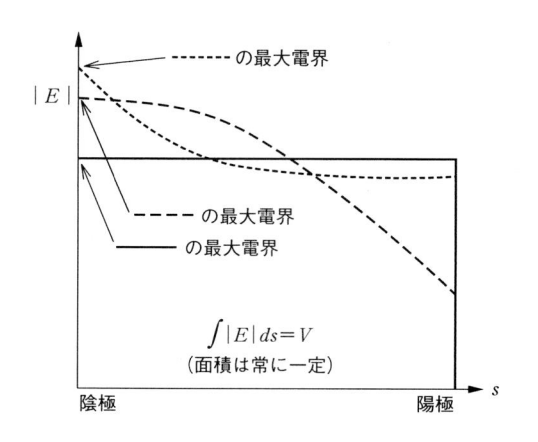

図 9・9 定電圧印加時の電界分布

一電界に近づけるべきだからである．

　注意すべき点の一つは，電気力線に沿ってどこかの電界を過度に弱くしてはいけないという点である．どこかの電界を過度に弱めることは，実はどこかの電界を過度に強めることと同義で，電気力線に沿って電界を一定にすることとは異なるのである．もう一点は，異なる電気力線同士を見比べて分布がきれいに揃っていることと，電気力線に沿って電界が一定に近いこととは，まったく違うということである．こうした点は，分かっているつもりでも，実際の問題に直面すると間違いがちである．具体例については参考文献[3]を参照されたい．

　一方，局所破壊（コロナ）やリーダを経由して全路破壊に至る場合に，全路破壊が起きる条件を検討するには，コロナなどが生成した空間電荷分布を考慮して，電界分布をポアソン方程式解析によって求める必要がある．空間電荷は生成・消滅・移動により時間的に密度分布が変化するので，一般には電界分布を解析的に求めることはできない．空間電荷の生成・消滅・移動に関する各種仮定を置いて，数値シミュレーションによって電界分布を解析する試みも多数なされている．

9・3 汎用数値電界計算法

　9・1節で解析的な電界解析手法について学んだが，解析可能な問題は境界形状や境界条件が単純なものに限られた．より一般的で実際的な状況下での電界解析を行うには，汎用の数値電界計算法を用いる必要がある．

　ラプラス場・ポアソン場の代表的な数値計算法としては，**差分法，有限要素法，境界要素法**などがあげられる[2]．差分法はラプラス方程式（偏微分方程式）を差分近似して解く手法で，図9・2で見たような格子を導入し，領域内の全格子点の電位を求める手法である（時間領域差分法については12・3節参照）．有限要素法は，領域を格子分割するのではなく，有限要素と呼ばれる微小な多角形や多面体で分割する手法で，ラプラス方程式解析では通常，要素の節点電位を求める．対象形状が複雑な場合でも適用が容易で，一般に高い汎用性を持つ手法である．境界要素法は積分方程式法の一種で，領域の境界部のみを境界要素と呼ばれる微小な線や面に分割する手法である．境界内は均質媒質である必要があるが，n次元問題を$n-1$次元問題に次数低減できる点が特長である．高電圧工学

分野では，境界要素法の一種である**表面電荷法**，電気影像法の拡張手法ともいえる**電荷重畳法**といった，分野固有の制約条件をうまく取り入れた手法も多用される．例えば，高電圧機器の形状は曲面部が多用されているが，電荷重畳法はこうした曲面部のポテンシャル表現に有利である．

どの計算法も短所と長所を持つが，線形媒質中の電位・電界分布を，主に研究目的で高精度に計算したい場合は，表面電荷法・電荷重畳法が適していよう．媒質の非線形性を考慮したり，連成問題（磁界，熱，応力などとの）を解いたり，設計目的で商用コードを利用する場合は，有限要素法が適していよう．特に機器設計を目的とする場合は，対象のモデリング，結果の可視化，結果からのデータマイニング，あるいは最適化計算などのプリ・ポスト用ソフトウェアとの連携も重要な検討項目となる．高速大規模並列計算への対応状況も考慮して，総合的に計算コード（ソルバ）を選択することになる．

商用コードの普及などにより，電磁界の数値解析を行う際の敷居は，かなり下がってきているが，計算結果が正しいかどうかの検証は最終的にはユーザの責務であり，その難易度は必ずしも下がっていない．こうした検証を行えるようになるためにも，9・1，9・2節で見たような基礎事項の理解と習得は不可欠なのである．

演習問題

1 図 9·3 (a) に描かれた二次元ラプラス場の電位分布 $V=xy$ について，$(x,y)=(0.4, 0.3)$ での V を求めよ．さらに $(x,y)=(0.4\pm 0.1, 0.3\pm 0.1)$ の4カ所の V の平均値を求め，$(0.4, 0.3)$ での V と一致することを確認せよ．

2 図 9·3 (c) に描かれた二次元ラプラス場（式は $4x=U^2-V^2$, $2y=2UV$）について，$V=1$ および $V=2$ の場合の x と y との関係式を求めよ．

3 図 9·8 の説明に関し，$\varepsilon_A < \varepsilon_B$ の場合に，$z=0$ 位置での ε_B 側垂直電界が 0 になることを説明せよ（定数 k の定義は，変更が必要である点に注意）．

4 図 9·10 のように2個の誘電体球が接触配置されており，一様電界 $E_0=1$ (a. u.) が垂直方向に印加されている．この時の，各球の上下端での球内外の電界の大きさを示せ．ただし，接触点の球外位置とは，球面の表側に沿って接触点に近づいた極限の位置と考える．

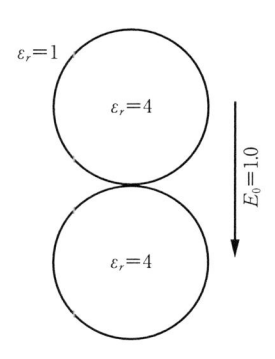

図 9·10

10章 電力系統における過電圧の種類と発生機構

電力系統とは，発電所，変電所，送電線，配電線および負荷を含む巨大な電気回路のことである．電力系統の輸送路である3相交流方式の送電線や配電線に対しては，**公称電圧**と呼ばれる線間電圧実効値の基準値が決められている．公称電圧より5または10%高い電圧は**最高電圧**と呼ばれている（波高値はその$\sqrt{2}$倍）．過電圧とは，この最高電圧の波高値を超える線間電圧，あるいは最高電圧波高値の$1/\sqrt{3}$倍を超える対地電圧のことで，電力系統の絶縁にとって脅威となる．本章では，電力系統における過電圧の種類と発生機構について説明を行う．

10・1 雷過電圧

数百 ms 程度にわたる落雷（対地雷放電）の全過程は雷フラッシュと呼ばれている．一つのフラッシュには，ストロークと呼ばれるリーダ・帰還雷撃過程が通常は数回含まれている．対地雷の約 90% を占めるといわれている下向き負極性雷においては，雷雲から下向きに進展するステップトリーダ（1回目のリーダ）あるいはダートリーダ（2回目以降のリーダ）の電流値は 0.1 から 1 kA 程度と比較的小さく，また進展速度は光速の 1/1 000 から 1/100 程度[1]と比較的低いため，それによる誘導電圧が電力系統の絶縁を脅かすことはない．一方，リーダによってつくられた導電路を上向きに進行する第一帰還雷撃波の電流値，波頭長（波高値に至るまでの時間），波尾長（半波高値に至るまでの時間）および進行速度は，それぞれ中央値で，30 kA 程度，5 μs 程度，70 から 80 μs 程度，光速の 1/3 から 2/3 程度である[1]．また，後続雷撃の電流値，波頭長，波尾長および進行速度は，それぞれ中央値で，10 から 15 kA 程度，0.3 から 0.6 μs 程度，30 から 40 μs 程度，光速の 1/3 から 2/3 程度である[1]．

このような振幅が大きく，μs オーダの急峻な帰還雷撃電流が原因となり電力系統に生じる過電圧を**雷過電圧**という．雷過電圧は，電力系統への侵入経路に

10・1 雷過電圧

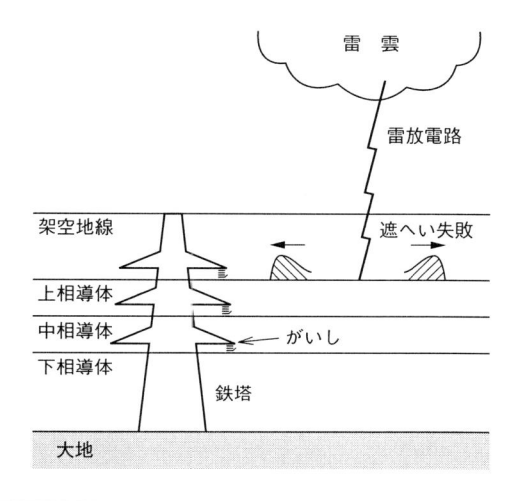

図 10・1 雷遮へい失敗による架空送電線の相導体への直撃とそれに伴う雷過電圧の発生（直撃雷）

より，**直撃雷過電圧**，**誘導雷過電圧**，**逆流雷過電圧**に分類することができる[2]．

図 10・1 および図 10・2 は，電力系統において電力輸送を担う架空送電線での雷過電圧の発生機構を示している．架空送電線は，同図のような，3 相交流 3 線の 2 回線方式のものが多く，電力を輸送する電線は，上から上相導体，中相導体，下相導体と呼ばれている（図 10・1 および 10・2 においては，1 回線分のみしか描いていない）．これらの相導体は，鉄塔の各アーム部からがいしによって絶縁を確保しつつ吊り下げられている．鉄塔頂には，相導体への雷の直撃回数を抑制する目的で，架空地線と呼ばれる電線が張られている．架空地線は，鉄塔と電気的に接続されており，架空地線に受けた雷の電流は，鉄塔を介して大地に放出される．

図 10・1 は，架空地線に捕われることなく，その下側に位置する上相導体を雷が直撃した場合の模式図である．このような現象を雷遮へい失敗と呼ぶ．例えば，上相導体のサージインピーダンスを $350\,\Omega$ とし，$10\,\mathrm{kA}$ の雷電流が流入し，上相導体の左右に $5\,\mathrm{kA}$ ずつ分流したとすると，$350\,\Omega \times 5\,\mathrm{kA} = 1\,750\,\mathrm{kV}$ の電圧が発生する．この発生電圧が，例えば，最寄りの鉄塔アークホーン間の雷インパ

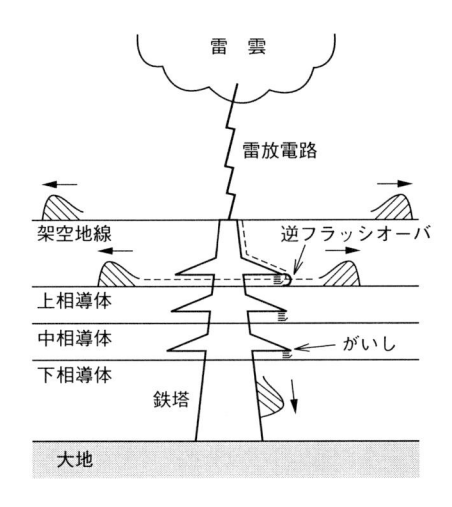

図 10・2 架空地線または鉄塔頂への雷の直撃による雷過電圧の発生と鉄塔逆フラッシオーバによる相導体への雷過電圧の侵入（直撃雷）

ルス耐電圧より大きいと，その部分でフラッシオーバし，地絡状態に陥る．アークホーンとは，地絡時のアーク放電をホーン間で生じさせ，がいし表面の損傷を防ぐ目的で，がいしの両端に取り付けられる金具のことである．架空地線や避雷針による雷遮へいについては，11・2節で詳しく説明する．

　図10・2は，雷遮へいが成功し，架空地線（または鉄塔頂）に雷が直撃した場合の模式図である．この場合，雷電流は，鉄塔および左右の架空地線に分流する．鉄塔が低い場合には，主として鉄塔脚の接地インピーダンスと鉄塔に分流した雷電流との積で決まる電圧上昇が，鉄塔が高い場合には，主として鉄塔のサージインピーダンスと鉄塔に分流した雷電流との積で決まる電圧上昇が生じ，アークホーン間にも過渡的に電圧が加わる．雷遮へいが成功したとしても，このようにして生じる電圧がアークホーン間の雷インパルス耐電圧より大きいと，フラッシオーバが発生し，地絡状態に陥る．相導体側の電圧が上昇して生じるフラッシオーバを順方向と考えることになっているため，このように鉄塔側（接地側）の電圧が上昇して生じるフラッシオーバは鉄塔逆フラッシオーバと呼ばれている．なお，隣接する鉄塔間の架空地線に雷撃を受け，その付近の架空地線と相導体間

10·1 雷過電圧

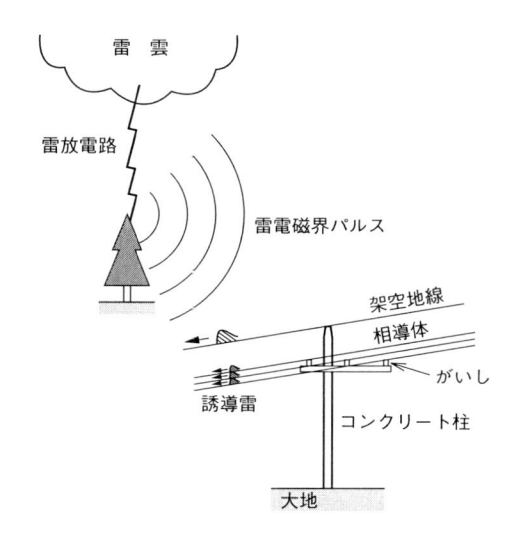

図10·3 近傍への雷撃により生じた電磁界パルスの架空配電線への結合による雷過電圧の発生（誘導雷）

で生じる逆フラッシオーバは径間逆フラッシオーバと呼ばれている．逆フラッシオーバについては，11·3節で詳しく説明する．

図10·3は，電力系統において電力輸送を担う架空配電線での誘導雷電圧の発生機構を示している．架空配電線では，1本のアームに水平に並べて取り付けられた三つのがいしにより，相導体は絶縁を確保しつつ支えられている（垂直配列のものもある）．架空配電線の近傍の樹木や構造物に雷撃があると，その周囲に雷電磁界パルスと呼ばれている電磁波が放たれる．この雷電磁界パルスが架空配電線の各導体に結合することによって誘導電圧が生じる．なお，一般に，公称電圧が66 kV以上の電力輸送路が送電線と呼ばれ，33 kV以下の電力輸送路は配電線と呼ばれている．配電線では，直撃雷のみではなく誘導雷による電圧も過電圧となり，絶縁の脅威となる．

図10·4は，逆流雷過電圧[2]の発生機構を示している．無線中継局鉄塔などが雷撃を受け，その接地抵抗が高い場合には，接地点の電位上昇が大きくなる．この接地電位上昇により，雷撃を受けた設備内の電力量計などの絶縁が破壊され，さらに，そこに電力を供給している配電線に雷過電圧が侵入する場合がある．こ

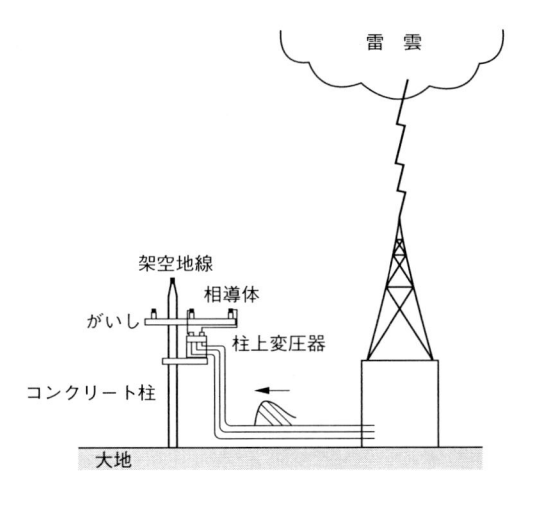

図 10・4 近傍の構造物への雷撃により生じる接地点電位上昇による雷過電圧の架空配電線への侵入（逆流雷）

の逆流雷現象が，電力系統の雷害原因の一つであることが明確にされたのは比較的最近である[3]．

10・2 開閉過電圧

　電力を長距離輸送する場合には，高い電圧を用いた方が効率的で経済的である．また，電力系統の安定度も高くなることが知られている．このため，発電所で発電された電力は，発電所に付属して設置されている変電所の変圧器で，例えば 500 kV に高電圧化され送電線に送り出される．送電線の他端にある変電所では，需要家が利用し易い，より低い電圧に下げられ，別の送電線あるいは配電線に送り出される．

　変電所には，変圧器の他，無効電力を調整する調相設備，過電圧からこれらの機器を保護する避雷器，送配電線や変電所機器の短絡や地絡故障時に流れる過電流を遮断する遮断器，保守点検時などにおいて遮断器が開かれた状態で遮断器を回路から完全に切り離し遮断器に加わる電圧を零にする断路器などが設置されている．遮断器は，故障電流の遮断の他，通常の運転状態における回路の開閉操作

にも用いられている．断路器には，故障電流や定常電流の遮断能力はなく，充電電流の遮断能力しかない．

遮断器は，電流を遮断する際，接触子と呼ばれる電極を引き離す．しかし，接触子を引き離しても，電流は流れ続けようとし，接触子間（遮断器極間）にはアーク放電が発生する．交流の場合には，電流が零となる電流零点が周期的に現れる．電流零点に近づくとアーク放電に供給されるエネルギーは減少し，接触子を引き離してから数回目の電流零点でアーク放電は消滅（消弧）に至り，遮断器極間の絶縁破壊電圧も上昇する．一方，遮断時の過渡現象により，遮断器極間には再起電圧あるいは過渡回復電圧と呼ばれる過電圧が加わる．**再起電圧**の波高値が極間の絶縁強度を上回ると，アーク放電が再び発生する．この現象は**再発弧**と呼ばれている．特に，電流零点より 1/4 サイクル経過後に再発弧する場合を**再点弧**という．遮断が成功するためには，極間の絶縁強度が再起電圧を上回らなければならない．

遮断器に代表される開閉器の開閉に伴い発生する過電圧は，**開閉過電圧**と呼ばれている．特に，開閉器投入時に発生するのは投入過電圧，遮断時に発生するのは遮断過電圧と呼ばれている．開閉過電圧の波形や波高値は，送電線の長さ，中性点の接地方式，投入位相などに影響を受ける．その時間オーダは 100 μs から数 ms 程度であり，雷過電圧のそれより数十倍程度以上長い．架空送電線の絶縁強度は，開閉過電圧の時間領域において最も弱くなることが知られており，公称電圧の高い電力系統においては，開閉過電圧の波高値を抑制する遮断器や遮断方式が導入されている．例えば，500 kV 系統では 1 000 Ω の抵抗投入方式が，1 000 kV 系統では 700 Ω の抵抗投入・遮断方式が採用されており，また投入・遮断の位相を制御する方式も注目されている[4),5)]．

図 10・5 の左図は，遮断器（CB：Circuit Breaker）を時刻 $t=0$ で閉じて無負荷送電線に電圧を印加する場合を模擬した集中定数等価回路[6)]である．$e_g(t) = E_{gm}\sin(\omega t + \theta)$ は電源電圧（E_{gm} は振幅，$\omega = 2\pi f$ は電源の角周波数，θ は遮断器の投入位相），L は電源側のインダクタンス，C は送電線を模擬する対地キャパシタンス，$e_s(t)$ は送電線の対地電圧である．

$t \geq 0$ において，回路電流を $i(=Cde_s/dt)$ とし，キルヒホッフの電圧則を適用すると，次の回路方程式が得られる．

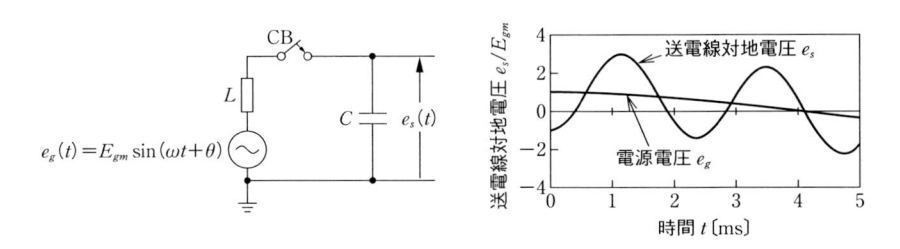

図 10・5 無負荷送電線への遮断器投入時の等価回路と送電線対地電圧の挙動（$\theta=\pi/2$, $e_s(0)=-E_{gm}$, $\omega^2 LC=0.02$, $f=60\,\mathrm{Hz}$ の場合）

$$E_{gm}\sin(\omega t+\theta)-L\frac{di}{dt}-e_s=E_{gm}\sin(\omega t+\theta)-LC\frac{d^2 e_s}{dt^2}-e_s=0 \quad (10\cdot1)$$

$t=0$ における送電線の対地電圧が $e_s(0)=E_{s0}$（残留電圧），回路電流が $i(0)=Cde_s/dt|_{t=0}=0$ である場合，式(10・1)の解は次式で与えられる．

$$e_s(t)=-\frac{\sqrt{(\omega\sqrt{LC}E_{gm}\cos\theta)^2+[E_{gm}\sin\theta-(1-\omega^2 LC)E_{s0}]^2}}{1-\omega^2 LC}$$

$$\sin\left(\frac{t}{\sqrt{LC}}+\varphi\right)+\frac{E_{gm}}{1-\omega^2 LC}\sin(\omega t+\theta)$$

$$\varphi=\tan^{-1}\frac{E_{gm}\sin\theta-(1-\omega^2 LC)E_{s0}}{\omega\sqrt{LC}E_{gm}\cos\theta} \quad (10\cdot2)$$

式(10・2)の第1項は回路の LC 共振による振動成分であり，第2項は C に加わる定常交流電圧である．特に，遮断器の投入位相が $\theta=\pi/2$，送電線の残留電圧が $E_{s0}=-E_{gm}$ である場合には，投入時にインダクタンス L 両端に加わる電圧が $2E_{gm}$ にもなり，過渡現象の振幅は最大となる．この場合，e_s は次式のように表される[6]．

$$e_s(t)=-\frac{2-\omega^2 LC}{1-\omega^2 LC}E_{gm}\cos\left(\frac{t}{\sqrt{LC}}\right)+\frac{E_{gm}}{1-\omega^2 LC}\cos(\omega t) \quad (10\cdot3)$$

$\omega^2 LC=0.02$，$f=60\,\mathrm{Hz}$ の場合を対象に，式(10・3)により計算した $e_s(t)$ を図10・5（右側）に示す．なお，同図には電源電圧 $e_g(t)$ も示しており，それぞれを $e_g(t)$ の振幅 E_{gm} で規格化して表示している．このような最悪条件（$\theta=\pi/2$，$E_{s0}=-E_{gm}$）では，遮断器の投入により，E_{gm} の約3倍の過電圧が発生する．

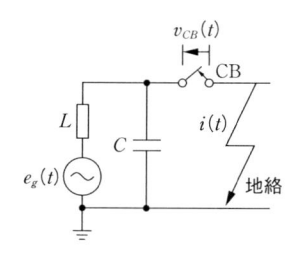

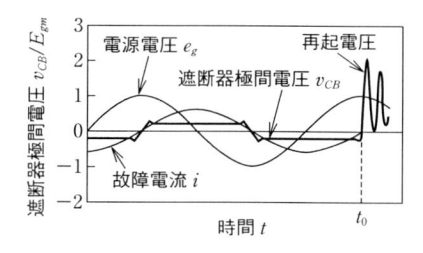

図 10·6 地絡故障電流の遮断時の等価回路と遮断器極間電圧の挙動

図 10·6 は，遮断器 CB を開いて地絡故障電流 i を遮断する場合を模擬した集中定数等価回路[6]と遮断器極間電圧 v_{CB} の挙動を示している．この回路では，i は電源電圧 e_g より 90 度位相が遅れている．遮断器極間にアーク放電が発生している間は，極間には，正負それぞれの極性において平坦な電圧が現れる．時刻 t_0 の電流零点においてアーク放電が消滅すると，遮断器極間電圧 v_{CB} は振動しながら定常値に向かう．このときの v_{CB} が前述した再起電圧あるいは過渡回復電圧である．この例では，再起電圧の波高値は電源電圧波高値の約 2 倍となっている．再起電圧の上昇が極間の絶縁破壊強度を上回ると，アーク放電が再び発生する．

なお，ガス絶縁開閉装置（GIS：Gas Insulated Switchgear）における断路器の開閉時には，断路器極間が十分な絶縁間隔に至るまでの間あるいは極間が接触するまでの間，再点弧と消弧を繰り返す．このとき，数 MHz あるいはそれ以上の周波数の振動性過電圧が発生することが知られており，**断路器サージ過電圧**あるいは VFT（Very Fast Transient）と呼ばれている．

10·3 短時間交流過電圧

商用周波数（50 または 60 Hz）の交流電圧が一時的に最高電圧を超える場合がある．このような過電圧は交流性過電圧と呼ばれている．

発電機の内部誘起電圧（の実効値）を $\dot{E}_g$，発電機（および変圧器）の内部インダクタンスを L_g，送電端電圧を $\dot{E}_s$，送電線のインダクタンスを L_l，送電線の対地キャパシタンスを C，受電端電圧を $\dot{E}_r$，電流を $\dot{I}$ とする図 10·7 の回路（左側）において，受電端電圧 $\dot{E}_r$ は次式のように与えられる．

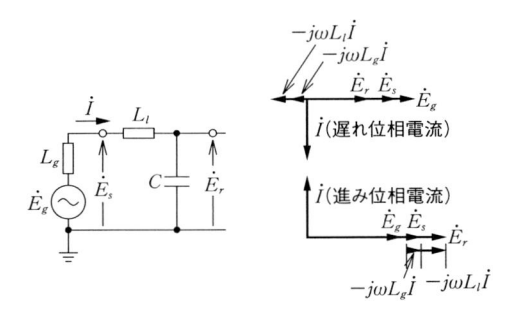

図10·7 無負荷送電線の等価回路と遅れ位相および進み位相電流が流れている場合の発電機内部誘起電圧 $\dot{E}_g$，送電端電圧 $\dot{E}_s$，受電端電圧 $\dot{E}_r$ のベクトル図

$$\dot{E}_r = \dot{E}_s - j\omega L_l \dot{I} \tag{10·4}$$

　図10·7の回路に負荷は示していないが，負荷は一般に遅れ力率である．極端な例として，電流 $\dot{I}$ が90度の遅れ位相である場合，図10·7の右側上のベクトル図で明らかないように，受電端電圧の大きさ $|\dot{E}_r|$ は，送電端電圧の大きさ $|\dot{E}_s|$ よりも小さくなる．一方，負荷が非常に小さいか無負荷である場合には，充電電流（送電線の対地キャパシタンスに流入する電流）が支配的となり，$\dot{I}$ は進み位相となる．この場合には，図10·7の右側下のベクトル図で明らかないように，$|\dot{E}_r|$ は $|\dot{E}_s|$ よりも大きくなる．このように，進み位相電流が流れることにより受電端電圧が上昇することを**フェランチ効果**という．フェランチ効果は，対地キャパシタンスが大きく，大きな充電電流が流れる長距離送電線や地中ケーブル線路で生じうる．

　小容量の発電機を無負荷送電線に接続している場合，界磁回路を開放しておいても，残留磁束により誘起電圧 $\dot{E}_g$ が発生し，それにより進み位相電流が流れる．この進み位相電流により，発電機の端子電圧 $\dot{E}_s$ が増し（図10·7右側下のベクトル図），それにより進み位相電流もさらに増加する．この繰り返しにより，発電機端子に過電圧が発生する現象を**自己励磁現象**という．

　フェランチ効果や発電機の自己励磁現象の対策として，例えば，充電電流を補償する分路リアクトルが設置される．

　落雷などにより送電線において1線地絡故障が発生すると，それ以外の相導体（健全相）の対地電圧が上昇する．この過電圧は，**1線地絡時の健全相電圧**

上昇と呼ばれている．例えば，3相の各相をa，b，c相とし，a相で地絡故障が生じた場合を考えると，対称座標法（1線地絡などが発生し不平衡となった3相回路を零相，正相，逆相からなる3相平衡回路に変換して計算する手法）により，この故障条件（$\dot{V}_a = 0, \dot{I}_b = \dot{I}_c = 0$）は次のように書き表される．

$$\dot{V}_a = \dot{V}_0 + \dot{V}_1 + \dot{V}_2 = 0, \quad \dot{V}_b = \dot{V}_0 + \dot{a}^2 \dot{V}_1 + \dot{a} \dot{V}_2, \quad \dot{V}_c = \dot{V}_0 + \dot{a} \dot{V}_1 + \dot{a}^2 \dot{V}_2$$
$$\dot{I}_a = \dot{I}_0 + \dot{I}_1 + \dot{I}_2, \quad \dot{I}_b = \dot{I}_0 + \dot{a}^2 \dot{I}_1 + \dot{a} \dot{I}_2 = 0, \quad \dot{I}_c = \dot{I}_0 + \dot{a} \dot{I}_1 + \dot{a}^2 \dot{I}_2 = 0$$
(10・5)

ただし，$\dot{V}_a, \dot{V}_b, \dot{V}_c$はa相，b相，c相電圧，$\dot{I}_a, \dot{I}_b, \dot{I}_c$はa相，b相，c相電流，$\dot{V}_0, \dot{V}_1, \dot{V}_2$は零相，正相，逆相電圧，$\dot{I}_0, \dot{I}_1, \dot{I}_2$は零相，正相，逆相電流である．また，$\dot{a}$および$\dot{a}^2$は次式で表されるベクトル演算子である（120度，240度の回転を表す演算子）．

$$\dot{a} = \exp\left(j\frac{2\pi}{3}\right) = \frac{-1 + j\sqrt{3}}{2}, \quad \dot{a}^2 = \exp\left(j\frac{4\pi}{3}\right) = \frac{-1 - j\sqrt{3}}{2}, \quad \dot{a}^2 + \dot{a} + 1 = 0$$
(10・6)

式(10・5)，(10・6)と次式で表される3相同期発電機の基本式

$$\dot{V}_0 = -\dot{Z}_0 \dot{I}_0, \quad \dot{V}_1 = \dot{E}_a - \dot{Z}_1 \dot{I}_1, \quad \dot{V}_2 = -\dot{Z}_2 \dot{I}_2 \quad (10・7)$$

から，健全相であるb および c 相の電圧 $\dot{V}_b, \dot{V}_c$ が次のように求められる[7]．

$$\dot{V}_b = \frac{(\dot{a}^2 - 1)\dot{Z}_0 + (\dot{a}^2 - \dot{a})\dot{Z}_2}{\dot{Z}_0 + \dot{Z}_1 + \dot{Z}_2} \dot{E}_a, \quad \dot{V}_c = \frac{(\dot{a}^2 - 1)\dot{Z}_0 + (\dot{a} - \dot{a}^2)\dot{Z}_2}{\dot{Z}_0 + \dot{Z}_1 + \dot{Z}_2} \dot{E}_a \quad (10・8)$$

ただし，$\dot{Z}_0, \dot{Z}_1, \dot{Z}_2$は，それぞれ故障点からみた零相，正相，逆相インピーダンス，$\dot{E}_a$は故障発生前のa相対地電圧である．

健全相電圧上昇（$\dot{V}_b, \dot{V}_c$）の大きさは，中性点の接地方式などに依存するが，中性点が直接接地された系統においては，通常，運転電圧（$\dot{E}_a$）の大きさの1.2から1.3倍程度の場合が多い[8]．なお，中性点直接接地方式は，超高圧（公称電圧187 kV以上）の送電系統で広く採用されており，地絡電流は大きくなるが，健全相電圧上昇はこのように低く抑えられる．一方，公称電圧33 kV以下の配電系統では，非接地方式が広く採用されている．この場合，地絡電流は配電線の対地静電容量を流れる充電電流のみとなり小さくなるが，健全相電圧上昇は大きくなる．

変圧器の鉄心が飽和すると，電流が歪み，高調波電流（基本周波数50または60 Hzの整数倍の周波数の正弦波）が発生する．この高調波が電力系統で共振す

ると過電圧が生じうる．このようにして生じる過電圧は**高調波共振過電圧**と呼ばれている．

10・4 その他の過電圧

インバータ駆動モータが電力分野において広く用いられている．インバータとは，直流の電圧，電流を高速でスイッチングし，出力波形や周波数を制御する装置のことである．したがって，インバータでモータを駆動すると，自由に回転数を制御することができる．最近，スイッチングに用いる電力用半導体素子が高電圧化されたことにより，スイッチングにより発生する過電圧とそれによるモータ巻き線での部分放電，絶縁破壊が問題視されている．この過電圧は開閉過電圧の一種であるが，特に，**インバータサージ過電圧**と呼ばれている．

図 10・8 は，同軸ケーブルで接続されたインバータ回路とモータを示してい

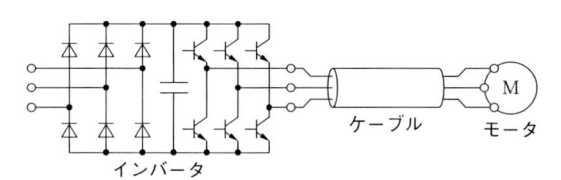

(出典：木村健，匹田政幸：インバータサージと国際規格，電気学会誌(2006))

図 10・8 同軸ケーブルで接続された 3 相インバータ回路とモータの概念図[9]

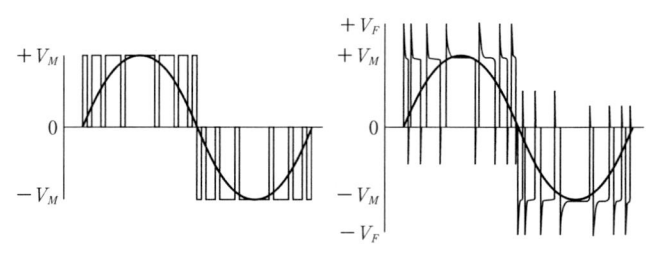

(出典：木村健，匹田政幸：インバータサージと国際規格，電気学会誌(2006))

図 10・9 PWM インバータの出力電圧波形の例（左：理想的な出力波形，右：インバータサージを含む波形）[9]

る．例えば，50 ns 程度で振幅 1 000 V まで急峻に立ち上がる動作周波数 10 kHz の方形波パルスがインバータ回路から出力されると，パルス電圧が進行波として同軸ケーブルを伝搬し，モータ巻き線に到達する．モータ巻き線のインピーダンスは，同軸ケーブルのサージインピーダンスに比べて高いため，同軸ケーブルとモータ巻き線の接続点で最大で 2 倍の電圧が発生する．この過電圧がインバータサージ過電圧であり，モータ巻き線の絶縁にとって脅威となっている．図 10・9 は，パルス幅変調（PWM：Pulse Width Modulation）インバータの理想的な出力電圧波形（左側）とインバータサージを含む電圧波形の例である．

演習問題

1 鉄塔逆フラッシオーバ現象について説明せよ．

2 架空配電線における誘導雷過電圧の発生機構を説明せよ．

3 図 10・5 の無負荷送電線への遮断器投入時の等価回路において，送電線の残留電圧 $e_s(0)=E_{s0}=-E_{gm}$，投入位相 $\theta=3\pi/2$，$\omega^2 LC=0.02$ である場合の送電線対地電圧 $v_l(t)$ を求め，0 から 5 ms までの挙動を描け．

4 フェランチ効果について説明せよ．

5 発電機の自己励磁現象について説明せよ．

11章 雷過電圧対策

電力系統の絶縁は，交流電圧を基準に，短時間交流過電圧および開閉過電圧に対してフラッシオーバしないように決定される．一方，公称電圧（交流電圧の基準値）の高低に無関係に雷は落ちるため，公称電圧が低い送配電線ほど，雷によるフラッシオーバ回数は多くなる．絶縁を強化すると，そこでのフラッシオーバ回数は減るが，変電所侵入雷過電圧が大きくなり，より重要な変電所機器の被害が増えてしまう．したがって，通常は，雷を考慮して絶縁が強化されることはない．本章では，このような条件化での，架空送配電線の雷過電圧対策について説明を行う．

11·1 絶縁協調

架空送電線や配電線の絶縁は，空気の絶縁耐力により保たれている．したがって，各相導体の間隔，相導体と架空地線および鉄塔などとの離隔距離を適切に選ぶことが重要となる．10章で述べたように，各送電線や配電線に対して，公称電圧と呼ばれる3相交流線間電圧の基準値が定められている．例えば，公称電圧が6.6 kVの配電線では，6.6 kVの交流電圧はもちろんのこと，その電圧が基準となる短時間交流過電圧や開閉過電圧に耐えられるように離隔距離が選ばれる．公称電圧が500 kVの送電線でも，基本的にはこれと同様の考え方で離隔距離が選ばれる（ただし，500 kV系統では抵抗投入方式の遮断器が採用されており，発生する開閉過電圧の交流電圧波高値に対する比は，公称電圧が低い系統のそれよりも低い）．したがって，公称電圧の上昇に伴って導体間の離隔距離は大きくなるため，鉄塔などの設備も大型化していく．

一方，自然現象である雷については，5 kAの電流値のものもあれば，100 kAを超えるものもある．そして，公称電圧の高低に無関係に雷は落ちるため，公称電圧が低い配電線や送電線ほど，雷によるフラッシオーバの回数は多くなる．仮に，より大きな雷電流にも耐えられるように，公称電圧6.6 kVの配電線の導体

離隔距離を大きくすると，そこでのフラッシオーバの回数は減るが，フラッシオーバが発生したときに変電所に侵入していく雷過電圧が大きくなってしまい，変電所内の遮断器や変圧器の被害が増えてしまうことになる．したがって，通常は，雷のことを考慮して導体の離隔距離が増やされることはない．

本章の以下の節で述べるように，雷に対しては，架空地線により相導体への雷撃確率を低減し，低い接地抵抗により逆フラッシオーバの発生を抑制するという被害の低減・抑制策をとった上で，フラッシオーバが生じた場合には，変電所内の変圧器などの機器に加わる雷過電圧を**避雷器**によって制限し保護することになっている．なお，避雷器とは，過電圧が加わると放電電流を流してこれを抑制し，その後に流れようとする商用周波数の交流電流を遮断する装置のことで，電圧-電流特性の非直線性に優れた酸化亜鉛避雷器が普及している．フラッシオーバによる地絡状態は，送電線両端の遮断器を開き，アークホーン間のアークを消弧した後に遮断器を閉じることで除去される．電力需要が低い場合には，その間は他回線（2回線送電線における1回線事故の場合）あるいは他相（1相事故の場合）が送電電力を分担し，無停電で電力を供給することができる．このように，技術上，経済上および運用上から見て最も合理的な状態になるように電力系統各部の絶縁強度のバランスをとることを**絶縁協調**[1]という．

11・2 雷遮へい

電気設備などを雷の直撃から護ることを**雷遮へい**という．護りたい構造物の頂部に設置される**避雷針**，架空送電線や配電線の最上部に架設される**架空地線**が雷遮へいの役割を担っている．また，風力発電タワーの近傍に建設されている独立避雷塔も雷遮へいを目的としたものである．

避雷針は，一般的な下向き雷（雷雲から下向きに進展するステップトリーダで始まる雷放電．対地雷のほとんどが下向き雷）においては，雷雲から大地に向かって下向きに進展してくるステップトリーダと最初に遭遇する可能性を高めるために，護りたい構造物の頂部に設置される．避雷針は，大地に埋設された接地電極と，その間を繋ぐリード線からなるシステムとして，雷遮へいを担う．避雷針が雷撃を受けると，リード線と接地電極を介して，雷電流を大地に放出する．これにより，構造物の他の部分への雷の直撃を抑制し，それによる災害を抑制して

いる．なお，接地電極の接地インピーダンス（気中側端子から見た接地電極のインピーダンス）が高いと，雷電流流入時に接地電極近傍の地表面の電界および電位が高くなり，人の歩幅程度でも感電する可能性がある．また，接地電極近傍の電位が上昇することにより，近傍に別の電気設備の接地電極が埋設されている場合には，そこからその設備に過電圧が侵入する可能性もある．したがって，接地電極の接地インピーダンスは低い方が望ましい．

独立避雷塔は，風向き（雷雲の移動方向）や護りたい設備との相対的な高さを考慮して，護りたい設備の近傍に建設される．一般的な下向き雷の場合には，雷雲からの下向きステップトリーダがそこに最初に到着する可能性を高めることにより，護りたい設備への雷の直撃回数を抑制するのが目的である．

架空地線は，通常は架空送電線や配電線の最上部に設けられ，鉄塔と，あるいはコンクリート柱に沿って張られた接地線と電気的に接続されている．このように，鉄塔や接地線を介して大地に接続された電線が空中に架設されているため，架空地線と呼ばれている．上述してきたように，一般には，相対的に最も高いところに雷は落ちる可能性が高いため，架空地線あるいは鉄塔頂部の架空地線用の腕金に雷が落ちる可能性が高い．1，2あるいは3本の架空地線で，その下部の3本あるいは6本の電力線（相導体）を雷の直撃から完全に護ることまではできないが，雷遮へい効果はかなり高いことが知られている．架空地線あるいは鉄塔頂部に流入した雷電流は，鉄塔を介して，鉄塔脚部から大地に逃される．

さて，避雷針や架空地線による雷遮へいの役割について概説したが，以下では，それらについてもう少し詳しく述べる．避雷針による雷遮へいについては，保護範囲という考え方が用いられている．例えば，**図11・1**に示すように，避雷針先端を頂点とした半頂角45度あるいは60度の円錐内を保護範囲とする考え方

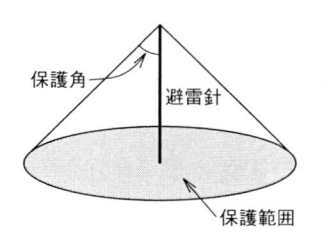

図11・1 避雷針による雷保護範囲

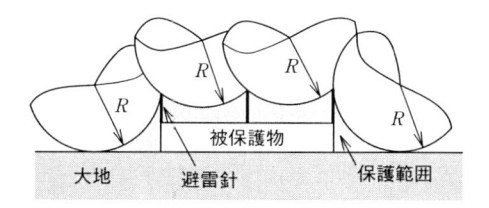

図 11・2 回転球体法による雷保護範囲

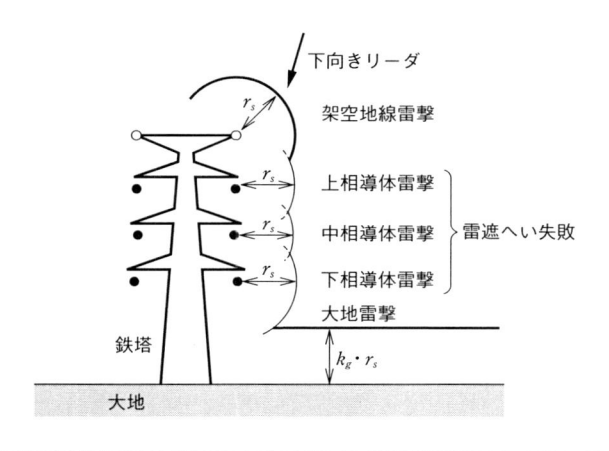

図 11・3 電気幾何学モデルによる架空送電線の雷遮へいの検討

が用いられてきた[2]．この円錐の半頂角は，保護角と呼ばれている．最近では，回転球体法という考え方に基づき保護範囲が決められている[2]．回転球体法とは，図 11・2 に示すように，半径 R の球を避雷針と大地の両方あるいは複数の避雷針に接するように転がしたときにできる球体表面の包絡面から保護範囲を定める方法である．この回転球体の半径 R をどのように定めるかが重要な課題であり，保護レベルにより異なる半径が用いられている．

　架空地線による架空送電線や配電線の雷遮へいについて検討を行う場合には，雷撃距離という考え方が用いられている．図 11・3 に示すように，一般的な下向き雷の場合において，雷雲から下向きに進展するステップトリーダが架空地線から雷撃距離 r_s の範囲内に最初に到達すれば，架空地線に雷撃が生じると考える．

したがって，この場合には，架空地線による電力線（相導体）の雷遮へいは成功したことになる．一方，各相導体も同じ雷撃距離 r_s をもつと考えるため，雷雲からのステップリーダが相導体の雷撃距離の範囲内に先に到達してしまった場合には，相導体に雷が直撃することになる．このことを雷遮へい失敗という．なお，大地も雷撃距離をもつが，架空地線や相導体の雷撃距離よりも短い距離 $k_g r_s$ （$0 < k_g < 1$）に設定されることが多い．また，下向きステップリーダの侵入方向も垂直のみではなく，ある確率で斜め方向からも侵入すると仮定される．

この雷撃距離 r_s をどのように設定するかが重要な問題となるが，A-Wモデル[3]と呼ばれる雷遮へいモデルが提案されて以来，雷撃距離 r_s は雷撃電流 I が大きいほど大きくなるような関数として設定したものが用いられている．雷撃電流 I が大きいほど，下向きに進展してくるステップリーダが有する電荷量も大きいと考えられ，架空地線や相導体にそれほど近づかなくても架空地線や相導体表面の電界が高くなり，そこから下向きリーダの先端に向かって上向きリーダが発生すると考えれば，この雷撃電流 I と雷撃距離 r_s との関係は理に適う．大地の雷撃距離が架空地線や相導体の雷撃距離よりも短く設定されることも，平坦な大地表面に生じる電界が架空地線や相導体表面の電界よりも低いと考えれば，妥当な仮定であるといえる．

雷撃電流という電気的パラメータを考慮した雷撃距離と送電線の幾何学的配置に基づく雷遮へいモデルであるため，A-Wモデルを含め，この種の雷遮へいモデルは**電気幾何学モデル**と呼ばれている．

11・3 逆フラッシオーバ現象

図 11・4 に示すように，架空地線による雷遮へいが成功し，架空地線または鉄塔頂に雷が直撃した場合，雷電流は，鉄塔を介して大地に流入する．左右の架空地線に分流した雷電流も，結局は隣接する鉄塔群を介して大地に流入する．

鉄塔が低い場合には，雷撃を受けた鉄塔脚部の**接地インピーダンス** Z_F と鉄塔に分流した雷電流 I_T との積で決まる電圧上昇 $Z_F I_T$ が鉄塔および架空地線に生じる．例えば，架空地線と上相導体間の結合係数を k（$0 < k < 1$），雷撃を受けた瞬間における上相導体の商用周波（対地）電圧値を e とすると，上相のアークホーン間には，次のような電圧が加わる．

11・3 逆フラッシオーバ現象

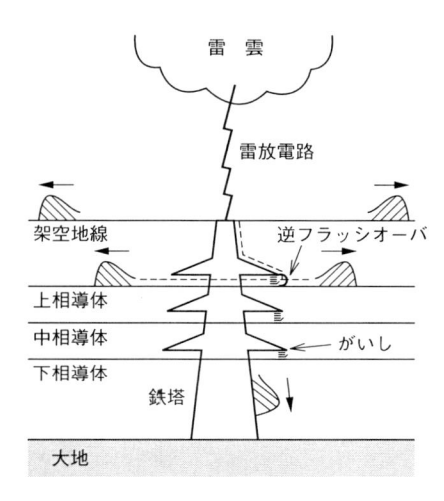

図11・4 架空地線または鉄塔頂への雷の直撃による鉄塔逆フラッシオーバの発生

$$V = (1-k)Z_F I_T + e \tag{11・1}$$

この電圧がアークホーン間の雷インパルス耐電圧より大きいと，フラッシオーバが発生し，地絡状態に陥る．相導体側の電圧が上昇して生じるフラッシオーバを順方向と考えることになっているため，このように鉄塔側（接地側）の電圧が上昇して生じるフラッシオーバは**逆フラッシオーバ**と呼ばれている．式(11・1)から明らかなように，接地インピーダンス Z_F が低いと，雷撃を受けた際に発生するアークホーン間電圧が抑えられ，逆フラッシオーバも起こりにくくなるため，Z_F は低い方が望ましい．このように鉄塔のアークホーン間で生じる逆フラッシオーバは鉄塔逆フラッシオーバと呼ばれている．一方，隣接する鉄塔間の架空地線に雷撃を受け，鉄塔アークホーン間ではなく，架空地線と相導体間で発生する逆フラッシオーバは径間逆フラッシオーバと呼ばれている．

鉄塔が高い場合には，主として雷撃を受けた**鉄塔のサージインピーダンス** Z_T と鉄塔に分流した雷電流 I_T との積で決まる電圧上昇 $Z_T I_T$ が鉄塔頂部および架空地線に生じる．例えば，雷電流の立ち上がり時間が雷電流の鉄塔往復時間より短い場合には，上相のアークホーン間に次のような電圧が加わる．

$$V = (1-k)Z_T I_T + e \tag{11・2}$$

この電圧がアークホーン間の雷インパルス耐電圧より大きいと，逆フラッシオ

ーバが発生し，地絡状態に陥る．ただし，雷電流の立ち上がり時間が雷電流の鉄塔往復時間より長い場合，例えば，立ち上がり時間が$2\,\mu\mathrm{s}$で雷電流の鉄塔往復時間が$0.67\,\mu\mathrm{s}$（$=2\times100\,\mathrm{m}/3\times10^8\,\mathrm{m/s}$．高さ100m鉄塔）の場合には，$0.67\,\mu\mathrm{s}$以降に鉄塔脚部（大地面）からの負の反射波が鉄塔頂に戻ってくるため，鉄塔頂部の電圧上昇は式(11・2)で与えられる値よりも小さくなる．この負の反射波の大きさは，鉄塔脚部の接地インピーダンスが低いほど大きくなるため，高鉄塔の場合においても，接地インピーダンスは低いほどよい．雷電流の反射，透過などの計算法については，12・1節で詳しく述べる．

サージインピーダンスは，例えば，架空地線のような水平導体の場合，その水平導体の電位とそこを伝搬する電流の比として，時間領域で定義される．導電率が十分高い導体の場合には，周波数領域における特性インピーダンスと等価なものと考えてよい．したがって，例えば，架空地線のサージインピーダンスZ_Sは，その単位長当たりのインダクタンスLと対地キャパシタンスC，あるいは架空地線の高さhと半径r，真空の誘電率ε_0と透磁率μ_0から，次のように求められる．

$$Z_S = \sqrt{\frac{L}{C}} \approx \sqrt{\frac{\mu_0}{2\pi}\ln\frac{2h}{r} \Big/ \frac{2\pi\varepsilon_0}{\ln\frac{2h}{r}}} = \frac{1}{2\pi}\sqrt{\frac{\mu_0}{\varepsilon_0}}\ln\frac{2h}{r} \approx 60\ln\frac{2h}{r} \quad (11\cdot3)$$

例えば，$h=100\,\mathrm{m}$，$r=0.02\,\mathrm{m}$の架空地線のサージインピーダンスは，式(11・3)より，$Z_S=550\,\Omega$となる．

なお，架空地線のような水平導体において，電位が定義でき，特性インピーダンスやサージインピーダンスが上述のように導出できるのは，その周囲の電磁界がTEM（Transverse Electromagnetic）モードと呼ばれる分布をもつためである．TEMモードとは，軸方向（電流伝搬方向）の電界が零で，半径方向の電界しか存在しない電磁界モードであり，比較的導電率の高い大地面上に水平に張られた導体と大地間，自由空間中にある2平行導体間（各導体に流れる電流の方向が逆の場合），あるいは同軸ケーブル内において形成される．

図11・5に示す導体系の水平部分を例に，その地上高が比較的低い場合に，その周囲でTEMモードの電磁界が形成されやすいことを説明する．一方の導体に流れる雷電流によってつくられる電界（$\boldsymbol{E}=-\nabla\varphi-\partial\boldsymbol{A}/\partial t$．$\varphi$：スカラポテンシャル，$\boldsymbol{A}$：ベクトルポテンシャル．$\boldsymbol{A}$は電流$\boldsymbol{I}$に比例）のうちの軸方向（導体

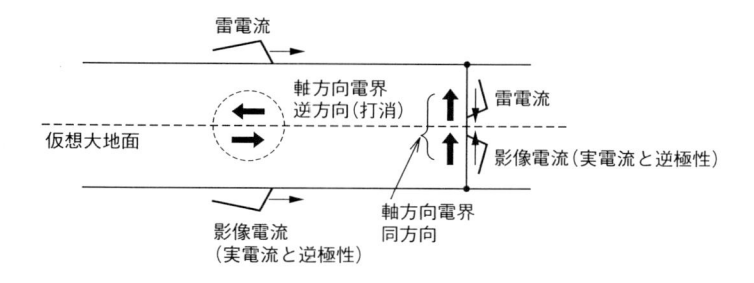

図 11・5 完全導体大地面に張られた垂直および水平導体周囲につくられる軸方向電界の概念図

に平行な）成分（$-\partial A/\partial t$）は，影像電流によってつくられる電界のうちの軸方向成分により打ち消されるため，水平導体周囲の軸方向電界は消滅する．導体軸方向電界は電流波の減衰や変わいの要因となるため[4]，軸方向電界が打ち消されるこのような導体系に沿って伝搬する電流はほとんど減衰しない．結果的に，半径方向電界のみが残り，その電界形状は静電界（$E = -\nabla\varphi, \nabla \times E = 0$）と同一となる．これにより，水平導体各部の電位を定義することが可能となる．

一方，図 11・5 の大地に垂直な導体部分の電磁界は，そこを流れる実電流による軸方向電界と影像電流による軸方向電界は同方向となり，TEM モードとはならない．TEM モードではない場合には，電界の距離積分値は積分路の選び方に依存するため，垂直導体各部の電位を定義することはできず，その特性インピーダンスやサージインピーダンスを解析的に導出することはできない．送電線鉄塔にステップ状電流を流入させた場合の鉄塔上相アーム部と上相導体の間（あるいは鉄塔頂部と水平補助線の間）に生じる電圧のピーク値の比で定義したインピーダンスの実測値は 100 Ω 程度[5]であることが示されている．このため，電気回路理論に基づく雷過電圧の計算では，便宜上，鉄塔は 100〜200 Ω 程度のサージインピーダンスを有する線路として取り扱われることが多い．

11・4 耐雷対策

送電線や配電線で生じる雷事故には，トリップ事故と供給支障事故がある．電力線への直撃雷や架空地線への雷撃によりアークホーン間電圧が上昇し，この電

圧がアークホーン間の雷インパルス耐電圧を超えると，フラッシオーバが発生し，アークホーン間は短絡状態となる．これにより，短絡されたアークホーン間と鉄塔を経由して，系統側の交流電流が相導体から大地に流出する．この地絡状態を除去するためには，変電所の遮断器を開いて送電を一時的に停止することでアーク放電へのエネルギー供給を断ち，アークホーン間の絶縁を回復させる必要がある．その後，遮断器を再投入することで，通常の送電状態に戻す．このような瞬間的な送電停止をトリップ事故という．一方，上記の手順で事故の除去ができない場合には，送電停止状態が長く続くことになる．これを供給支障事故という．最近の高度情報通信技術社会においては，高品質な電力の安定供給が要求されているため，送電線や配電線の耐雷対策は非常に重要である．

架空送電線の耐雷対策としては，架空地線の導入と多条化，接地抵抗の低減，**不平衡絶縁方式**[5]の採用，**送電用避雷装置**[6]の導入などがある．

架空地線は架空送電線の最上部に設けられ，鉄塔と電気的に接続されている．一般には，相対的に最も高いところに雷は落ちる可能性が高いため，架空地線の導入により，その下部に張られた電力線（相導体）への雷の直撃確率を低減することができる（図11・3参照）．架空地線の条数を1本から2あるいは3本に増やすと，架空地線による雷遮へい範囲が広がるため，電力線への雷の直撃確率はさらに低減する．この他，雷電流の架空地線への分流割合が高まり鉄塔電流I_Tが減少すること（あるいは雷放電路からみた等価インピーダンスが低減すること），および架空地線と相導体の線間結合係数kが高まることから，式(11・1)または式(11・2)で明らかなように，雷撃を受けた際のアークホーン間電圧Vが抑制される．このため，逆フラッオーバの発生も抑制されるという効用がある．

接地抵抗が低くても急峻な雷電流に対しては初期に高い接地インピーダンスを示す場合もあるが，一般的には，接地抵抗が低ければ接地インピーダンスも低い．したがって，鉄塔が低い場合には，鉄塔脚部の接地抵抗を低くしておけば，式(11・1)からも明らかなように，架空地線あるいは鉄塔頂部が雷撃を受けた際に発生するアークホーン間電圧が抑えられ，逆フラッシオーバも起こりにくくなる．鉄塔が高い場合にも，雷電流の立ち上がり時間が雷電流の鉄塔往復時間より長い場合，鉄塔脚部からの負の反射波は鉄塔頂部の電圧上昇を抑制する方向に働く．この負の反射波の大きさは，鉄塔脚部の接地抵抗が低いほど大きくなるため，高鉄塔の場合においても，接地抵抗は低いほど逆フラッシオーバの発生は抑

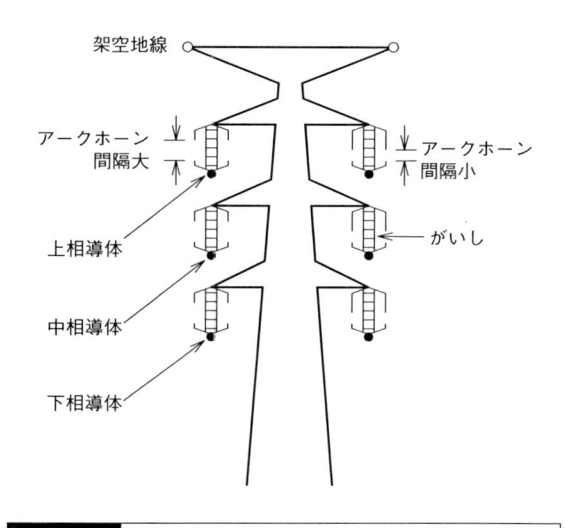

図11·6 不平衡絶縁方式を採用した2回線架空送電線

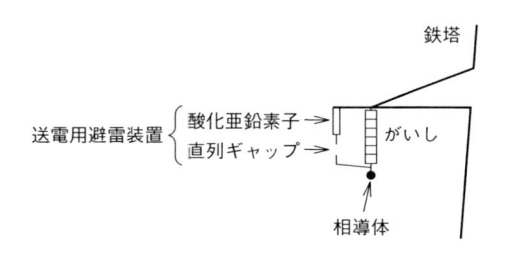

図11·7 ギャップ付き送電用避雷装置

制される．日本の超高圧送電線（公称電圧187 kV以上の送電線）では，鉄塔脚部の接地抵抗を10 Ω以下にすることが目標となっている．

不平衡絶縁方式とは，図11·6に示すように，2回線送電線の一方の回線と他方の回線のアークホーン間隔に格差をつけ，低絶縁側（アークホーン間隔の狭い）回線のみにフラッシオーバを限定し，供給支障に至る可能性が高くなる両回線にわたる事故を減少させることを意図したものである．高絶縁側と低絶縁側の絶縁耐力の比は1対0.6〜0.7程度[5]に選ばれる．

送電用避雷装置は，図11·7に示すように，酸化亜鉛素子とそれに直列なホー

ンギャップ（以下では直列ギャップと呼ぶ）から構成されており，がいしに並列に設置される．架空地線や鉄塔頂部が雷撃を受け，がいしに加わる電圧が上昇しても，避雷装置の直列ギャップがまず放電し，続いて酸化亜鉛素子に電流が流れ，過電圧が抑制される．系統側の交流電流は，酸化亜鉛素子により制限され，最初の電流零点で直列ギャップにより遮断される．したがって，地絡状態が継続する時間は最大でも 1/2 サイクル（10 ms）程度であり，変電所の遮断器の開閉操作を必要としないため，トリップ事故をも防止できる．雷遮へい失敗による相導体への直撃雷に対しても，同様の効果を発揮する．送電用避雷装置が導入された送電線はそれほど多くはないが，導入した場合の耐雷効果は非常に高いことが知られている．なお，避雷素子故障時に地絡状態にならないようにするため，送電用避雷装置には，ほとんどの場合，直列ギャップが設けられている．

架空配電線の耐雷対策としては，架空地線の導入，接地抵抗の低減，**配電用避雷装置**[7]の導入などがある．

架空配電線では，架空地線または相導体への直撃雷により発生する電圧のみならず，誘導雷電圧および逆流雷電圧（10・1 節参照）も過電圧となり得る．このため，配電線の架空地線は，相導体への雷撃の抑制（雷遮へい効果），雷電流の分流による逆フラッシオーバの抑制，架空地線と相導体間の結合による逆フラッシオーバの抑制の他に，近傍雷により放たれる電磁界パルスに対する電磁遮へい効果による相導体への誘導雷電圧の抑制，分流による避雷装置通過電流の低減による避雷装置焼損の抑制という役割を果たしている[8]．

接地抵抗が低いと，架空地線が雷の直撃を受けた場合の発生電圧が抑制される他，架空地線の電磁遮へい効果が高まるため，誘導雷電圧も抑制される．

配電用避雷装置の動作原理は，上述した送電用避雷装置のそれと同じであるが，国内の配電線においてはかなりの割合で導入されている．例えば，200 m おきに配電用避雷装置が設置されている場合には，誘導雷に対しては，架空地線はほとんど不要になる．一方，直撃雷に対しては，配電用避雷装置と架空地線の併用により，フラッシオーバの抑制効果がかなり高められる．逆流雷発生時の避雷装置焼損の抑制には，架空地線による分流効果が非常に重要となる[8]．

演習問題

1 雷遮へいの電気幾何学モデルにおいては，雷撃電流が小さい雷に対しては，雷撃距離も短くなる．雷撃電流が小さくなるほど，相導体が雷撃を受ける確率は高くなるか低くなるかについて検討せよ．

2 架空地線を1条から2条に増やすと，同じ雷電流に対して，鉄塔逆フラッシオーバは発生し難くなる．その理由を説明せよ．

3 不平衡絶縁方式の2回線送電線の高絶縁側においてのみフラッシオーバが発生する場合がある．その原因を説明せよ．

4 送電用避雷装置の利点を説明せよ．

5 架空配電線における架空地線の役割を説明せよ．

12章 サージ解析手法

架空送電線や配電線が雷撃を受けると，急峻な雷電流と雷過電圧が送電線や配電線に沿って伝搬する．このように波動として電線を伝わる電流や電圧を進行波あるいはサージという．本章では，サージの最も基本的な解析手法である進行波計算法，汎用過渡現象解析プログラム EMTP（Electro-Magnetic Transients Program）などに用いられているシュナイダー・ベルジェロン法，三次元構造物のサージ解析に最近しばしば用いられている時間領域有限差分（FDTD：Finite-Difference Time-Domain）法について説明を行う．

12·1 進行波計算法

架空送電線や配電線が雷撃を受けると，急峻な雷電流と雷過電圧が送電線や配電線に沿って伝搬する．このように波動として電線を伝わる電流や電圧を**進行波**あるいは**サージ**という．このため，雷過電圧を雷サージ電圧，開閉過電圧を開閉サージ電圧などと呼ぶことがある．サージ電圧（対地電位）V_S とサージ電流 I_S の間には次の関係が成り立つ．

$$V_S = Z_S I_S \tag{12·1}$$

ここで，Z_S は 11·3 節で説明した導体の**サージインピーダンス**である．対象とする導体の導電率が十分高い場合，その導体の単位長当たりのインダクタンスを L，対地キャパシタンスを C，あるいは，その導体の高さを h，半径を r，真空の誘電率を ε_0，透磁率を μ_0 とすると，Z_S は次のように与えられる．

$$Z_S = \sqrt{\frac{L}{C}} \approx \sqrt{\frac{\mu_0}{2\pi} \ln \frac{2h}{r} \Big/ \frac{2\pi\varepsilon_0}{\ln \frac{2h}{r}}} \approx 60 \ln \frac{2h}{r} \tag{12·2}$$

また，サージ電圧 V_S とサージ電流 I_S の**伝搬速度** v_S は次のように与えられ，光速に一致する．

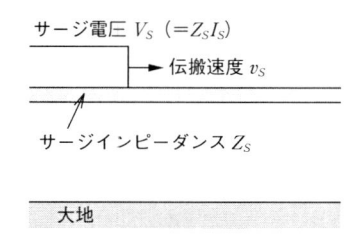

図 12・1 サージインピーダンス Z_S の導体上のサージの伝搬

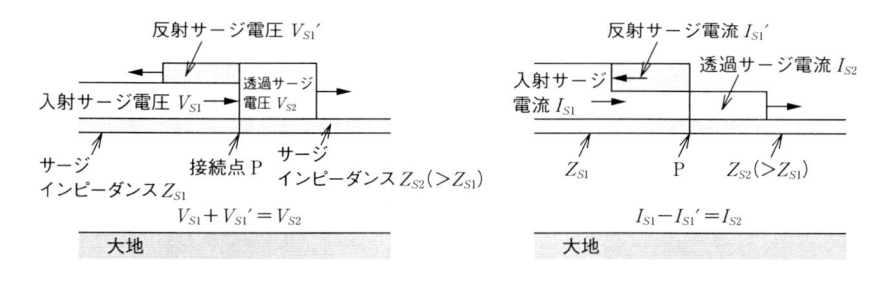

図 12・2 サージインピーダンス Z_{S1} から Z_{S2} の導体へのサージ電圧（左図），サージ電流（右図）の入射と反射の様子

$$v_S = \frac{1}{\sqrt{LC}} \approx \left(\frac{\mu_0}{2\pi} \ln \frac{2h}{r} \cdot \frac{2\pi\varepsilon_0}{\ln \dfrac{2h}{r}} \right)^{-\frac{1}{2}} \approx \frac{1}{\sqrt{\mu_0 \varepsilon_0}} \approx 3.0 \times 10^8 \text{ m/s} \qquad (12 \cdot 3)$$

このことは，サージ電圧とサージ電流は導体にガイドされながら伝わる電界と磁界の波動，つまり電磁波であることを示している．アンテナから空中に放射された電磁波は，伝搬とともに，その振幅は小さくなっていくが，サージは導体にガイドされながら，ほとんど減衰することなく導体軸方向に伝搬する．

式(12・1)～(12・3)から明らかなように，架空送配電線のように，導体高 h および半径 r が一定の場合には，サージインピーダンス Z_S も一定であり，サージ電圧 V_S とサージ電流 I_S の波形は相似のまま光速で伝搬する．この状況を**図 12・1**に示す．

図 12・2に示すように，サージインピーダンス Z_{S1} の導体をサージ電圧 V_{S1} とサージ電流 I_{S1} が右向きに進行し，サージインピーダンス Z_{S2} の導体との接続点

Pに到達すると，その点でのインピーダンスの不整合のため，サージ電圧，電流の反射（左向き）と透過（右向き）が生じる．反射サージ電圧を V_{S1}'，反射サージ電流を I_{S1}'，透過サージ電圧を V_{S2}，透過サージ電流を I_{S2} すると，P点では次の境界条件が満たされなければならない．

$$V_{S1} + V_{S1}' = V_{S2}, \quad I_{S1} - I_{S1}' = I_{S2} \tag{12・4}$$

ここで，入射電圧 V_{S1} と反射電圧 V_{S1}' の和をとっているのは，この場合の電圧は大地を基準にした垂直方向電界の積分値としての電位であり，サージの進行方向（導体軸方向）とは無関係であるためである．一方，入射電流 I_{S1} と反射電流 I_{S1}' の差をとっているのは，電流の流れもサージの伝搬も導体に沿っており，サージの進行方向が逆であれば，電流は差し引かれるためである．

式(12・1)より，次の関係が成り立つ．

$$V_{S1} = Z_{S1}I_{S1}, \quad V_{S1}' = Z_{S1}I_{S1}', \quad V_{S2} = Z_{S2}I_{S2} \tag{12・5}$$

式(12・4)と式(12・5)を連立させて解くと，次式が得られる．

$$V_{S2} = k_{VT12}V_{S1} = \frac{2Z_{S2}}{Z_{S2}+Z_{S1}}V_{S1}, \quad V_{S1}' = k_{VR12}V_{S1} = \frac{Z_{S2}-Z_{S1}}{Z_{S2}+Z_{S1}}V_{S1}$$

$$I_{S2} = k_{IT12}I_{S1} = \frac{2Z_{S1}}{Z_{S2}+Z_{S1}}I_{S1}, \quad I_{S1}' = k_{IR12}I_{S1} = \frac{Z_{S2}-Z_{S1}}{Z_{S2}+Z_{S1}}I_{S1} \tag{12・6}$$

ここで，k_{VT12} はサージインピーダンス Z_{S1} の導体からサージインピーダンス Z_{S2} の導体にサージが進行する場合の電圧透過係数，k_{VR12} は電圧反射係数，k_{IT12} は電流透過係数，k_{IR12} は電流反射係数である．透過係数と反射係数の間には，$k_{VT12} = 1 + k_{VR12}$，$k_{IT12} = 1 - k_{IR12}$ という関係がある．

式(12・6)より，サージインピーダンスの低い導体からサージインピーダンスの高い導体にサージが伝搬する場合，例えば，$Z_{S1} = 100\,\Omega$，$Z_{S2} = 300\,\Omega$ の場合，$V_{S2} = 1.5V_{S1}$，$I_{S2} = 0.5I_{S1}$ となり，透過電圧は入射電圧の1.5倍に高まる一方で透過電流は入射電流の0.5倍に減少する．逆に，サージインピーダンスの高い導体からサージインピーダンスの低い導体にサージが伝搬する場合には，透過電圧は入射電圧より低下し，透過電流は入射電流より増大する．極端な例として，導体の一端が完全導体の大地に接続（短絡）されている場合（$Z_{S2} = 0$ と考えればよい），電圧は 0 となり，電流は入射電流の2倍に増える（$V_{S2} = 0$，$I_{S2} = 2I_{S1}$）．

接続点が多数ある場合にも，各導体のサージインピーダンスとサージ伝搬速度（または各導体の一端から他端までのサージ伝搬時間）が与えられれば，上述の

12・1 進行波計算法

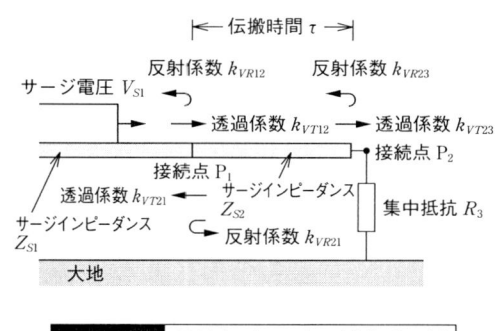

図12・3 接続点が二つある導体系の例

手順でサージ解析が可能である．このようなサージ解析法を**進行波計算法**という．

　進行波計算を図式的にわかりやすく行う手段として，**格子図法**[1)]が知られている．以下では，図12・3に示す導体系を対象に格子図法について説明を行う．この例では，サージインピーダンス Z_{S1} の導体とサージインピーダンス Z_{S2} の導体の間の接続点 P_1 とサージインピーダンス Z_{S2} の導体と集中抵抗 R_3 の間の接続点 P_2 が存在する．これらの接続点での電圧透過係数および反射係数を次のように定義する．サージインピーダンス Z_{S1} の導体からサージインピーダンス Z_{S2} の導体にサージが進行する場合の接続点 P_1 での電圧透過係数を k_{VT12}，電圧反射係数を k_{VR12} とする．サージインピーダンス Z_{S2} の導体から集中抵抗 R_3 にサージが進行する場合の接続点 P_2 での電圧透過係数を k_{VT23}，電圧反射係数を k_{VR23} とする．サージインピーダンス Z_{S2} の導体からサージインピーダンス Z_{S1} の導体にサージが進行する場合の接続点 P_1 での電圧透過係数を k_{VT21}，電圧反射係数を k_{VR21} とする．サージインピーダンス Z_{S2} の導体の一端から他端までのサージ伝搬時間を τ とし，サージインピーダンス Z_{S1} の導体からサージ電圧 V_{S1} が右向きに進行してくる場合を考える．この場合の格子図を図12・4に示す．横軸には接続点 P_1 と P_2 が置かれ，縦軸は時間 t である．斜めの矢印は，サージ電圧の入射，反射，透過を表している．サージ電圧 V_{S1} は $t=0$ で接続点 P_1 に到達し，そこで反射電圧 $k_{VR12}V_{S1}$ と透過電圧 $k_{VT12}V_{S1}$ が発生する．この透過電圧 $k_{VT12}V_{S1}$ は接続点 P_2 に向かって進行し，時間 $t=\tau$ で P_2 に到達する．そこでは，反射電圧 $k_{VR23}k_{VT12}V_{S1}$ が発生する．接続点 P_2 の右側に接続されているのは集中抵抗 R_3 で

12章 サージ解析手法

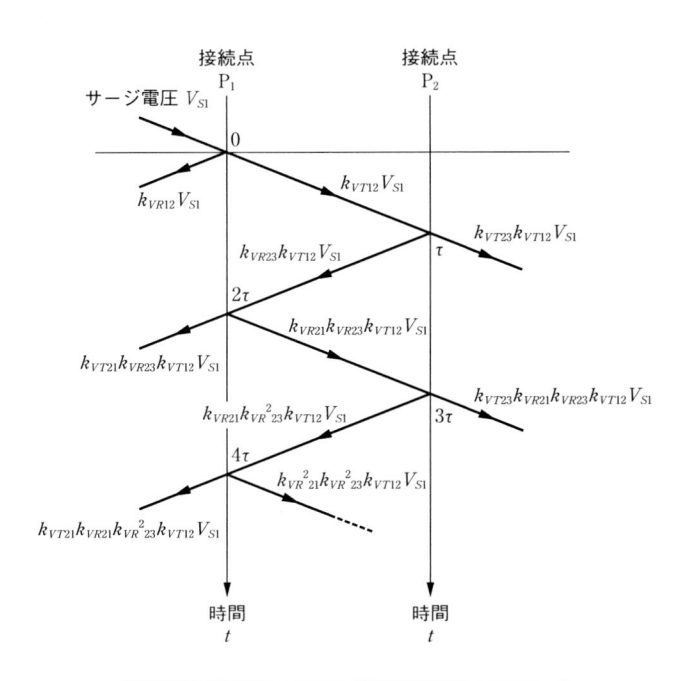

図12・4 格子図法を用いた進行波計算の例

あるため，透過電圧 $k_{VT23}k_{VT12}V_{S1}$ は進行はしない．反射電圧 $k_{VR23}k_{VT12}V_{S1}$ は接続点 P_1 に向かって進行し，時間 $t=2\tau$ で P_1 に到達し，反射電圧 $k_{VR21}k_{VR23}k_{VT12}V_{S1}$ と透過電圧 $k_{VT21}k_{VR23}k_{VT12}V_{S1}$ を発生する．格子図法では，このような手順で進行波計算が行われる．なお，各接続点の電位は，透過電圧の和として与えられる．例えば，接続点 P_1 の電圧 V_{P1} は，次のように与えられる．

$0 \leq t < 2\tau : V_{P1} = k_{VT12}V_{S1}$

$2\tau \leq t < 4\tau : V_{P1} = k_{VT12}V_{S1} + k_{VT21}k_{VR23}k_{VT12}V_{S1}$

$4\tau \leq t < 6\tau : V_{P1} = k_{VT12}V_{S1} + k_{VT21}k_{VR23}k_{VT12}V_{S1} + k_{VT21}k_{VR21}k_{VR23}{}^2 k_{VT12}V_{S1}$

　　　　$\vdots$

$(12・7)$

12・2 シュナイダー・ベルジェロン法

　接続点の数が増え回路が複雑化しても，上述の進行波計算法によりサージ計算は可能であるが，非常に煩雑になる．一方，**シュナイダー・ベルジェロン法**[2)]と呼ばれる手法を用いれば，接続点の多い複雑な回路の解析が非常に簡略化される．本節では，シュナイダー・ベルジェロン法の計算原理について説明を行う．

　図 12・5 に示すサージインピーダンス Z_S，その一端から他端までのサージ伝搬時間 τ の導体上の任意の点 x，任意の時間 t における進行波電圧（対地電位）V_S と進行波電流 I_S は，次式のような一般解（ダランベールの解）をもつ．

$$V_S(x,t) = F_1(t-\tau) + F_2(t+\tau)$$
$$I_S(x,t) = \frac{1}{Z_S}[F_1(t-\tau) - F_2(t+\tau)] \qquad (12\cdot 8)$$

式(12・8)を変形すると，次式が得られる．

$$V_S(x,t) + Z_S I_S(x,t) = 2F_1(t-\tau)$$
$$V_S(x,t) - Z_S I_S(x,t) = 2F_2(t+\tau) \qquad (12\cdot 9)$$

式(12・9)の第 1 式は，$t-\tau$ が一定であれば，$V_S(x,t)+Z_S I_S(x,t)$ が一定であることを示しており，式(12・9)の第 2 式は，$t+\tau$ が一定であれば，$V_S(x,t)-Z_S I_S(x,t)$ が一定であることを示している．

　図 12・5 の左端の電圧を V_1，左端から右向きに導体に流入する電流を I_1，右端の電圧を V_2，右端から左向きに導体に流入する電流を I_2 とすると，式(12・9)より，ある時刻の左（右）端の値は τ だけ以前の右（左）端の値だけから決定でき

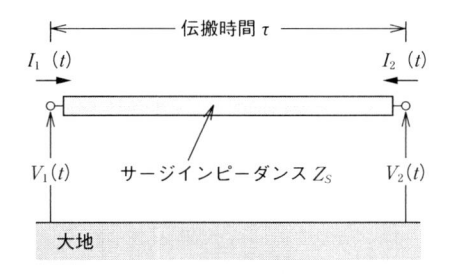

図 12・5　サージインピーダンス Z_S，サージ伝搬時間 τ の水平導体

ることから，次式が成り立つ．

$$V_1(t-\tau) + Z_S I_1(t-\tau) = V_2(t) - Z_S I_2(t)$$
$$V_1(t) - Z_S I_1(t) = V_2(t-\tau) + Z_S I_2(t-\tau) \quad (12\cdot10)$$

上式を変形すると，次式が得られる．

$$I_1(t) = \frac{V_1(t)}{Z_S} + J_1(t-\tau), \quad J_1(t-\tau) = -\frac{V_2(t-\tau)}{Z_S} - I_2(t-\tau)$$

$$I_2(t) = \frac{V_2(t)}{Z_S} + J_2(t-\tau), \quad J_2(t-\tau) = -\frac{V_1(t-\tau)}{Z_S} - I_1(t-\tau) \quad (12\cdot11)$$

式(12・11)の関係は図 12・6 の等価回路で表現できる．この等価回路は，サージインピーダンス Z_S，サージ伝搬時間 τ の導体が，等価電流源 J_1 あるいは J_2 と集中抵抗 Z_S を含む分離された二つの集中定数回路で表現されている．そして，これらの電流源の出力値は，現在時点 t よりもサージ伝搬時間 τ だけ前の他端の

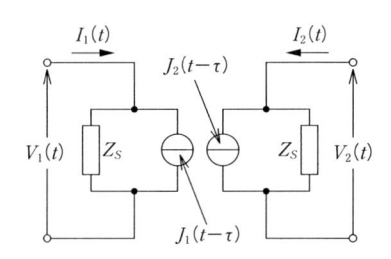

図 12・6 等価回路

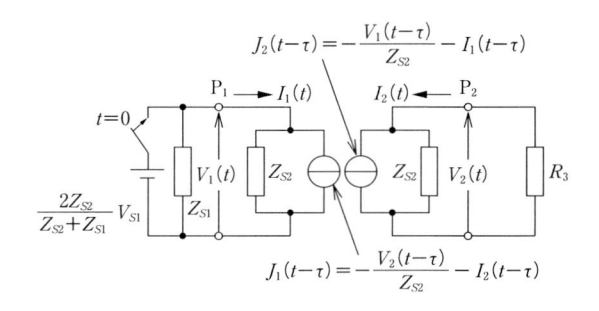

図 12・7 図 12・3 の導体系の等価回路

電圧,電流から決められる.したがって,多数の接続点をもつ複雑な導体系も,集中抵抗と電流源からなる単純な等価回路群に変換できるため,計算が容易になる.

図 12・7 は図 12・3 の導体系のシュナイダー・ベルジェロン法に基づく等価回路である.図 12・3 の回路右端の集中抵抗 R_3 は,図 12・7 の等価回路においても,接続点 P_2 と大地間に接続されている.サージインピーダンス Z_{S1} の導体は,その左端が無限遠点まで延びており,そこからの反射を考慮する必要がないため,集中抵抗 Z_{S1} に置き換え接続点 P_1 に繋がれている.また,接続点 P_1 に加わる電圧は,時間 $t=0$ において,$k_{VT12}V_{S1} = 2Z_{S2}V_{S1}/(Z_{S2}+Z_{S1})$ となるため,この電圧を出力する電圧源が P_1 と大地間に接続されている.

12・3 時間領域有限差分(FDTD)法

進行波計算法では,導体系はサージインピーダンスを有する線路として取り扱われ,線路軸方向のみのサージ電圧(対地電位)とサージ電流の伝搬,反射,透過が解析される.対地電位としてのサージ電圧が定義できること,そのサージ電圧とサージ電流の比としてサージインピーダンスが定義できることは,導体周囲の電磁界分布が TEM モードであることが前提である.一方,大地に垂直あるいは斜めの導体周囲の電磁界は TEM モードとはならない.このような導体をサージ電流が伝搬する場合,導体各部の電位もサージインピーダンスも定義できない.このような導体を含む導体系でのサージを解析するためには,マクスウェル方程式を数値的に解いて,電界,磁界に関する解を得なければならない.

マクスウェル方程式を数値的に解く手法は数値電磁界解析法と呼ばれている.数値電磁界解析法は,雷撃を受けた送電線鉄塔などの三次元構造物のサージ解析に,最近しばしば用いられている[3].特に,**時間領域有限差分**(FDTD:Finite-Difference Time-Domain)**法**[4]と呼ばれる手法が最も頻繁に利用されている.本節では,この FDTD 法の計算基本原理について説明する.

FDTD 法を用いた解析は直交座標系で行われるのが一般的で,解析対象の導体系を含むすべての解析空間を微小直方体または立方体(セル)に分割する必要がある.セルの各辺には電界が割り当てられ,セルの各面の中心にはそれに垂直な磁界が割り当てられる.これは,**図 12・8** に示すように,互いに 1/2 セルずつ

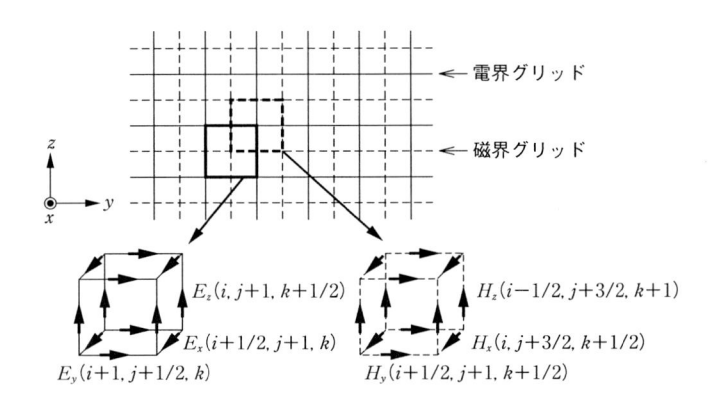

図12・8 FDTD計算における電界，磁界セルの配置

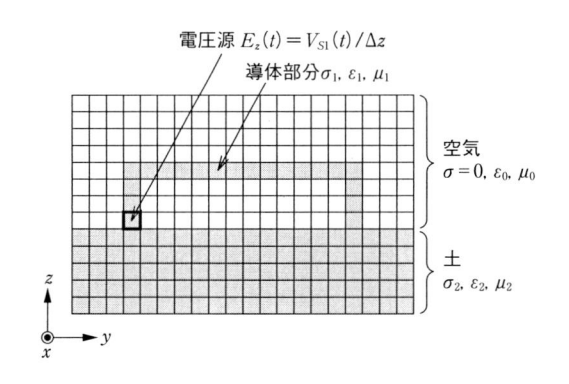

図12・9 FDTD計算における空間，大地，導体の設定例

ずれた電界の三次元グリッドと磁界の三次元グリッドが存在するものと考えてもよい．これにより，電界（辺）の周囲には必ず（長方形または正方形の）磁界ループが存在し，磁界（辺）の周囲には必ず電界ループが存在することになり，マクスウェル方程式を計算するのに適した構成となる．原理的には，格子分割した各セルに対して媒質定数（誘電率 ε，透磁率 μ，導電率 σ）を設定可能なため，複雑な形状や境界をもつ導体系も容易に取り扱うことができる．図12・9にFDTD計算における空間，大地，導体などの設定例を示す．電圧源が z 方向に置かれ，その出力が $V_{S1}(t)$〔V〕である場合，強制的な（周囲の磁界や電界から

の影響を受けない) z 方向電界 $E_z(t) = V_{S1}(t)/\Delta z$〔V/m〕として設定される．$\Delta z$ は z 方向のセル長である．

誘電率 ε〔F/m〕，透磁率 μ〔H/m〕，導電率 σ〔S/m〕の媒質中におけるマクスウェル方程式の電界 $\boldsymbol{E}$ および磁界 $\boldsymbol{H}$ に関する回転の式（ファラデーの法則とアンペアの法則）は次のように表される．

$$\nabla \times \boldsymbol{E} = -\mu \frac{\partial \boldsymbol{H}}{\partial t}, \quad \nabla \times \boldsymbol{H} = \varepsilon \frac{\partial \boldsymbol{E}}{\partial t} + \sigma \boldsymbol{E} \tag{12・12}$$

式(12・12)の第 2 式の右辺第 1 項は変位電流密度，第 2 項は伝導電流密度である．

セルの x, y, z 各方向の辺長を $\Delta x, \Delta y, \Delta z$，計算時間ステップ幅を Δt, i, j, k, n を整数とすると，座標 $(i\Delta x, (j+1/2)\Delta y, (k+1/2)\Delta z)$，時間 $(n+1/2)\Delta t$ における x 方向の磁界 $H_x^{n+1/2}(i, j+1/2, k+1/2)$ は，式(12・12)の第 1 式（ファラデーの法則）

$$(\nabla \times \boldsymbol{E})_x = \left(\frac{\partial E_z}{\partial y} - \frac{\partial E_y}{\partial z}\right) = -\mu \frac{\partial H_x}{\partial t} \tag{12・13}$$

の電界の空間微分，磁界の時間微分を次のように差分近似することで導かれる．

$$\frac{E_z^n\left(i, j+1, k+\frac{1}{2}\right) - E_z^n\left(i, j, k+\frac{1}{2}\right)}{\Delta y}$$
$$-\frac{E_y^n\left(i, j+\frac{1}{2}, k+1\right) - E_y^n\left(i, j+\frac{1}{2}, k\right)}{\Delta z}$$
$$= -\mu\left(i, j+\frac{1}{2}, k+\frac{1}{2}\right) \frac{H_x^{n+\frac{1}{2}}\left(i, j+\frac{1}{2}, k+\frac{1}{2}\right) - H_x^{n-\frac{1}{2}}\left(i, j+\frac{1}{2}, k+\frac{1}{2}\right)}{\Delta t} \tag{12・14}$$

これを整理すると，次式が得られる．

$$H_x^{n+\frac{1}{2}}\left(i, j+\frac{1}{2}, k+\frac{1}{2}\right) = H_x^{n-\frac{1}{2}}\left(i, j+\frac{1}{2}, k+\frac{1}{2}\right)$$
$$-\frac{\Delta t}{\mu\left(i, j+\frac{1}{2}, k+\frac{1}{2}\right)}\left[\frac{E_z^n\left(i, j+1, k+\frac{1}{2}\right) - E_z^n\left(i, j, k+\frac{1}{2}\right)}{\Delta y} - \frac{E_y^n\left(i, j+\frac{1}{2}, k+1\right) - E_y^n\left(i, j+\frac{1}{2}, k\right)}{\Delta z}\right]$$

(12・15)

　この式は，解析空間中の任意の点の任意の時間における磁界の値は，その点の Δt 時間前の磁界の値と，その磁界を囲む四つの電界の $\Delta t/2$ 時間前の値から求められることを示している．上記と同様にして，y, z 方向の磁界 H_y, H_z を Δt ごとに更新する式も求められる．

　座標 $(i\Delta x, j\Delta y, (k+1/2)\Delta z)$，時間 $(n+1)\Delta t$ における z 方向の電界 $E_z{}^{n+1}(i, j, k+1/2)$ は，式(12・12)の第2式（アンペアの法則）

$$(\nabla \times \boldsymbol{H})_z = \left(\frac{\partial H_y}{\partial x} - \frac{\partial H_x}{\partial y}\right) = \varepsilon \frac{\partial E_z}{\partial t} + \sigma E_z \tag{12・16}$$

の磁界の空間微分，電界の時間微分を次のように差分近似することで導かれる．

$$\frac{H_y{}^{n+\frac{1}{2}}\left(i+\frac{1}{2}, j, k+\frac{1}{2}\right) - H_y{}^{n+\frac{1}{2}}\left(i-\frac{1}{2}, j, k+\frac{1}{2}\right)}{\Delta x}$$

$$-\frac{H_x{}^{n+\frac{1}{2}}\left(i, j+\frac{1}{2}, k+\frac{1}{2}\right) - H_x{}^{n+\frac{1}{2}}\left(i, j-\frac{1}{2}, k+\frac{1}{2}\right)}{\Delta y}$$

$$= \varepsilon\left(i, j, k+\frac{1}{2}\right)\frac{E_z{}^{n+1}\left(i, j, k+\frac{1}{2}\right) - E_z{}^n\left(i, j, k+\frac{1}{2}\right)}{\Delta t}$$

$$+ \sigma\left(i, j, k+\frac{1}{2}\right)\frac{E_z{}^{n+1}\left(i, j, k+\frac{1}{2}\right) + E_z{}^n\left(i, j, k+\frac{1}{2}\right)}{2} \tag{12・17}$$

ただし，$E_z{}^{n+1/2}(i, j, k+1/2)$ は存在しないため，$E_z{}^{n+1}(i, j, k+1/2)$ と $E_z{}^n(i, j, k+1/2)$ の平均値に置き換えている．式(12・17)を整理すると，次式が得られる．

$$E_z{}^{n+1}\left(i, j, k+\frac{1}{2}\right) = \frac{1 - \dfrac{\sigma(i, j, k+1/2)\Delta t}{2\varepsilon(i, j, k+1/2)}}{1 + \dfrac{\sigma(i, j, k+1/2)\Delta t}{2\varepsilon(i, j, k+1/2)}} E_z{}^n\left(i, j, k+\frac{1}{2}\right)$$

$$- \frac{\dfrac{\Delta t}{\varepsilon(i, j, k+1/2)}}{1 + \dfrac{\sigma(i, j, k+1/2)\Delta t}{2\varepsilon(i, j, k+1/2)}} \left[\begin{array}{c} \dfrac{H_y{}^{n+\frac{1}{2}}\left(i+\frac{1}{2}, j, k+\frac{1}{2}\right) - H_y{}^{n+\frac{1}{2}}\left(i-\frac{1}{2}, j, k+\frac{1}{2}\right)}{\Delta x} \\ -\dfrac{H_x{}^{n+\frac{1}{2}}\left(i, j+\frac{1}{2}, k+\frac{1}{2}\right) - H_x{}^{n+\frac{1}{2}}\left(i, j-\frac{1}{2}, k+\frac{1}{2}\right)}{\Delta y} \end{array}\right]$$

(12・18)

　この式は，解析空間中の任意の点の任意の時間における電界の値は，その点の Δt 時間前の電界の値と，その電界を囲む四つの磁界の $\Delta t/2$ 時間前の値から求められることを示している．上記と同様にして，x, y 方向の電界 E_x, E_y を Δt ごとに更新する式も求められる．

　これらの磁界および電界の更新式を，時間的に交互に計算することで，解析空間内の電磁界の挙動を求めることができる．

演習問題

1 サージインピーダンス $Z_{S1}=400\,\Omega$ の水平導体の一端に波高値 $100\,\mathrm{kV}$ の直角波電圧 V_{S1} を加えた場合の他端での電圧の大きさを求めよ．ただし，他端は開放されている．

2 図 12・3 の導体系において，左側から波高値 $100\,\mathrm{kV}$ の直角波電圧 V_{S1} が接続点 P_1 に向かって進行してきたとする．V_{S1} が P_1 に到達した瞬間を $t=0$ とし，P_1 における $0\sim0.6\,\mu\mathrm{s}$ の時間範囲の電位を進行波計算により求め，その電位波形を描け．ただし，$Z_{S1}=300\,\Omega$, $Z_{S2}=100\,\Omega$, $R=25\,\Omega$, $\tau=0.1\,\mu\mathrm{s}$ とする．

3 シュナイダー・ベルジェロン法を用いて，問題**2**を解け．

4 座標 $((i+1/2)\Delta x, j\Delta y, (k+1/2)\Delta z)$，時間 $(n+1/2)\Delta t$ における y 方向の磁界 $H_y^{n+1/2}(i+1/2, j, k+1/2)$ の FDTD 計算式をファラデーの法則から導出せよ．

13章 高電圧機器

電力系統には種々の高電圧機器が使用されている．これらは，系統の運転電圧や雷サージ電圧，開閉サージ電圧に長期間耐えなければならない．また，多くの場合，雨風や温湿度，紫外線などの屋外環境条件の曝露に耐え，地震，雷や台風などにも耐えなければならず，このような過酷な環境条件下でも長期間運転ができるように信頼性高く設計されている．本章では，高電圧技術の実際の機器への適用という観点に立って，代表的な電力用高電圧機器について学ぶ．

13・1 高電圧機器の分類

本章で電力用高電圧機器について説明するが，高電圧技術を適用した機器は電力用以外にも種々の機器が開発されて，われわれの社会生活を豊かなものにしている．代表的な高電圧機器には，次のようなものがある．

（1）電力分野
　発電機，変圧器，開閉装置，避雷器，送電線，碍子，ブッシング，電力ケーブル，電力用コンデンサ

（2）産業部門
　電動機，パワー半導体（サイリスタなど），荷電粒子ビーム加工機，プラズマ応用機器，静電塗装機

（3）家電分野
　ディスプレイ（ブラウン管，プラズマディスプレイ），蛍光灯，空気清浄機，複写機

（4）環境分野
　電気集塵器，静電選別装置

（5）宇宙分野
　電気推進器，進行波管（TWT）

なお，本章では，下線を引いた電力分野を中心とする高電圧機器について説明する．

13・2 高電圧回転機

回転機はエネルギー変換装置の一つである．火力発電所や原子力発電所で蒸気タービンに直結され，その回転運動エネルギーを電磁誘導現象により電気エネルギーに変換する**タービン発電機**や，水力発電所で水車に直結された水車発電機，あるいは，主に産業用途で，電気エネルギーを回転運動エネルギーに変換するのに使用される大型電動機が高電圧回転機に属する．

図 13・1 に，蒸気タービンの回転軸に直結されるタービン発電機（タービン用同期発電機）の構造例を示す．タービンの高速回転に伴う遠心力に耐えられるように，回転子形状は円筒形になっている．大容量のタービン発電機は，回転子側が界磁巻線（回転子コイル）になり，固定子側が電機子巻線（固定子コイル）になる構造を採用している．回転子コイルの励磁のために印加される電圧は低いが，固定子コイルには発電機で 30 kV，電動機で 15 kV 程度までの高電圧が印加される．このため，固定子コイルには高電圧絶縁技術が適用される．固定子コイルが鉄心に組み込まれた部分（図 13・1 の直線部）の断面図を図 13・2 に示す．コイルは，断面が 2×10 mm 程度の平角銅線（素線）で作られガラス繊維やアラミドなどの耐熱性テープで被覆される（これはターン間絶縁と呼ばれる）．この素線が配列された束の外部に，マイカテープを運転電圧に応じて必要な回数まで

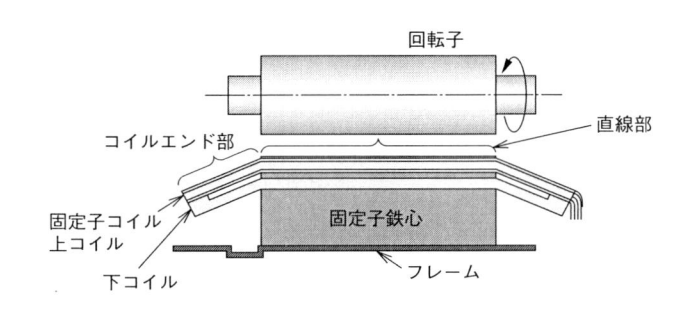

図 13・1 タービン発電機の内部構造の概略

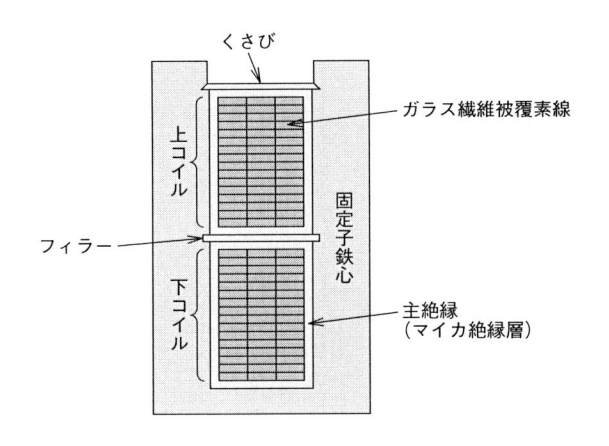

図 13・2 固定子コイル直線部断面の例

巻き，ポリエステルやエポキシ樹脂などをマイカテープに真空含浸して硬化させることによりコイルと鉄心との間に主絶縁を形成する．このように，高電圧回転機の絶縁材料には**マイカ（雲母）**が常用される．マイカはボイド放電などの部分放電による劣化が少なく，絶縁耐圧が高いためである．

なお，大容量のタービン発電機では，コイルに高電圧で大電流が流れるため，温度上昇が起こりやすいので，主絶縁の材料の熱劣化を防止するためコイル内にベントチューブを設け，水冷あるいは水素冷却がなされる．また，回転子の回転に伴って発生する機械的振動が主絶縁に加わるため，応力による絶縁層の亀裂発生の可能性を考慮した絶縁設計がなされる．

13・3 電力用変圧器

電力系統における変電所では，系統電圧を昇降圧する**電力用変圧器**（power transformer）が主器となる．この電力用変圧器は巻線と鉄心とから構成され，その配置構造の違いにより内鉄形と外鉄形に分けられる．いずれにおいても，電気絶縁と冷却のための絶縁油（粘度の低い鉱油）と，絶縁紙・プレスボード（クラフトパルプを原料とし，板状に圧縮成形し乾燥させた絶縁材料）とから構成される**油浸絶縁構造**になる．電力用変圧器の絶縁構造の概略を図 13・3 に示す．

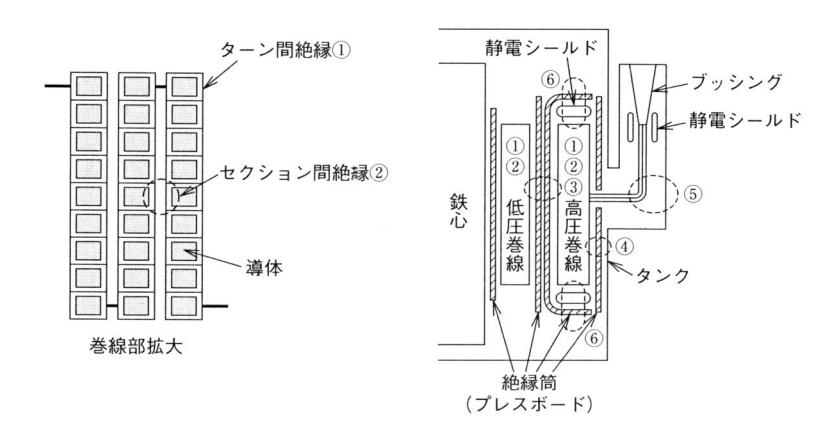

図 13・3 電力用変圧器の絶縁構造の概略

この図に示すように，変圧器の絶縁構成は次のように分類される．

① ターン間絶縁

　平角銅線の素線を絶縁紙（クラフト紙）でテーピングし，素線間を絶縁する．

② セクション間絶縁

　絶縁紙で被覆した素線のグループ間の絶縁であり，絶縁油のみでグループ間を絶縁する場合，または薄板状のプレスボードが挿入された構造をとる場合がある．

③ 主絶縁

　高圧巻線と低圧巻線との間の絶縁であり，絶縁油の層とプレスボードが交互に配置される．プレスボードは高圧巻線と低圧巻線間の等電位面に平行になるように配置される．このような絶縁構造を**バリア絶縁**と呼び，プレスボードが放電バリアの役割を担っている．この絶縁構造は，油隙の細分化による絶縁耐圧の向上と，油中の不純物が油隙間を橋絡することを防止して絶縁破壊を防ぐのに有効である．

④ 対地絶縁

　巻線と鉄心間，巻線と接地タンク間の絶縁であり，主絶縁部と同様のバリア絶縁構成が採られる．ただし，鉄心およびタンクは絶縁被覆がないため，それらの形状が耐圧に影響する点が主絶縁③と異なる．

⑤ リード絶縁

高圧リード線とタンク間の絶縁であり，高圧リード導体を絶縁紙で覆い，タンクとの間の油隙をプレスボードを用いてバリア絶縁構成にする．

⑥ 端部絶縁

高圧巻線端部と鉄心間の絶縁であり，端部に電界が集中するため，静電シールドを配置し電界を緩和する．

電力用変圧器は，上述のような油浸絶縁構造以外に，絶縁材料としてエポキシ樹脂などを含浸した乾式の**モールド変圧器**（molded transformer）も 60 kV 以下の小型変圧器として使用されている．

また，後述するガス絶縁開閉装置 GIS と変圧器とを直接に接続するために，SF_6 ガスを絶縁媒体とした**ガス絶縁変圧器**（gas insulated transformer）も不燃性が要求される都市の地下変電所などで使用されている．SF_6 ガスは冷却能力が絶縁油に比べて劣るので，大容量のガス絶縁変圧器においては，SF_6 ガスを GIS と同様の 0.4〜0.6 MPa（絶対圧；以下同様）に加圧して送風する送ガス式と，0.2 MPa 程度の SF_6 ガスで絶縁し，フロンなどの液体で冷却する液冷式のものが開発されている．

13·4 開閉装置

開閉装置（switchgear）は，主として変電所や開閉所で電力系統を開閉するための機器である．**図 13·4** に，変電所における送電線回線を構成する開閉機器の配置例を示す．開閉機器には次のようなものがある．

(1) 遮断器（CB：Circuit Breaker）：負荷電流や事故電流の流れている回線を切り離す装置

(2) 断路器（DS：Disconnecting Switch）：遮断器によって開路された後の電路で，充電されている電路を開閉する装置

(3) 接地開閉器（ES：Earthing Switch）：無電圧状態の導体を接地し，安全を確保する装置

(4) 避雷器（Ar：Arrester）：電力系統に発生する雷サージや開閉サージなどの過電圧に対して放電電流を流し，交流電圧を維持する装置

ここでは上記（1）と（4）について説明する．

13・4 開閉装置

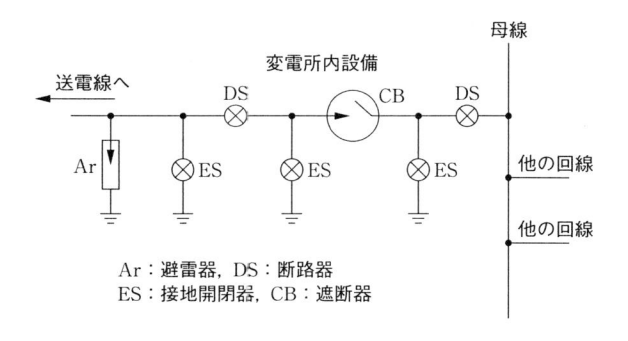

図13・4 変電所における開閉機器の配置例

Ar：避雷器，DS：断路器
ES：接地開閉器，CB：遮断器

〔1〕遮断器

電力系統に用いられる遮断器として，70 kV 以上の高電圧系統では SF_6 ガス遮断器が，70 kV 以下では真空遮断器と SF_6 ガス遮断器が主に用いられる．

（a） SF_6 ガス遮断器（GCB：Gas Circuit Breaker）

図13・5 に，550 kV 接地タンク形**ガス遮断器**の構造を示す．この接地タンクの内部には 0.4〜0.6 MPa に加圧された SF_6 ガスが充填されており，遮断部や操作部，高電圧導体などの機器が格納されている．その中で遮断器の心臓部が遮断部である．図13・6 に遮断部の動作原理図を示す．地絡事故発生などにより遮断指令が発せられると，空気圧や油圧などの駆動力により，パッファシリンダが矢印の方向に動き，圧縮室内の SF_6 ガスが急速に圧縮される．圧縮された SF_6 ガスは，テフロンなどでできた絶縁ノズル部を通して接触子間に噴出し，接触子間に生成されたアークを吹き消す．線路の電流が大きいとき，接触子の開離から電流零点（電流位相 0° と 180°）までの間はアークが絶縁ノズルに充満する．シリンダの移動とともに圧縮室内の SF_6 ガス圧力が上昇し，電流零点で強くガスが吹き付けられる．このとき，図13・6（b）に示したように，電流が遮断される．このように，消弧に必要なガス圧力が遮断器自体の動作によって作られる遮断方式をパッファ式と呼び，SF_6 ガスの優れた絶縁性能と消弧性能を有効に生かした遮断器である．

（b） 真空遮断器（VCB：Vacuum Circuit Breaker）

真空遮断器の基本的な構造を図13・7 に示している．10^{-5} Pa 以下の圧力に保

13章 高電圧機器

(a) パッファ式遮断部 11

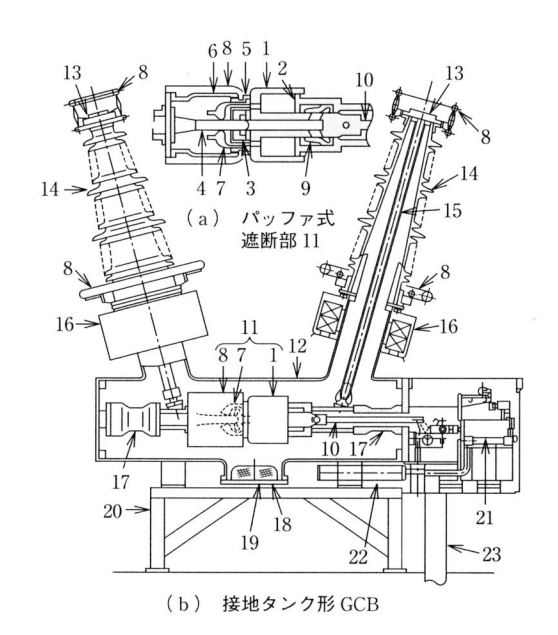

(b) 接地タンク形 GCB

1：可動パッファシリンダ，2：固定パッファピストン，3：可動アーク接触子，
4：固定アーク接触子，5：可動主接触子，6：固定主接触子，7：絶縁ノズル，
8：シールド，9：集電子，10：絶縁操作ロッド，11：パッファ式遮断部，
12：遮断部タンク，13：端子，14：ブッシング，15：中心導体，16：変流器，
17：絶縁筒，18：吸着剤，19：点検窓，20：架台，21：操作器(油圧操作器の例)，
22：アキュムレータ，23：制御線ダクト

(出典：電気工学ハンドブック(第6版)，p.751，図21)

図 13・5 550 kV 接地タンク形ガス遮断器の構造[1]

ったアルミナセラミック（Al_2O_3）やホウケイ酸ガラス製の絶縁容器（筒）の中に，一対の可動電極と固定電極が格納されたものである．可動電極が駆動機構により開離されると，両電極間に真空アークが発生する．接点が開離した後もアークを通して流れる電流により導通状態が継続する．しかし，電流零点を迎えると金属蒸気が減少し，真空が回復して絶縁状態に戻るので，電流が遮断される．アークによって発生した金属蒸気が拡散し，絶縁容器の内面に付着すると，絶縁容器の絶縁性能が低下するので，それを防止するため円筒状のアークシールドが設けられている．

真空アークは電流が大きくなると，電極上の局所に通電領域が集中する．このような集中モードになると，金属蒸気の発生量が多くなり遮断性能に影響を及ぼ

13・4 開閉装置

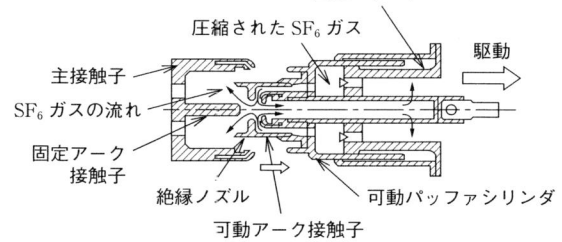

(a) 遮断動作[2]

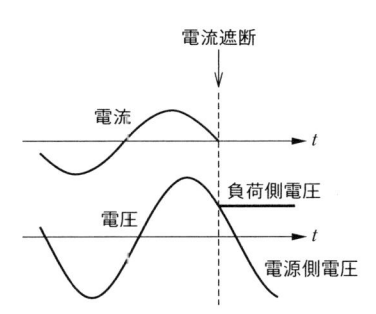

(b) 容量性負荷電流遮断時の電流と電圧

図 13・6 パッファ式ガス遮断器の動作原理

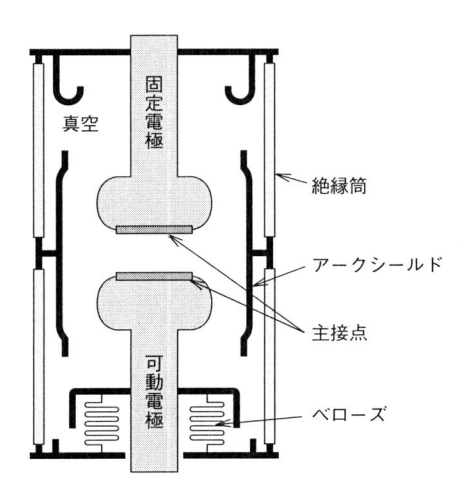

図 13・7 真空遮断器の概略構造

(a) 構成

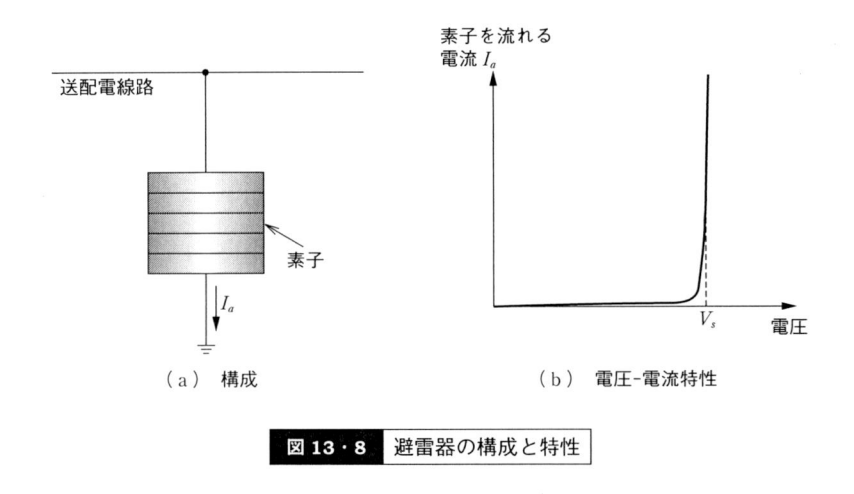

(b) 電圧-電流特性

図 13・8 避雷器の構成と特性

す．縦磁界形電極やスパイラル電極といった特殊な形状の電極を用いると，電極を流れる電流が接点間に作る自己磁界により，アーク電流の集中を防止することができる．

〔2〕避雷器

避雷器は，図 13・8 に示すような非線形電圧-電流特性を持つ素子を，系統電圧に応じて複数個直列に並べたものである．雷サージなどの過電圧が電路に入ると大きな電流 I_a を接地側に流して，回路の電圧上昇を機器の絶縁上問題のない電圧 V_s に制限する．素子として，かつて炭化珪素 (SiC) を主成分としたものが用いられたが，1970 年代に日本で酸化亜鉛 (ZnO) を主成分とする焼結体が開発され，電力系統に適用された．

酸化亜鉛素子の構造を図 13・9 に示す．10 μm 程度の大きさの ZnO 微結晶と，微結晶間の粒界層とから成る焼結体が電極で挟まれている．粒界層に高電界が印加されると，粒界層にトンネル効果による電流が流れやすくなり，図 13・8 (b) のような非線形性を示す．

このような酸化亜鉛素子を複数個直列に接続し，SF_6 ガスを加圧し封入した接地タンク内に収めたものが，電力用の**酸化亜鉛避雷器**である．

電極
ZnO 微結晶
粒界層

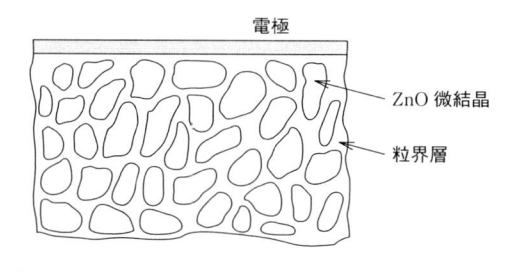

図13・9 酸化亜鉛素子の構造

〔3〕**ガス絶縁開閉装置**

　遮断器や断路器，接地開閉器などの開閉機器，避雷器，母線，さらには電流を測定するための変流器や電圧を測定するための計器用変圧器などを接地タンクに格納し，SF_6 ガスで絶縁した装置を**ガス絶縁開閉装置**（GIS：Gas Insulated Switchgear）と呼ぶ．タンクが接地されており，高電圧部が外気に曝されないため，信頼性・安全性が高い．タンク内は絶縁性に優れた SF_6 ガスが 0.4〜0.6 MPa に加圧して封入されるため，高圧導体と接地タンクの絶縁距離を短くすることができるので，装置全体が極めてコンパクトになる．その結果，変電所の設置スペースを小さくすることができるため，国土が狭く人口密度の高い日本では特に多く用いられている．

　GIS の高電圧導体を支持するための絶縁支持物として，アルミナ（Al_2O_3）やシリカ（SiO_2）の粉体を充填したエポキシ樹脂を成型した**絶縁スペーサ**（spacer）が用いられる．その代表的な形状として円錐形スペーサを**図13・10**に示す．SF_6 ガスの放電特性は最大電界の影響を顕著に受けるため，電圧印加時の最大電界が放電開始電界に達しないように設計される．一方，絶縁スペーサが存在すると，金属，固体誘電体，SF_6 ガスで形成される**三重点**が沿面放電の起点となる．このため，三重点の電界を緩和するように，スペーサ内部に埋め込み電極を設けたり，電界緩和シールドを設けた構造にする．

　また，絶縁スペーサの製造，運搬，組み立ての過程において，絶縁物内部にボイドやクラック（ひび）が生じないように，また，絶縁スペーサ表面の汚損や導電性異物の付着などが生じないように注意しなければならない．

　キュービクル GIS（C-GIS：Cubicle GIS）は箱形の接地タンクに，遮断器，断

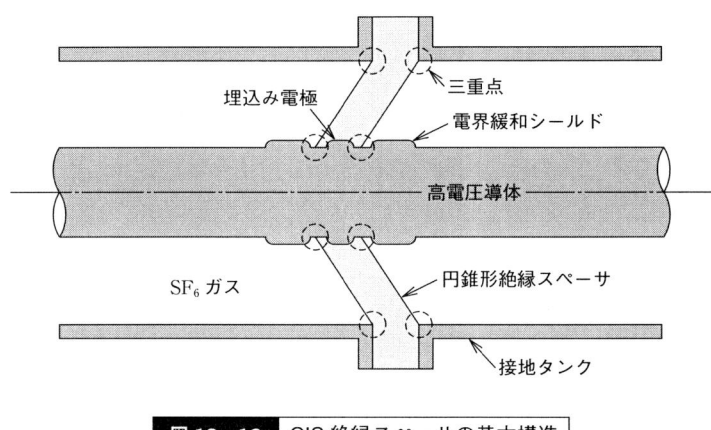

図 13・10 GIS 絶縁スペーサの基本構造

路器，接地開閉器などGIS に格納されたのと同様の機器を一括して収納したもので，箱形タンクには，GIS に比べ圧力の低い 0.12〜0.2 MPa の SF_6 ガスが封入される．遮断器として真空遮断器が用いられることが多い．また箱形であるため，設置スペースが縮小されるので，66〜77 kV クラス以下での利用が進んでいる．

13・5 電力ケーブル

電力の輸送には，地上では主に架空送電線が用いられ，地中や海底では電力ケーブル（power cable）が用いられる．現在，日本で用いられている代表的な高電圧ケーブルは OF ケーブルと CV ケーブルである．

〔1〕OF ケーブル

OF ケーブル（Oil Filled cable）は，図 13・11 に示すように，導体に絶縁紙を巻き，紙の間に絶縁油を加圧して充填した油浸絶縁構造になっている．OF ケーブルは，66 kV から 500 kV の広い電圧階級で使用される．加圧された絶縁油を用いるのは，冷却のためと絶縁紙間でのボイドの発生を抑制するためである．

従来，絶縁紙として木材とパルプを原料とするクラフト紙が用いられてきたが，最近ではそのクラフト紙の間にポリプロピレンテープを挟んだ PPLP（Poly-

図 13・11 OF ケーブルの構造

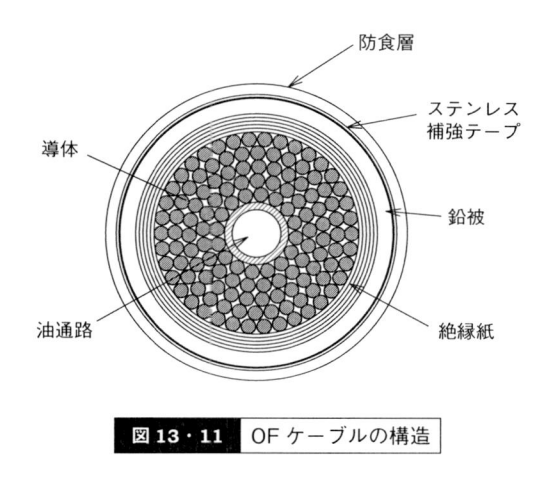

propylene Laminated Paper）が主流となっている．絶縁厚さは，275 kV で約 20 mm，500 kV で約 33 mm である．

〔2〕CV ケーブル

架橋ポリエチレン（cross-linked polyethylene）を絶縁体として用い，ビニルシース（vinyl sheath）を持つケーブルを日本では **CV ケーブル**と呼んでいる．国際的には XLPE（cross-linked polyethylene）ケーブルと呼ばれている．CV ケーブルの断面構造を**図 13・12** に示す．導体の表面と金属遮蔽層の内面には，電界の集中を防ぐため，内部半導電層と外部半導電層が設けられる．架橋ポリエチレンと半導電層は，ポリエチレンを加熱軟化させて，同時押し出しにより製造され，半導電層にはカーボン粉体が混入される．架橋ポリエチレンは，ポリエチレンに架橋剤を加え，高温高圧下で架橋反応を行わせて製造される．ポリエチレン分子同士が架橋によって立体網目状に結び付けられるため，耐熱性に優れている．

CV ケーブルは開発当初，水蒸気架橋方式が採用されていたため，絶縁体中に水分が残留することになり，長期の使用の間に水トリーと呼ばれる一種の固体の破壊前駆現象が発生し，劣化の原因となった．そのため，乾式の架橋方式である電子線照射架橋方式などが開発され，水トリーの発生が抑制できるようになり，現在では 500 kV ケーブルが実用に供されるようになった．乾式架橋の場合で

図13・12 CVケーブルの構造

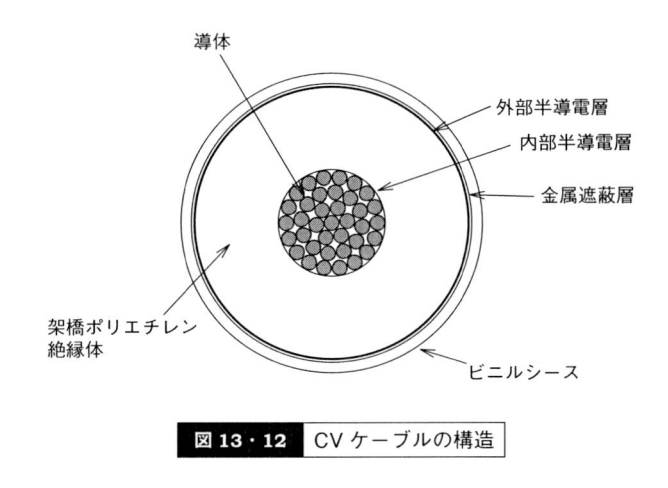

も，ボイド放電や電気トリーを抑制するため，ボイドの発生や不純物の混入に対する細心の注意が必要である．

〔3〕新形ケーブル

GISの母線と同様に，SF_6 ガスで絶縁し絶縁スペーサで導体を支持する**管路気中送電線**（GIL：Gas Insulated transmission Line）が開発され，日本では1998年に系統電圧275 kV，長さ3.3 kmのGILが実用化されている．ヨーロッパでは，N_2 ガスに20％程度の SF_6 ガスを加えた混合ガスで絶縁する，電圧300 kV，長さ500 mのGILが2001年に運開している．

この他に，高温超電導体を用い，液体窒素で冷却と絶縁をする高温超伝導ケーブルも開発中である．

演習問題

1 次の電力機器にはどのような絶縁材料が使用されているか,まとめなさい.
- タービン発電機
- 電力用変圧器
- GIS
- 真空遮断器
- OFケーブル

2 発電機固定子の主絶縁に要求される性能について述べなさい.

3 GISが日本で多く利用されている理由を述べなさい.

14章 高電圧発生装置と試験方法

電気エネルギーを利用して我々の生活は豊かなものになってきた．この豊かな生活を維持するため大容量の電気エネルギーを安定に供給する必要があり，輸送電力の大容量化と送電損失の低減を目的として，歴史的に送電系統の電圧は高電圧化してきた．高電圧系統で用いるために開発された各種の高電圧機器は，30年程度の長期間にわたる経年変化に耐え，高い信頼度で運用できるように，充分な絶縁設計が図られ，交流電圧，インパルス電圧，直流電圧などによるさまざまな高電圧絶縁試験が行われる．これらの高電圧試験には，高電圧の発生と測定の技術が不可欠となる．本章では，高電圧発生技術と高電圧機器の試験方法について学ぶ．

14・1 交流高電圧の発生

〔1〕試験用変圧器

商用周波数（50 Hz または 60 Hz）の交流高電圧を発生させるには，基本的に変圧器を用いる．交流高電圧に対する絶縁試験に用いる変圧器は，前章で述べた電力系統で用いられる電力用変圧器と異なる**試験用変圧器**（testing transformer）である．試験用変圧器は，高電圧のみを絶縁試験目的で使用するため，単相で小容量であり自冷式がほとんどである．また，系統と連結されないため，過電圧サージを考慮しなくてもよいので，絶縁裕度は電力用変圧器よりも小さくてよい．

試験用変圧器は，単器で発生電圧500 kV程度までのものが使用されるが，500 kV以上の交流高電圧の発生が必要な場合には，絶縁が困難になるので，複数の試験用変圧器を**縦続（カスケード）接続**（cascade connection）する方式がよく用いられる．図14・1に，2段縦続接続の場合を示す．試験用変圧器 Tr_1 の高圧巻線の一部で試験用変圧器 Tr_2 の一次巻線を励磁する．Tr_2 には Tr_1 の発生電圧 V が重畳されるので，Tr_2 の出力電圧は，$V+V=2V$ となる．なお，

14・1 交流高電圧の発生

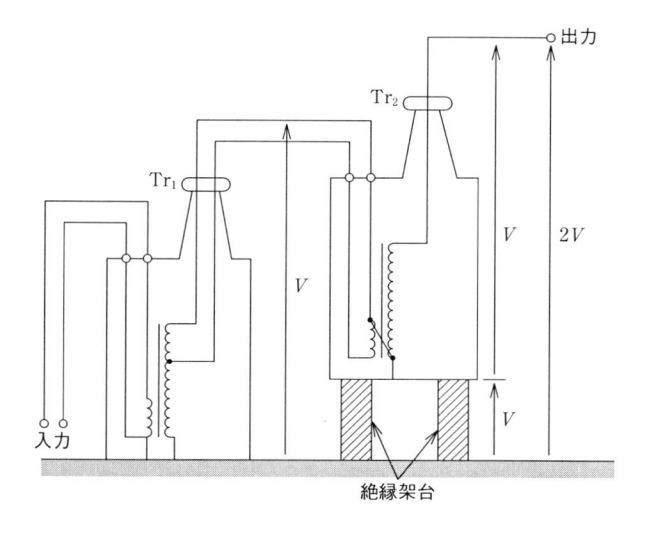

図14・1 試験用変圧器の縦続接続（2段接続）

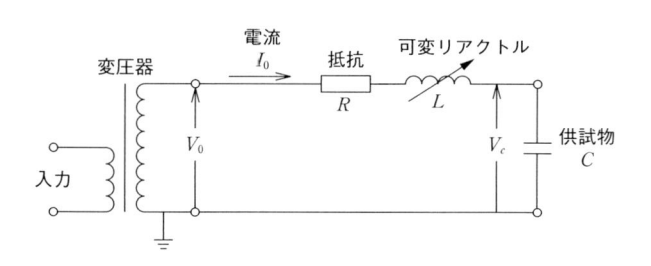

図14・2 直列共振法を用いた交流高電圧の発生

Tr_2 と大地の間を絶縁するために Tr_2 は絶縁架台に乗せられている．

〔2〕直列共振法

　ケーブルや GIS などの静電容量の大きい機器を現地で交流電圧試験する場合などに用いられるのが，**直列共振法**である．その原理図を**図14・2**に示す．可変リアクトルのインダクタンス L を変化させて，L と供試物のキャパシタンス C の直列共振条件

$$\omega L = \frac{1}{\omega C} \tag{14・1}$$

(ω：電源角周波数）が満たされると，回路に流れる電流 I_0 は，

$$I_0 = \frac{V_0}{R} \tag{14・2}$$

となり，供試物に印加される電圧 V_c は，

$$V_C = \frac{I_0}{\omega C} = \omega L I_0 = \frac{\omega L}{R} V_0 \tag{14・3}$$

となる．適切な R を用いることにより，絶縁試験に必要な高電圧 V_c を発生させることができる．この方法では，供試物に絶縁破壊が起きると共振条件が破れるので，自動的に電圧が低下し，供試物に損傷や劣化を与え難いという利点がある．この他に，共振条件を利用することから，波形歪みのない正弦波交流電圧が得られるという利点もある．

14・2 直流高電圧の発生

〔1〕交流高電圧の整流

　直流高電圧を発生させる最も基本的な回路方式は，変圧器と整流器，平滑コンデンサで構成された半波整流方式である．その基本回路を図 14・3（a）に示す．変圧器二次側の交流高電圧を整流器 D で半波整流し，コンデンサ C で平滑して直流高電圧 V_d を発生する．この直流電圧は，同図（b）のように脈動する．電源周波数を f 〔Hz〕とすると，C と供試物の抵抗 R_L が $CR_L \gg 1/f$ のとき，その脈動率（リプル率）η は，

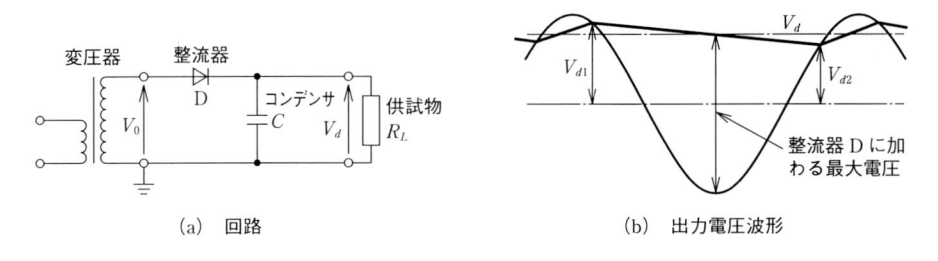

(a) 回路

(b) 出力電圧波形

図 14・3 半波整流回路と出力電圧

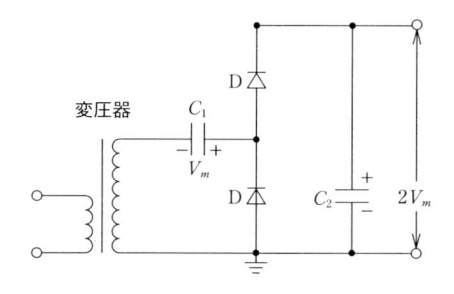

図14・4 倍電圧整流回路（Villard回路）

$$\eta = \frac{V_{d1} - V_{d2}}{V_d} = \frac{1}{fCR_L} \tag{14・4}$$

として定義される．また，この整流回路において，整流器Dに印加される電圧は，負の波高値付近で最大$2V_d$程度になるため，整流器はこの電圧（逆耐電圧）に耐えなければならない．現在，整流器としては，半導体のシリコン整流器（silicon rectifier）が主に用いられる．

このような交流電圧の整流により，交流電圧波高値のn倍の直流高電圧を得ることもできる．その例として，図14・4に$n=2$の**倍電圧整流回路**（Villard回路と呼ばれる）を示す．変圧器の二次電圧の半サイクルでコンデンサC_1がV_mに充電され，次の半サイクルでこの充電電圧V_mと変圧器二次電圧との和でC_2が充電されて$2V_m$の直流電圧が発生する．同様に，変圧器二次側交流電圧を整流して3倍にする3倍電圧整流回路（Zimmermann回路と呼ばれる）も考案されている．さらに，これらの拡張として，n倍の直流高電圧を得る代表的な回路が**Cockcroft-Walton回路**である．この回路は，1932年に原子核の破壊を起こすためのイオン加速装置の電源回路として考案され使用された．この回路は，n個の整流器DとコンデンサC_i（$i=1\sim n$）をn段に積み上げる構成となっている．図14・5に，$n=4$の例を示す．

〔2〕静電発電機

地面に置かれた絶縁支持台の上に導体を配置する．この導体に外部から電荷量Qを強制注入すると，導体の対地静電容量をCとして，導体電位は$V=Q/C$に

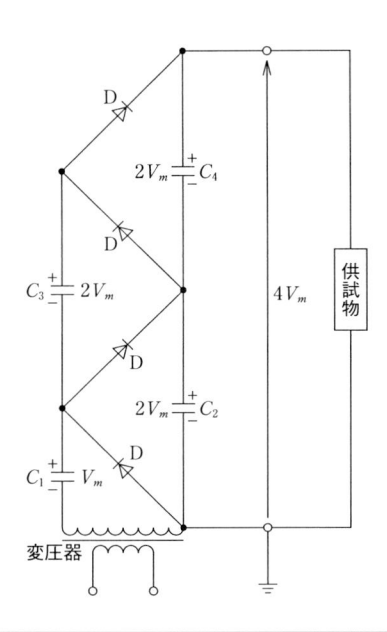

図 14・5 Cockcroft-Walton 回路の例（4 段の場合）

まで上昇する．注入電荷量に比例して導体電位は上昇し，この原理に基づいて直流高電圧発生装置を作製できる．これを**静電発電機**（electrostatic generator）と呼ぶ．電荷の強制注入に要した仕事は，電極系の静電エネルギー $CV^2/2$ として蓄積される．導体電位が上昇を続けると，やがて導体表面での電界上昇により放電が発生し，電荷が外部に放出されるため，この時の電圧が昇圧の限界電圧となる．

静電発電機の代表的な装置が**バンデグラフ発電機**（van de Graaff generator）で，その原理図を**図 14・6** に示す．上下 2 個の金属ローラに架けられた絶縁ベルトが回転しており，上・下部にコロナ放電を起こすコロナ櫛電極 A，B が設けられている．櫛電極 A に正極性の高電圧を印加すると，コロナ放電が発生し，絶縁ベルトに正電荷が付着蓄積する．この正電荷は絶縁ベルトの回転により上部に持ち上げられ，上部櫛電極との間でコロナ放電が生じ，金属球電極に正電荷が運び込まれ，金属球は高電圧となる．

発生電圧を概算するため，球電極の半径を a，電荷量を Q として，球電極表面の電界 E と電位 V とを求めよう．電極が十分高い位置に支持されているな

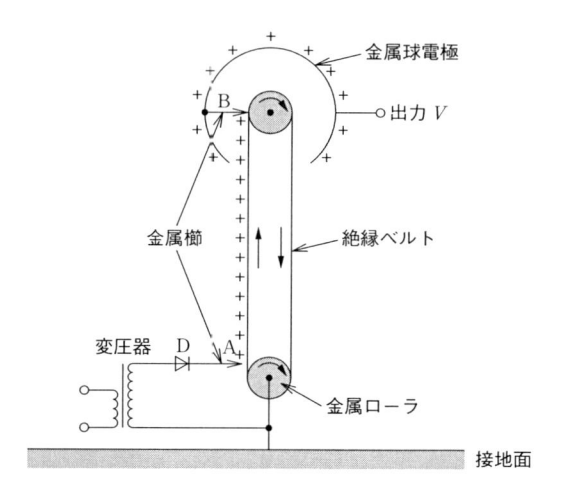

図 14・6 静電発電機の構造

ら，大地の影響を無視し，

$$E = \frac{Q}{4\pi\varepsilon_0 a^2} \tag{14・5}$$

$$V = \frac{Q}{4\pi\varepsilon_0 a} = E \cdot a \tag{14・6}$$

と近似できる．放電が発生する限界電界を E_{cr}（定数）とすると，昇圧の限界電圧は $V = E_{cr} \cdot a$ と表される．装置を大型化して，例えば $a = 3.3\,\mathrm{m}$ とすると，$E_{cr} = 3\,\mathrm{kV/mm}$ として，$V \fallingdotseq 1\,000\,万\,\mathrm{V}$ と見積もられる．実際には大地の影響や，漏れ電流の影響などもあり，この条件での昇圧限界はこの見積もりよりも低くなる．

14・3 インパルス電圧の発生

〔1〕インパルス電圧とは？

送変電用電力機器には，落雷による雷サージ電圧や開閉機器の開閉による開閉サージ電圧などの急峻な過電圧が発生し，機器に絶縁破壊をもたらす場合がある．そのような過電圧に対する絶縁試験は**インパルス電圧発生器**（I.G. : Im-

(a) 雷インパルス電圧波形
(b) 開閉インパルス電圧波形

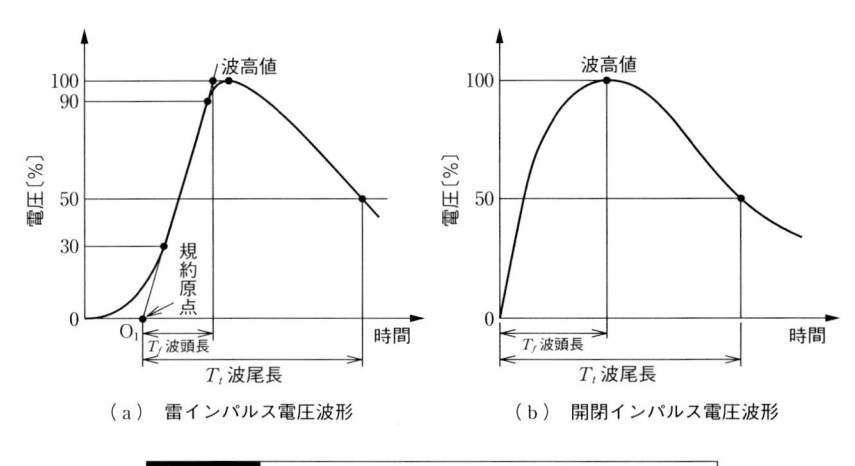

図 14・7 雷インパルス電圧と開閉インパルス電圧の定義

pulse Generator）を用いて行う．その発生波形がインパルス電圧波形であり，標準雷インパルス電圧波形と標準開閉インパルス電圧波形の 2 種の標準波形がある．図 14・7 に，それらの電圧波形の定義を示す．

　雷インパルス電圧は，**規約波頭長** T_f，**規約波尾長** T_t，波高値で表される．T_f は，波高値の 90% と 30% を結ぶ直線が時間軸と交わる点 O_1 を規約原点とし，その直線を電圧 100% に外挿したときの時間である．また，T_t は，規約原点 O_1 から，波高値を過ぎ波高値の 50% になるまでの時間である．**標準雷インパルス電圧**（standard lightning impulse voltage）は，$T_f = 1.2\,\mu\mathrm{s}$（±30%），$T_t = 50\,\mu\mathrm{s}$（±20%）と定められた波形で，±1.2/50〔μs〕と表記する．±の符号は電圧の極性を示す．なお，T_f，T_t の括弧内に百分率で示した数値は波形の裕度を示す．

　一方，開閉インパルス電圧は，図 14・7 (b) に示すように，原点 O から測った波高値に達するまでの時間 T_f が規約波頭長，原点 O から波高値を過ぎ波高値の 50% になるまでの時間 T_t が規約波尾長である．**標準開閉インパルス電圧**（standard switching impulse voltage）は，$T_f = 250\,\mu\mathrm{s}$（±20%），$T_t = 2\,500\,\mu\mathrm{s}$（±60%）と定められている．

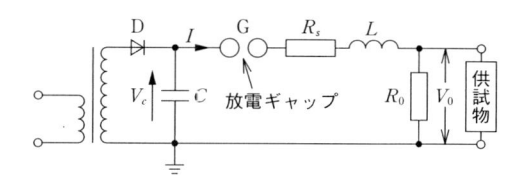

図14・8 インパルス電圧発生器の基本回路（LCR回路）

〔2〕基本回路

インパルス電圧の発生には**図14・8**のような基本等価回路が用いられる．高電圧コンデンサ C に蓄えられた電荷を，放電ギャップ G を点弧することで一気に解放することによりインパルス電圧を発生させる．C は主コンデンサ，R_s，R_0（$R_s < R_0$）はそれぞれ制動抵抗，放電抵抗，L はインダクタンスである．主として，インパルス電圧の波頭長を決めるのは R_0 と L で，波尾長を決めるのは C と R_0 である．

いま，コンデンサ C の両端電圧が V_c に達し，放電ギャップ G が $t=0$ で火花放電して回路に電流 I が流れたとすると，このときの回路方程式は，

$$L\frac{dI}{dt} + (R_S + R_0)I + \frac{1}{C}\int_0^t I dt = V_C \tag{14・7}$$

となり，さらに，両辺を t で微分すると，

$$L\frac{d^2I}{dt^2} + (R_S + R_0)\frac{dI}{dt} + \frac{1}{C}I = 0 \tag{14・8}$$

となる．式(14・8)から回路電流 I を，初期条件，$t=0$ のとき $I=0$, $dI/dt = V_C/L$ として解き，出力電圧すなわち R_0 の両端電圧 V_0 を求めると，$(R_S + R_0) > \sqrt{4L/C}$ のとき，

$$V_0 = IR_0 = V_C \frac{R_0}{R_S + R_0}\frac{\alpha}{\beta}[\exp\{-(\alpha-\beta)t\} - \exp\{-(\alpha+\beta)t\}] \tag{14・9}$$

となり，図14・7のようなインパルス電圧波形が得られる．ただし，$\alpha = (R_S + R_0)/2L$, $\beta = \{\alpha^2 - (1/LC)\}^{1/2}$ である．

インパルス電圧発生器において，コンデンサの充電電圧 V_c がそのままインパルス電圧の波高値 V_p になることはなく，この V_p と V_c との比 $\eta(=V_p/V_c)$ は**電圧利用率**（efficiency）と呼ばれ，通常80％程度である．

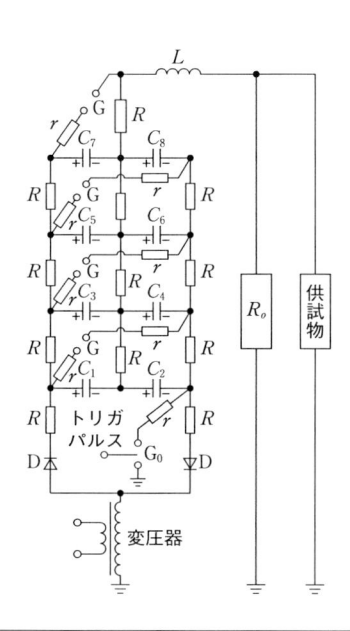

図 14・9 多段式インパルス電圧発生器の基本回路（4段式，8倍電圧の場合）

なお，インパルス電圧の発生回路には，図14・8のように波頭長をインダクタンス L で調整する回路の他に，波頭調整用コンデンサ C_0 を放電抵抗 R_0 と並列に付加する回路がある．後者の調整方式では，インダクタンス L はなく，主として波頭長は R_s と C_0，波尾長は C と R_0 で決まる．

〔3〕多段式インパルス電圧発生器

電力用高電圧機器の絶縁試験などに用いられるインパルス電圧発生器は，数100～数1 000 kVの高い電圧を発生させる必要があるため，充電した多数のコンデンサを瞬時に直列に接続して高電圧にする多段方式が採られる．代表的な多段式インパルス電圧発生器の原理図を**図14・9**に示す．この回路は，**マルクス回路**（Marx circuit）とも呼ばれる．この回路は，充電用コンデンサ C_i（$i=1\sim n$，同図は $n=8$ の場合に相当する．各 C_i の容量は等しい），充電抵抗 R，制動抵抗 r，トリガギャップ G_0，火花ギャップ G などの回路要素から構成される．図14・9は4段式の原理図を示している．充電電源によって，$C_1\sim C_8$ がそれぞれ V_m に充電された後，トリガギャップ G_0 にトリガパルスを入力すると，各段の火花ギ

ャップが動作し，各コンデンサが直列接続され，供試物には $8V_m\cdot\eta$（η：電圧利用率）のインパルス電圧が印加されることになる．

図 14・8 の等価回路の素子 C, R_s と，図 14・9 の素子との対応は，$C=C_i/n$, $R_s=2nr$ である．制動抵抗 r は各段で生じる寄生振動を抑制するためのもので，10Ω 程度の値が使用される．

14・4 高電圧試験方法と規格

電力用高電圧機器の信頼性，安全性，絶縁裕度を確保するため，様々な高電圧試験が行われる．電力機器に用いられる絶縁材料・部品に対する絶縁破壊試験，機器に対する耐電圧試験・絶縁特性試験などがある．これらの試験には，前節までに述べた各種の高電圧発生装置が用いられる．ここでは，絶縁破壊試験と耐電圧試験について，試験方法およびその規格を説明する．

〔1〕絶縁破壊試験

絶縁破壊試験は，主に機器に使用される絶縁材料の絶縁破壊電圧（または電界強度）を求め，絶縁設計に資するデータを提供するために行われる．この試験は，電極形状や配置，電圧波形と印加方法，温度などのパラメータによって影響を受けるため，標準的な試験方法が JIS 規格などで定められている．

（a）50% フラッシオーバ試験

この試験は，自己回復性のある絶縁材料（気体や絶縁油）を対象として，フラッシオーバ率が 50% となる電圧値 V_{50} を求める試験である．主として次の二つの方法がある．

（イ）補間法

図 14・10 に示すように，まず想定される 50% フラッシオーバ電圧の上下に数レベルの電圧を選び，それぞれの電圧で 10〜20 回の電圧印加を行い，各電圧でのフラッシオーバ率を求める．次に，求めたフラッシオーバ率と印加電圧の関係を正規確率紙上にプロットし直線近似して，50% フラッシオーバ電圧 V_{50} を求める．正規確率紙上の 20〜80% の範囲はほぼ等間隔であるので，正規確率紙のない場合は，この範囲で求めたフラッシオーバ率を方眼紙上にプロットして近似的に求めてもよい．

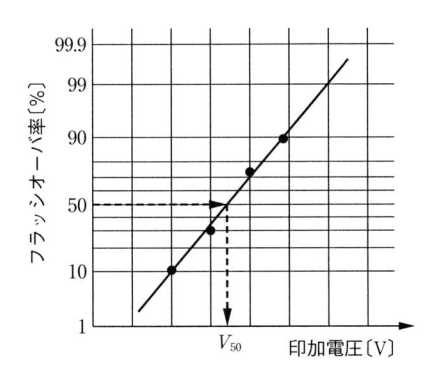

図 14・10 正規確率紙を用いた 50% フラッシュオーバ電圧 V_{50} の推定

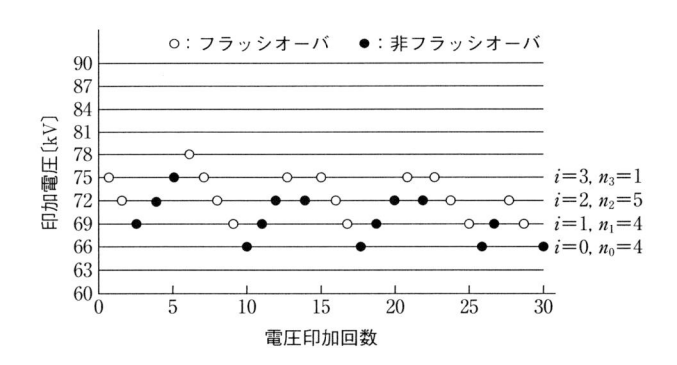

図 14・11 昇降法によるフラッシュオーバの履歴

(ロ) 昇降法

図 14・11 のように，一定の電圧幅 ΔV で，フラッシュオーバが生じれば一段上，生じなければ一段下の電圧を印加し，フラッシュオーバと非フラッシュオーバの履歴から V_{50} を求める方法である．ΔV は標準偏差の値を推定してその 0.5～2 倍程度にとり，印加回数は 30～40 回とする．フラッシュオーバした回数としなかった回数のうち少ない方を対象とし，電圧の低い方からその回数を n_i ($i=0, 1, 2, \cdots, k$) とする．これから，50% フラッシュオーバ電圧 V_{50} および標準偏差 S の推定値が次式から計算できる．

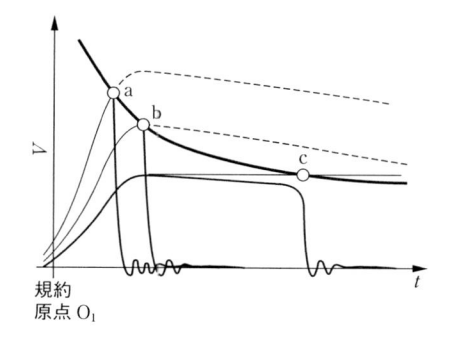

図 14・12 雷インパルス電圧による短時間 V–t 曲線

$$V_{50} = V_0 + \Delta V \left(\frac{A}{N} \pm \frac{1}{2} \right), \quad S = 1.62 \Delta V \left(\frac{NB - A^2}{N^2} + 0.029 \right) \quad (14 \cdot 10)$$

ここで，

$$N = \sum_{i=0}^{k} n_i, \quad A = \sum_{i=0}^{k} i n_i, \quad B = \sum_{i=0}^{k} i^2 n_i$$

である．なお，V_0 は $i=0$ の電圧，±はフラッシオーバしなかった回数を採るときは＋，した回数を採るときは－を採用する．

（b） インパルス V–t 特性試験

通常，雷インパルス電圧の波高値を変えて印加し，短時間 **V–t 特性**を求めるものである．

図 14・12 に示すように，印加電圧の波高値が低いときは波尾部分でフラッシオーバすることが多い．また，波高値が高いときは波頭部でフラッシオーバすることが多い．V–t 曲線としては，ギャップが経験した電圧の最大値すなわち，電圧 V として，フラッシオーバが波頭で起これば その瞬間値（図 14・12 の点 a, b），波尾で起これば波高値（図中点 c）を採用する．t は規約原点 O_1 からの時間である．基本的に開閉インパルス電圧に対する V–t 特性の取得方法も同様である．

（c） 長時間 V–t 試験

主に電気機器に使用される絶縁材料の寿命を推定し，設計電界強度を求めるために，**長時間 V–t 試験**が行われる．この試験は，同じ形状の試料に印加する

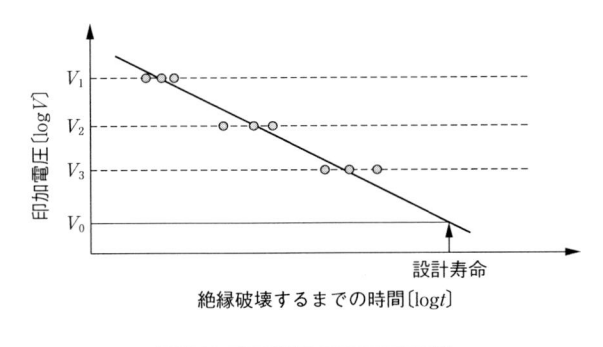

図14・13 長時間 V–t 特性

電圧レベルを複数レベル設定し，各電圧レベルで複数個の試料が絶縁破壊するまで印加し続ける試験である．図14・13に示すように，一般に印加電圧 V（または印加電界強度 E）と絶縁破壊するまでの時間 t を両対数で表示すると，経験的に直線になることが知られている．この直線から，V と t は逆 n 乗則に従い，

$$V = k \cdot t^{-\frac{1}{n}} \tag{14・11}$$

で表現される．k は定数，n は絶縁材料の劣化度合いを示す定数で，固体の劣化が早い場合は直線の傾きが急になり，n は小さい．逆に，劣化が緩慢な場合は傾きが小さく，n は大きくなることが知られている．また，この直線を長時間側に外挿し，想定された設計寿命での印加電圧（または電界強度）を求め，実器の絶縁材料に印加される電圧（または電界強度）を V_0 以下にするようにする．

〔2〕耐電圧試験

耐電圧試験は，電力用高電圧機器が充分な絶縁耐力を有していることを検証するために行う試験である．メーカにおいて機器の出荷前に工場で行う場合（工場試験）と，機器の出荷後使用場所に設置し現地で行う場合（現地試験）がある．

工場試験には形式試験と受入試験がある．形式試験は，規格を満たしていることを確認し，認定するために行う試験である．一方，受入試験は，材料の欠陥と製作・組立てにおける欠陥をチェックするために行う試験で，製品全数を対象として行われる代わりに形式試験より簡略化される．いずれも，試験電圧，課電時間などの試験条件は JEC の標準規格あるいは受け入れ側の仕様に基づいて実施

14・4 高電圧試験方法と規格

表 14・1 試験電圧値（JEC-0102 による）

公称電圧 [kV]	最高電圧 [kV]	絶縁階級 [号]	雷インパルス 耐電圧試験	開閉インパルス 耐電圧試験	商用周波耐電圧試験 （実効値）
3.3	3.45	3A 3B	45 30	—	16 10
6.6	6.9	6A 6B	60 45	—	22 16
11	11.5	10A 10B	90 75	—	28 28
22	23	20A 20B 20S	150 125 180	—	50 50 50
33	34.5	30A 30B 30S	200 170 240	—	70 70 70
66	69	60 60S	350 420	—	140 140
77	80.5	70 70S	400 480	—	160 160
110	115	100 100S	550 660	—	230 230
154 187	161 195	140 140S	750 900	—	325 325
220	230	170 170S	900 1 080	—	395 395
275	287.5	200 200S	1 050 1 260	—	460 460
500	525 550	500L 500H	1 550 1 800	1 175 1 175	750 750

（注）(1) 公称電圧：電線路を代表する線間電圧，(2) 最高電圧：平常時に電線路に発生する最大の線間電圧，(3) 絶縁階級：電力機器，設備の絶縁耐力を示す階級であり，耐えるべき試験電圧の組み合わせで表される（たとえば，170 号は 900 [kV] の雷インパルス電圧と 395 [kV] の交流電圧に耐える絶縁である）．また，記号 A：一般用，B：雷サージの危険が少ない場合，S：電力線搬送用結合コンデンサおよび避雷器の保護範囲外で使用するコンデンサ型計器用変圧器に適用することを表す．500L は避雷器の近くに設置され雷サージからよく保護されている機器に適用，500H はそうでない機器に適用する．(4) 雷インパルスおよび開閉インパルス試験電圧：避雷器の保護レベルに裕度を考慮して定める．(5) 商用周波試験電圧：一般に，最高電圧運転時における 1 線地絡時の健全相電位上昇に 2 倍の安全率を乗じて定める（たとえば，154 [kV] 以下の有効接地系統機器：（最高電圧/$\sqrt{3}$）$\times \sqrt{3} \times 2$，275 [kV] の機器：(287.5 $\times \sqrt{3}$) $\times 1.4 \times 2$，500 [kV] の機器：1.4 の代わりに 1.25 を用いる．ただし，$\sqrt{3}$，1.4，1.25：1 線地絡時の電位上昇倍率．(6) 187 [kV] 以上は有効接地系統を対象とする．(7) 公称電圧 500 [kV] では，最高電圧が 525 [kV] と 550 [kV] の系統があるが，試験電圧は同一である．

される.対象となる機器の信頼性を増し,かつ経済的に実施するために,JEC規格として,**表14・1**に示す耐電圧試験電圧が制定されている.

現地試験は,竣工運転開始前の電力用高電圧機器に関するJEC規格に則り,監督官庁などの立会いのもとで実施される.

演習問題

1 共振を利用して交流高電圧を発生できるが,その方法について述べなさい.

2 インパルス電圧発生器の回路構成について述べなさい.

3 式(14・9)を導出しなさい.

15章 高電圧・大電流の測定

高電圧機器に対する絶縁試験や放電特性，絶縁特性に関する研究などにおいては，前章で述べた各種の高電圧発生装置が使用目的に応じて用いられる．発生した高電圧の大きさを正確に計測し，また，その高電圧を試験対象に印加して絶縁破壊が生じたときに流れる大電流や，部分放電の発生による微小パルス電流を正確に把握することも必要である．そのためには高電圧・大電流，さらには微小電流の測定技術の理解が不可欠である．また，放電路の形態や発光状態などの光学的観測も現象解明には必要である．本章では，これらの測定技術について学ぶ．

15·1 高電圧の測定

〔1〕計器用変圧器

変電所などにおいて，電力系統の交流高電圧を測定する際には，測定対象の電圧をいったん100 V程度の交流低電圧に降圧したうえで，この低電圧階級の測定に適した電圧計を使用するのが一般的である．交流電圧の降圧には変圧器を利用でき，特に電圧測定を目的として使用される変圧器を**計器用変圧器**（PT: Potential Transformer）と呼ぶ．一般の変圧器と同じ原理で，一次側と二次側の巻線の巻数比（N_1/N_2）によって一次側の高電圧 V_1 を，使用計測器によって測定可能な電圧 V_2 に変換し，次式を用いて V_1 を算出する．

$$V_1 = \frac{N_1}{N_2} V_2 \tag{15・1}$$

このように，二次側に接続した指示電圧計やオシロスコープで商用周波数の交流高電圧を測定できる．

〔2〕分圧器

図15·1に示すように，端子間電圧 V_1 の高電圧端子に，インピーダンス Z_1 と

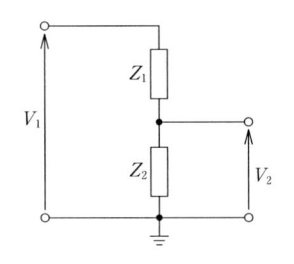

図 15・1　分圧器の基本回路

Z_2 を直列接続し（ただし，$Z_1 \gg Z_2$），Z_2 と並列にオシロスコープなどの測定器を接続して V_2 を測定する．このとき，

$$V_1 = \frac{Z_1 + Z_2}{Z_2} V_2 = \left(1 + \frac{Z_1}{Z_2}\right) V_2 \tag{15・2}$$

により高電圧 V_1 が測定できる．このように，測定対象の高電圧をインピーダンスで分圧し，高電圧に比例する低電圧を取り出す装置を**分圧器**（Potential divider）と呼ぶ．

このインピーダンスに用いる素子により，さまざまな分圧器がある．

（a）　抵抗分圧器

図 15・1 のインピーダンス Z_1, Z_2 を抵抗 R_1, R_2 としたもので，

$$V_1 = \frac{R_1 + R_2}{R_2} V_2 = \left(1 + \frac{R_1}{R_2}\right) V_2 \tag{15・3}$$

から高電圧 V_1 を求めることができる．

抵抗分圧器を用いて直流や交流の高電圧を測定する場合には，測定中に抵抗 R_1, R_2 に電流が流れ続けるので，抵抗で消費される電力が分圧器の許容電力を超えることがないように注意する必要がある．

（b）　静電容量分圧器

図 15・2 は静電容量分圧器の基本的な回路である．この分圧器は，商用周波や高周波の高電圧測定に用いられ，静電容量 C_1 の高電圧コンデンサと C_2 の低電圧コンデンサを直列に接続する．$C_2 \gg C_1$ であれば，C_2 の端子電圧 V_2 は高入力インピーダンスの指示電圧計やオシロスコープでの測定が可能な電圧範囲に収まるので，次式から V_1 を求めることができる．

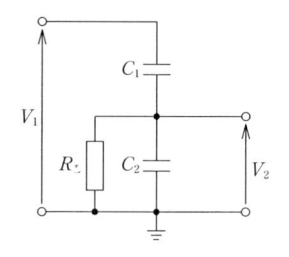

図15・2 静電容量分圧器

$$V_1 = \frac{C_1 + C_2}{C_1} V_2 = \left(1 + \frac{C_2}{C_1}\right) V_2 \tag{15・4}$$

なお，図中の R_L はコロナ放電などの直流成分により，C_2 に電荷が蓄積するおそれのある場合に用いる漏れ抵抗であり，$R_L \gg 1/(\omega C_2)$（ω：交流電圧の角周波数）になるように選ぶ．

（c） 分圧器を用いた高電圧測定における留意事項

分圧器の部品として使用される抵抗やコンデンサは，実際には，純粋な抵抗素子や純粋な静電容量と見なせるとは限らない．特に，インパルス電圧のような高周波成分を含む波形を測定する場合は，残留インダクタンスや浮遊静電容量の影響が無視できないことが多い．図 15・3 に示すような抵抗分圧器においては，高電圧接続線の残留インダクタンス（L_0）や抵抗素子自身の残留インダクタンス（L_1, L_2），また，高電圧接続線の対地浮遊静電容量（C_{s0}）や対抵抗素子浮遊静電容量（C_{s1}），さらに抵抗の対地浮遊静電容量（C_{s2}, C_{s3}）があるので，図 15・1 よりも複雑な等価回路に基づく検討が不可欠である．このような検討に基づき，浮遊静電容量の影響を抑制するには，高電圧側に円環状のシールド電極を設ける手法が有効とされている．さらには，制動容量分圧器，抵抗容量分圧器などが実用化されており，後者は広い周波数帯域で分圧比を同じ値にできるので，歪みの少ない測定波形が得られる．

分圧器の出力をオシロスコープなどの計測器の入力端子に接続するためには，多くの場合，数 m 以上の長さの信号用同軸ケーブルを引き回す必要がある．サージインピーダンスを持つこのような線路が測定系内に存在する場合には，線路の両端にてインピーダンスマッチング（整合）を施し，信号の反射を抑制しなけ

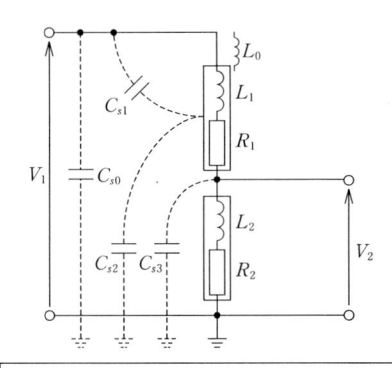

L_0：高電圧接続線の残留インダクタンス
L_1, L_2：抵抗素子の残留インダクタンス
C_{s0}：高電圧接続線の対地浮遊静電容量
C_{s1}：高電圧接続線の対抵抗素子浮遊静電容量
C_{s2}, C_{s3}：抵抗素子の対地浮遊静電容量

図 15・3 分圧器を用いた高電圧測定における残留インダクタンスと浮遊静電容量

ればならない（12・1 節参照）．分圧器の出力端子電圧と接地端子電圧の両方を，同じ長さの 2 本の同軸ケーブルを用いて同時測定し，差動入力端子を備えたオシロスコープを用い，差分を取ることでケーブルに誘導されるノイズを低減することもある．

　放電現象や電子機器より発生する電気的・磁気的・電磁気的ノイズは，静電誘導，電磁誘導，電磁波伝搬，導線内の伝導により測定用信号線に侵入し計測ノイズとなる．高電圧・大電流の測定に際しては，このようなノイズの発生や侵入を防ぐ工夫が不可欠である．例えば，実験室全体に良質な低抵抗の接地を施したり，計測装置をシールドルーム内に設置したりするほか，計測装置用の電源を絶縁トランスからとるなどの細かな工夫を積み重ねることが重要である．

〔3〕**標準球ギャップを用いた電圧測定法**

　図 15・4 に示す直径の等しい二つの金属球電極を対向させた球対球電極系（**球ギャップ**）での空気のフラッシオーバ電圧は，印加電圧の波形や周囲の湿度にあまり影響されず，ばらつきの小さいことが知られている．この性質を利用して，分圧器とオシロスコープなどの計測器を含む測定系全体の校正や測定値の

図15・4 球ギャップ

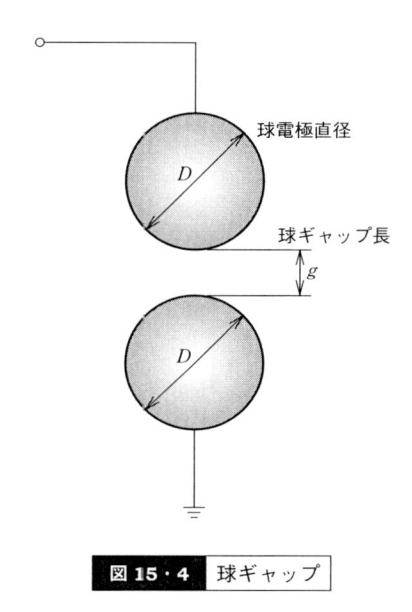

確認, あるいは, 高電圧発生装置に供試物が負荷された状態で, 供試物に実際に印加される電圧を測定したい場合などに球ギャップのフラッシオーバ電圧が用いられる. この測定で対象になるのはインパルス電圧や商用周波交流電圧の波高値である.

　球ギャップを用いた基本的な高電圧測定法は, 印加電圧波形に応じて JIS 規格[1]などにより規定されている. 商用周波交流電圧に対しては, 印加電圧を低い電圧から十分ゆっくりした上昇速度で昇圧してフラッシオーバさせ, その波高値を得る. これを最低 10 回繰り返し, フラッシオーバ電圧値を求める. インパルス電圧に対しては, 50％ フラッシオーバ電圧と標準偏差を決定する必要があり, 14 章 14・4 節で述べた補間法あるいは昇降法によって測定を行う. 直流電圧に対しては, フラッシオーバ電圧が空気中の塵埃などの影響を受けて誤差 (フラッシオーバ電圧のばらつき) が生じやすい. そこで, その影響を受けにくいように, 3 m/s 以上の風速で空気を球ギャップ間に流しながら電圧を測定するか, 塵埃の影響が小さい棒ギャップ間のフラッシオーバ電圧を利用する方法が採られる.

　標準大気状態 (温度 20℃, 気圧 1 013 hPa (760 mmHg), 湿度 11 g/m^3, 相対

表 15.1 標準球対球電極系における空気のフラッシオーバ電圧（単位：kV，波高値）（IEC 60052. Ed. 3.0（2002）[2)] による）

（1 球接地：＋，－は高電圧側電極の極性）【大気条件：温度20［℃］，気圧1 013［hPa］】

球直径〔cm〕	2		5		6.25		10		12.5		15	
ギャップ長〔cm〕	＋	－	＋	－	＋	－	＋	－	＋	－	＋	－
0.05		2.8										
0.10		4.7										
0.15		6.4										
0.20		8.0		8.0								
0.25		9.6		9.6								
0.30	11.2	11.2	11.2	11.2								
0.40	14.4	14.4	14.3	14.3	14.2	14.2						
0.50	17.4	17.4	17.4	17.4	17.2	17.2	16.8	16.8	16.8	16.8	16.8	16.8
0.60	20.4	20.4	20.4	20.4	20.2	20.2	19.9	19.9	19.9	19.9	19.9	19.9
0.70	23.2	23.2	23.4	23.4	23.2	23.2	23.0	23.0	23.0	23.0	23.0	23.0
0.80	25.8	25.8	26.3	26.3	26.2	26.2	26.0	26.0	26.0	26.0	26.0	26.0
0.90	28.3	28.3	29.2	29.2	29.1	29.1	28.9	28.9	28.9	28.9	28.9	28.9
1.0	30.7	30.7	32.0	32.0	31.9	31.9	31.7	31.7	31.7	31.7	31.7	31.7
1.2	(35.1)	(35.1)	37.8	37.6	37.6	37.5	37.4	37.4	37.4	37.4	37.4	37.4
1.4	(38.5)	(38.5)	43.3	42.9	43.2	42.9	42.9	42.9	42.9	42.9	42.9	42.9
1.5	(40.0)	(40.0)	46.2	45.5	45.9	45.5	45.5	45.5	45.5	45.5	45.5	45.5
1.6			49.0	48.1	48.6	48.1	48.1	48.1	48.1	48.1	48.1	48.1
1.8			54.5	53.0	54.0	53.5	53.5	53.5	53.5	53.5	53.5	53.5
2.0			59.5	57.5	59.0	58.5	59.0	59.0	59.0	59.0	59.0	59.0
2.2			64.0	61.5	64.0	63.0	64.5	64.5	64.5	64.5	64.5	64.5
2.4			69.0	65.5	69.0	67.5	70.0	69.5	70.0	70.0	70.0	70.0
2.6			(73.0)	(69.0)	73.5	72.0	75.5	74.5	75.5	75.0	75.5	75.5
2.8			(77.0)	(72.5)	78.0	76.0	80.5	79.5	80.5	80.0	80.5	80.5
3.0			(81.0)	(75.5)	82.0	79.5	85.5	84.0	85.5	85.0	85.5	85.5
3.5			(90.0)	(82.5)	(91.5)	(87.5)	97.5	95.0	98.0	97.0	98.5	98.0
4.0			(97.5)	(88.5)	(101)	(95.0)	109	105	110	108	111	110
4.5					(108)	(101)	120	115	122	119	124	122
5.0					(115)	(107)	130	123	134	129	136	133
5.5							(139)	(131)	145	138	147	143
6.0							(148)	(138)	155	146	158	152
6.5							(156)	(144)	(164)	(154)	168	161
7.0							(163)	(150)	(173)	(161)	178	169
7.5							(170)	(155)	(181)	(168)	187	177
8.0									(189)	(174)	(196)	(185)
9.0									(203)	(185)	(212)	(198)
10									(215)	(195)	(226)	(209)
11											(238)	(219)
12											(249)	(229)

（注） (1) ＋欄の数値：正極性インパルス電圧による．
(2) －欄の数値：交流電圧，正・負直流電圧，負極性インパルス電圧による．
(3) インパルス電圧に対しては，50％フラッシオーバ電圧を示す．
(4) 太線枠内はインパルス電圧測定時に照射が必要であることを示す．
(5) （ ）内はキャップ長が球直径の1/2以上の場合に精度が落ちる．
(6) 湿度に対する補正を行うが，できるだけ標準状態に近い湿度（11［g/m³］）での測定が望ましい．

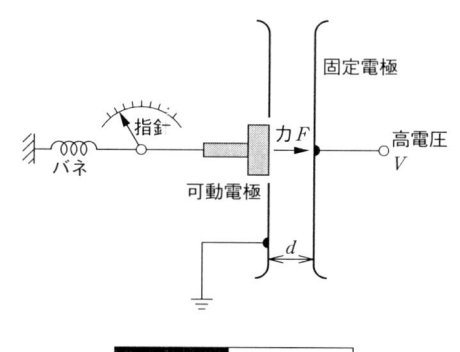

図15・5 静電電圧計

空気密度 $\delta=1$) でのフラッシオーバ電圧 V_N は，球ギャップ長とフラッシオーバ電圧との関係を示した**表15・1**（IEC 60052 Ed. 3.0[2)]においては，球直径 $D=2\sim 200\,\text{cm}$ の標準球ギャップのフラッシオーバ電圧値が示されているが，ここでは，$D=2\sim 15\,\text{cm}$ の範囲の電圧値のみを示した）から読み取ることができるので，測定時の相対空気密度が δ（4・3節参照）であれば，実際の電圧値 V_B（波高値）は次式から求められる．

$$V_B = \delta V_N \tag{15・5}$$

この方法では球ギャップ長 g が，球電極の直径 D の 1/2 以下，つまり，$g \leq \dfrac{1}{2}D$ の場合には，±3% 以内の精度（不確かさ）で電極間電圧の波高値を測定できる．

〔4〕静電電圧計

静電電圧計（Electrostatic voltmeter）は，平板電極の表面に働く静電吸引力（マクスウェル応力）を利用して電極間電圧を測定する装置で，**図15・5**にその原理図を示す．

間隔 d の電極間に高電圧 V が印加されていると，両電極間に単位面積当たり F の吸引力が働き，その力に比例して可動電極が動く．この力 F は，

$$F = \frac{1}{2}\varepsilon_0 \left(\frac{V}{d}\right)^2 \tag{15・6}$$

で表される．電極間電圧 V は，

$$V = \left(\frac{2F}{\varepsilon_0}\right)^{1/2} \cdot d \qquad (15\cdot7)$$

となり，吸引力の平方根に比例する．可動電極の移動距離に合わせてメータ指針が動くようにすれば電圧を読み取ることができる．静電電圧計により直流，および交流電圧の実効値を測定することができる．

15・2 大電流の測定

〔1〕分流器

回路を流れる大電流を測定したい場合，抵抗値の小さな抵抗を回路に直列に挿入し，その抵抗の両端に生じる電圧降下をオシロスコープなどで測定すれば，オームの法則により電流値を算出できる．この抵抗は**分流器**（shunt）と呼ばれる．測定対象の大電流が高周波成分（ω）を含む場合は，波形が歪まないように，残留インダクタンス（L）を小さくする工夫が必要であるが，挿入抵抗値（r）がそもそも小さい値なので，$\omega L \ll r$ を満たすのは容易ではない．図 15・6 に，インパルス電流測定用の同軸円筒形分流器の構造を示す．電流が金属外円筒によって反対方向に流れるようにして，残留インダクタンスを極力抑制するようになっている．

〔2〕ロゴウスキーコイル

電流の流れている導体を取り囲むように，図 15・7 のような空芯の**ロゴウス**

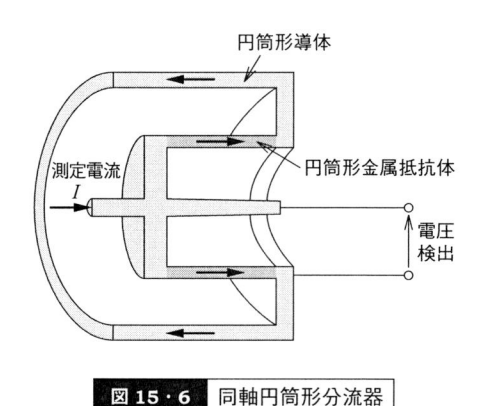

図 15・6 同軸円筒形分流器

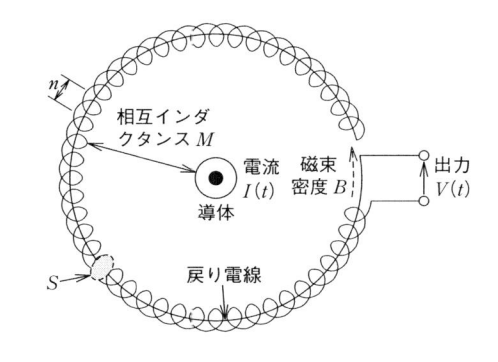

図15・7 ロゴウスキーコイルによる電流測定の原理

キーコイル（Rogowski coil）を設け，導体電流によって生じた磁界の変化を検出して，電流を測定することができる．このコイルは導体と非接触で測定できる利点がある．電流の流れる導体とコイルとの相互インダクタンスを M とすると，電流 $I(t)$ が導体に流れたとき，コイルの両端に発生する出力電圧 $V(t)$ は，

$$V(t) = -M\frac{dI(t)}{dt} \tag{15・8}$$

となる．したがって，$V(t)$ を時間積分すれば電流 $I(t)$ が求まる．この積分には抵抗（R）とキャパシタンス（C）を用いた CR 回路などの積分回路が用いられる．その場合，積分回路の周波数特性を十分に検討する必要がある．なお，図に示されているように，コイルの一方の端からコイルに沿って電線が戻されている．これは，電流 $I(t)$ による磁界以外の外部磁界の影響を相殺するための工夫である．

なお，このロゴウスキーコイルを使用するにあたって留意すべきことは，相互インダクタンス M の値は，電流 $I(t)$ の流れる導体がコイル内の中心からずれた場合にも一定の値を持つことが望ましいということである．このため，ロゴウスキーコイルが満たすべき製作上の条件は，次のとおりである[3]．

1) コイル各ターンの作る断面積 S が一定である．
2) コイル各ターンの作る断面の中心点を結んだ線（戻り電線と重なる）の作る円形の面と，$I(t)$ の流れる導体とが直交する．
3) コイルの巻き数密度 n が一定である．

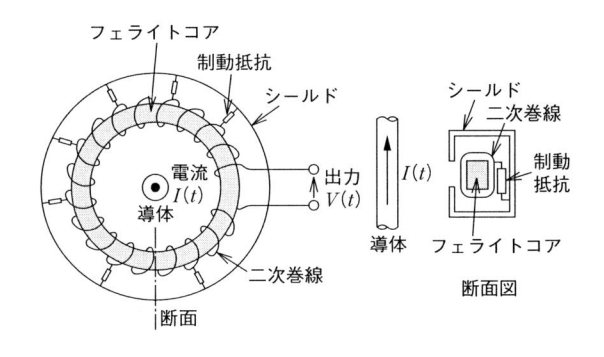

図 15・8 高周波変流器の原理

〔3〕高周波変流器

図 15・8 に，**高周波変流器**（CT：Current transformer）の原理図を示す．高周波用の磁心（フェライトなど）に二次巻線を巻き，制動抵抗を巻線各所に分布して接続し，全体を低インダクタンス金属板からなるシールドで覆ったもので，中心導体を流れる電流の値を測定できる．この CT もロゴウスキーコイルと同じく電流回路と絶縁して電流が測定でき，非常に簡便で，シールドに覆われているため信号のノイズ対策にも有利である．

15・3 部分放電の計測

　固体絶縁物内部に予期しないボイド（空孔）やクラックが存在する場合，高電圧が印加されると部分放電が発生する．この現象に関しては，5・2 節〔3〕項において述べられている．部分放電が発生すると，固体絶縁物の劣化や絶縁破壊を引き起こし電力機器の信頼性を脅かすので，部分放電の検出は重要な測定項目になる．部分放電による電流は微小なパルス状であるので，前節の大電流の計測に比較し，計測にはノイズに対する十分な配慮が必要である．

　部分放電の典型的な検出方法として，部分放電に伴う微小なパルス電流を適切なインピーダンスを用いてパルス電圧に変換して計測する手法が挙げられる．その代表的な測定回路を，図 15・9 に示す．Z は交流電源から発生するノイズの侵入を阻止するインピーダンス（ローパスフィルタ）であり，供試体 C_a と並列に

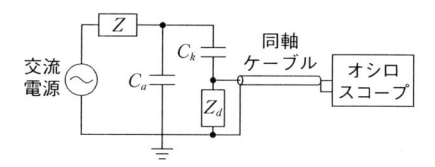

Z_d：検出インピーダンス
Z：インピーダンス（フィルタ）
C_a：供試体
C_k：結合コンデンサ

図 15・9 部分放電計測の基本回路

表 15・2 部分放電の検出法

部分放電発生に伴う事象	検出センサ
電磁波	UHF/VHF アンテナ ホーンアンテナ ループアンテナ
音波	AE（Acoustic Emission）センサ
放電光	光電子増倍管 蛍光ファイバ
分解ガス	ガスクロマトグラフィー

　結合コンデンサ C_k と検出インピーダンス Z_d を接続する．Z_d として，測定周波数領域によって様々なものが用いられるが，広帯域の測定を行う場合，抵抗とキャパシタンスを並列接続した CR 形が放電パルス波形の分解能が高いためよく使われる．検出インピーダンスによって微小なパルス電圧に変換された信号は同軸ケーブルを通してオシロスコープなどで計測される．なお，この場合も同軸ケーブル両端でのインピーダンス整合に留意する必要がある．

　部分放電が発生すると，微小パルス電流と共に，電磁波，発光などを伴うので，これらを検出することにより部分放電を測定する様々な手法が開発されている．これらの手法と検出センサを**表 15・2** にまとめている．

15・4 放電現象の測定

　これまでは放電（部分放電を含む）発生に伴う電流の計測を中心に説明したが，放電路の形態や発光状態などの計測が様々な手法を用いて古くから行われている．

〔1〕リヒテンベルク図法

　暗室中に置かれた写真フィルム上で放電を発生させると，放電光によりフィルムが感光し，フィルムを現像するとフィルムに放電図が得られる．この図を**リヒテンベルク図**（Lichtenberg figure）と呼び，測定系の概略図の例を**図15・10**に示す．しかし，フィルム感光剤の導電性が放電形態に及ぼす影響などを考慮する必要がある．

〔2〕電荷図法

　リヒテンベルク図と同様に，絶縁物上で沿面放電を発生させると，放電経路上に放電によって生成された電荷が蓄積する．この電荷蓄積の状況を知るために，例えば，鉛丹（Pb_3O_4，別名　光明丹）と松脂の微粉末を十分に攪拌して混合させた後，放電の発生した箇所にふりかけ軽くたたき，余分な粉末を除去すると，松脂は負に帯電しているので正電荷の存在する部分には白い松脂粉末が，また負電荷の存在する部分には正に帯電した赤い鉛丹が付着する．電荷のない箇所には

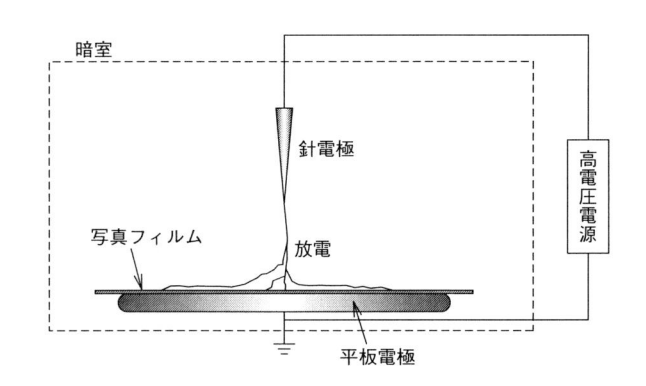

図15・10　リヒテンベルク図法による放電の観測

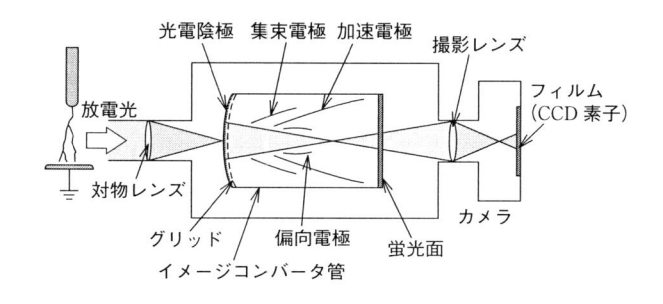

図15・11 イメージコンバータカメラ

粉末は付着しないので，電荷蓄積分布とその極性を白と赤の着色の状況によって把握することができる．このような手法を**電荷図**（Dust figure）と呼ぶ．微粉末としては，硫黄（黄）と鉛丹（赤）などの組み合わせがある．また，コピー機のトナーを用いることによっても電荷図が得られる．この絶縁板を高温槽に入れ80℃程度で加熱すると電荷図を定着させることができる．

さらに最近では，電界による液晶の配向現象を利用した液晶図形も放電路の形態や発光状態の観測に用いられている．

また，電荷図を取得する前の絶縁物表面を静電プローブで走査し，得られた誘導電荷のパターンから逆計算を行って表面電荷密度の分布を解析することもできる．

〔3〕高速度カメラ

放電現象は短時間の現象であるため，その時間的な進展状況を把握する場合に，**イメージコンバータカメラ**（ICC：Image Converter Camera）が用いられる．図15・11にその概略構造を示す．放電によって生じた光を対物レンズによってイメージコンバータ管の光電陰極面に集光結像させると，光電面から真空中に光電子が放出される．この光電子は，イメージコンバータ管の電子レンズ群によって収束，加速され蛍光面に照射されて，蛍光体を発光させる．この蛍光をカメラの撮影レンズを通して写真フィルム上に撮影する．または，CCD素子でディジタル画像として保存する．光電陰極面前面のグリッドに負の直流電圧を印加し，これに正のパルス電圧を加えるとその時間だけ露光させることができる．こ

のとき，管内の偏向板に直角波電圧や直線状に上昇する電圧を加えることにより，10 コマ程度のコマ撮りやストリーク撮影ができる．現在では，シャッタ速度 5 ns，ストリーク速度 10^6 m/s ほどの高速度現象を撮影することが可能になっている．

また最近では，高速ビデオカメラも性能が向上し，1 000 万コマ/s のものもある．この他に，比較的簡便な方法として，数台の CCD カメラを並べ，各カメラの撮影開始時刻を遅延させて，一連の放電現象を撮影する方法がある．

演習問題

1 球ギャップによる高電圧測定法について説明し，それを実際に使用するときの注意事項を述べなさい．

2 静電電圧計による高電圧測定原理について説明しなさい．

3 ロゴウスキーコイルによる電流測定原理について説明しなさい．

演習問題解答

1章

1 $N_0 = \int_{-\infty}^{\infty}\int_{-\infty}^{\infty}\int_{-\infty}^{\infty} f(v_x, v_y, v_z)dv_x dv_y dv_z$ を考えれば，v_x, v_y, v_z についての積分はすべて同じ（v_s とおく）．$N_0 = G\left[\int_{-\infty}^{\infty} \exp\left(-\dfrac{mv_s^2}{2k_B T}\right)dv_s\right]^3$ に対して，積分公式 $\int_{-\infty}^{\infty} \exp(-ax^2)dx = 2\int_0^{\infty} \exp(-ax^2)dx = 2\dfrac{1}{2}\sqrt{\dfrac{\pi}{a}}$ を用いれば $N_0 = G\left(\dfrac{2k_B T\pi}{m}\right)^{3/2}$ となる（以下略）．

2 式 (1·4) において，$\dfrac{1}{2}mv^2 = E, mvdv = dE, v = \sqrt{\dfrac{2E}{m}}$ とそれぞれ置き換えて変形すれば得られる．

3 質量の大きな分子および小さな分子それぞれについて，質量を M, m，衝突前の速度を $0, v_0$，衝突後の速度を V, v とすると，運動量保存則より $mv_0 = MV + mv$，エネルギー保存則より $\dfrac{1}{2}mv_0^2 = \dfrac{1}{2}MV^2 + \dfrac{1}{2}mv^2$ が成り立つ．これらを解いて $V = \dfrac{2mv_0}{m+M}$, $v = \dfrac{m-M}{m+M}v_0$ となるが，M が大きい極限では $V = 0, v = -v_0$ となる．

4 衝突断面積は $1.8 \times 10^{-20} \mathrm{m}^2$．平均自由行程は $23\,\mathrm{cm}$

2章

1 （1） $dN_e = \alpha N_e dx + \beta[N_{eT} - N_e]dx$

（2） $N_{eT} = \dfrac{N_{e0}(\alpha - \beta)\mathrm{e}^{(\alpha - \beta)d}}{\alpha - \beta \mathrm{e}^{(\alpha - \beta)d}}$

2 pd を一つの変数とみて，式 (2·15) を pd で微分すると

$$\dfrac{dV_s}{d(pd)} = \dfrac{B(\ln Apd + C) - Bpd\dfrac{1}{pd}}{(\ln Apd + C)^2} = \dfrac{B(\ln Apd + C - 1)}{(\ln Apd + C)^2}$$

$\dfrac{dV_s}{d(pd)} = 0$, すなわち $\ln Apd + C - 1 = 0$ より $pd = \exp(1 - \ln A - C)$

3 計算値を示す．

pd [Pa・m]	V_s [V]
0.5	880.9
1	221.9
2	236.8
5	366.3
10	568.5
20	929.1
50	1 870
100	3 260

4 形成遅れは 28 ns，統計遅れは 4.5 ns

3 章

1 A 点より回路電流が減ると，放電部にかかる電圧と電源の内部抵抗による電圧降下が電源の起電力より高くなり，回路電流が減る．逆に A 点より回路電流が増えると，放電部と内部抵抗の電圧合計は起電力より低くなり，回路電流が増える．したがって，A 点は動作点として不安定．B 点では逆の特性を示すため安定．

2 回路中に存在するインダクタンス成分による電流の急激な変化（dI/dt）に基づいて発生する起電力．

3 各式を用いた計算値を示す．

d	V_{50} (A)	V_{50} (B)	V_{50} (C)	d	V_{50} (A)	V_{50} (B)	V_{50} (C)
1	0.500	0.378	0.409	10	1.991	1.889	1.861
2	0.758	0.680	0.705	11	2.108	1.968	1.946
3	0.967	0.927	0.936	12	2.221	2.040	2.025
4	1.149	1.133	1.127	13	2.330	2.105	2.098
5	1.313	1.308	1.289	14	2.436	2.164	2.167
6	1.465	1.457	1.430	15	2.539	2.217	2.232
7	1.607	1.587	1.555	16	2.639	2.267	2.293
8	1.741	1.700	1.667	17	2.737	2.312	2.351
9	1.869	1.800	1.768	18	2.832	2.354	2.406

4 （例）ギャップ長がはるかに長い．雲は導体ではない．雲内の電荷は空間的に分布しており，異極性のものがある．雲と大地の間（放電空間）に放電前から多くの空間電荷が存在する．

4 章

1 （略解）4・1 節参照
2 （略解）4・4 節〔3〕参照
3 （略解）4・4 節〔1〕および 4・4 節〔2〕参照

4 （略解）4・4節〔4〕参照

5 （略解）4・5節参照

5章

1 （1） 各層の電界を E_1, E_2, E_3 として，電束密度 D を考えると，
$$D = \varepsilon_1\varepsilon_0 E_1 = \varepsilon_2\varepsilon_0 E_2 = \varepsilon_3\varepsilon_0 E_3$$
よって，$E_2 = \dfrac{\varepsilon_1}{\varepsilon_2}E_1, E_3 = \dfrac{\varepsilon_1}{\varepsilon_3}E_1$

また，電圧 V は，次のようになる．
$$V = E_1 d_1 + E_2 d_2 + E_3 d_3 = \left(d_1 + \frac{\varepsilon_1}{\varepsilon_2}d_2 + \frac{\varepsilon_1}{\varepsilon_3}d_3\right)E_1 = \varepsilon_1\left(\frac{1}{\varepsilon_1}d_1 + \frac{1}{\varepsilon_2}d_2 + \frac{1}{\varepsilon_3}d_3\right)E_1$$

これより，
$$E_1 = \frac{V}{\varepsilon_1\left(\dfrac{1}{\varepsilon_1}d_1 + \dfrac{1}{\varepsilon_2}d_2 + \dfrac{1}{\varepsilon_3}d_3\right)}$$

同様に，
$$E_2 = \frac{V}{\varepsilon_2\left(\dfrac{1}{\varepsilon_1}d_1 + \dfrac{1}{\varepsilon_2}d_2 + \dfrac{1}{\varepsilon_3}d_3\right)} \qquad E_3 = \frac{V}{\varepsilon_3\left(\dfrac{1}{\varepsilon_1}d_1 + \dfrac{1}{\varepsilon_2}d_2 + \dfrac{1}{\varepsilon_3}d_3\right)}$$

（2）（1）の結果から，各層にかかる電圧 V_1, V_2, V_3 を求める．
$$V_1 = E_1 d_1 = \frac{V}{3\left(\dfrac{1}{3} + 1 + \dfrac{1}{3}\right)} = \frac{V}{5}$$

同様に，$V_2 = E_2 d_2 = \dfrac{V}{\left(\dfrac{1}{3} + 1 + \dfrac{1}{3}\right)} = \dfrac{3V}{5}$

$$V_3 = E_3 d_3 = \frac{V}{3\left(\dfrac{1}{3} + 1 + \dfrac{1}{3}\right)} = \frac{V}{5}$$

図5・14の左側の高電圧印加電極からの距離と電位の変化の様子は**解図 5・1**のようになる．

（3）（略解）5・2節〔3〕参照

（4）（略解）5・2節〔3〕参照

2 （1） いま，内部円筒に λ の電荷を与えたとすると，中心から r の位置の電束密度 D は，

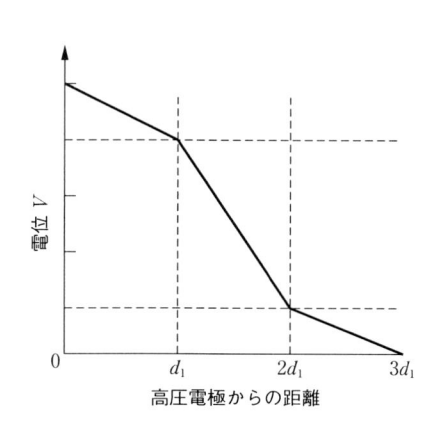

解図 5・1

$$D = \lambda / 2\pi r$$

r の位置が誘電体 I にあるとき電界 E_I は,

$$E_\mathrm{I} = \frac{D}{\varepsilon_1 \varepsilon_0} = \frac{\lambda}{2\pi \varepsilon_1 \varepsilon_0 r}$$

また, r の位置が誘電体 II にあるとき電界 E_II は,

$$E_\mathrm{II} = \frac{D}{\varepsilon_2 \varepsilon_0} = \frac{\lambda}{2\pi \varepsilon_2 \varepsilon_0 r}$$

これより, 電極間の電位差 V は,

$$V = \int_{r_1}^{r_2} E_\mathrm{I} dr + \int_{r_2}^{r_3} E_\mathrm{II} dr$$

$$= \frac{\lambda}{2\pi} \left(\frac{1}{\varepsilon_1 \varepsilon_0} \ln \frac{r_2}{r_1} + \frac{1}{\varepsilon_2 \varepsilon_0} \ln \frac{r_3}{r_2} \right)$$

電界と電位差の式より, 電界 E_I と E_II を求めると,

$$E_\mathrm{I} = \frac{V}{\varepsilon_1 \varepsilon_0 \left(\frac{1}{\varepsilon_1 \varepsilon_0} \ln \frac{r_2}{r_1} + \frac{1}{\varepsilon_2 \varepsilon_0} \ln \frac{r_3}{r_2} \right) r} = \frac{V}{\varepsilon_1 \left(\frac{1}{\varepsilon_1} \ln \frac{r_2}{r_1} + \frac{1}{\varepsilon_2} \ln \frac{r_3}{r_2} \right) r}$$

$$E_\mathrm{II} = \frac{V}{\varepsilon_2 \left(\frac{1}{\varepsilon_1} \ln \frac{r_2}{r_1} + \frac{1}{\varepsilon_2} \ln \frac{r_3}{r_2} \right) r}$$

(2) 最大電界 E_max は, 内部円筒電極外側表面であるので,

$$E_\mathrm{max} = \frac{V}{\varepsilon_1 \left(\frac{1}{\varepsilon_1} \ln \frac{r_2}{r_1} + \frac{1}{\varepsilon_2} \ln \frac{r_3}{r_2} \right) r_1}$$

内部円筒電極外側表面でコロナ放電が継続的に発生するためには $dE_\mathrm{max}/dr_1 < 0$ になる必要がある. したがって,

$$\frac{dE}{dr_1} = -\frac{1}{r_1^2} \cdot \frac{\ln \frac{r_2}{r_1} + \frac{\varepsilon_1}{\varepsilon_2} \ln \frac{r_3}{r_2} - 1}{\left(\ln \frac{r_2}{r_1} + \frac{\varepsilon_1}{\varepsilon_2} \ln \frac{r_3}{r_2} \right)^2}$$

$\ln \frac{r_2}{r_1} + \frac{\varepsilon_1}{\varepsilon_2} \ln \frac{r_3}{r_2} - 1 > 0$ で, $\frac{r_2}{r_1} > \exp \left(1 - \frac{\varepsilon_1}{\varepsilon_2} \ln \frac{r_3}{r_2} \right)$. 誘電体 I は空気で $\varepsilon_1 = 1$ より,

$\frac{r_2}{r_1} > \exp \left(1 - \frac{1}{\varepsilon_2} \ln \frac{r_3}{r_2} \right)$ を満たせば, 持続してコロナ放電が発生する.

(3) (1) で求めた結果より, $\varepsilon_1 = \varepsilon_2$ の場合と $\varepsilon_1 > \varepsilon_2$ の場合について, 同軸円筒中心からの距離による電界 E_I と E_II の変化の概略を図に示すと次のようになる. この図より, $\varepsilon_1 > \varepsilon_2$ の場合, ①最大電界が低減される, ②電界の変化幅が低減される.

[図: 誘電体層Iと誘電体層IIにおける中心からの距離に対する電界の変化。$\varepsilon_1 = \varepsilon_2$ の実線と $\varepsilon_1 > \varepsilon_2$ の破線が示されている。横軸は中心からの距離(r_1, r_2, r_3)、縦軸は電界。]

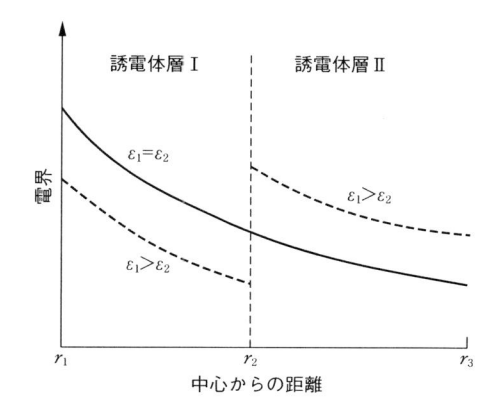

解図 5・2

3 定格電圧を V_1 に対して，$C \cdot V_1$（C は倍率）の電圧で使用した場合を考える．$t = kV^{-n}$ を用いて，$\left(\dfrac{kV_1}{kCV_1}\right)^{13} = \dfrac{1}{100}$ と表わされる．

これより，$C^{13} = 100$，よって $C = 1.425$ と求まるので，定格電圧の 42.5% 増しで使用すると，寿命は 100 分の 1 になってしまう．

6章

1 (略解) 6・1節参照
2 (1) (略解) 6・1節 式(6・1)～式(6・4)参照
　　(2) (略解) 6・2節〔1〕参照
3 (略解) 6・2節〔1〕～〔3〕参照
4 (略解) 6・3節〔3〕参照
5 (略解) 6・4節参照

7章

1 (略解) 7章まえがき部分参照．
2 (略解) 7・3節〔1〕の第1および第2パラグラフ参照．
3 (略解) クランプが溶融蒸発するに最低限必要なエネルギーを W_B（定数）とおき，このエネルギーを与える印加電圧が破壊電圧 V_B と考えて導出する．
4 (略解) 7・4節〔2〕の第3パラグラフ参照．
5 (略解) 7・5節〔2〕の第2パラグラフ参照．

8章

1 初期故障形→（b），偶発故障形→（c），摩耗故障形→（a）

なお，偶発故障形のアイテム（典型例としては窓ガラスなど）を，壊れる前に，新品のアイテムに交換しても，壊れる確率に変化はない．このようなアイテムを交換する必要はなく，交換するのはかえって不経済である．

2 定数 $= 1 - \exp\left\{-\left(\dfrac{V}{\gamma_V}\right)^{m_V}\left(\dfrac{t}{\gamma_t}\right)^{m_t}\right\}$, $1-$ 定数 $= \exp\left\{-\left(\dfrac{V}{\gamma_V}\right)^{m_V}\left(\dfrac{t}{\gamma_t}\right)^{m_t}\right\}$,

$\ln(1-$ 定数$) = -\left(\dfrac{V}{\gamma_V}\right)^{m_V}\left(\dfrac{t}{\gamma_t}\right)^{m_t}$, $\ln(-\ln(1-$ 定数$)) = \ln\left(\left(\dfrac{V}{\gamma_V}\right)^{m_V}\left(\dfrac{t}{\gamma_t}\right)^{m_t}\right)$,

$\ln(-\ln(1-$ 定数$)) = \ln\left(\left(\dfrac{V}{\gamma_V}\right)^{m_V}\right) + \ln\left(\left(\dfrac{t}{\gamma_t}\right)^{m_t}\right) = m_V \ln V - m_V \ln \gamma_V + m_t \ln t - m_t \ln \gamma_t$

定数 $= m_V \ln V + m_t \ln t$, $\ln V = -(m_t/m_V)\ln t +$ 定数

3 平均 $= x_{\min} + \gamma \Gamma(1+1/m) = \Gamma(1+1/3.7) \fallingdotseq 0.903$

分散 $= \gamma^2\{\Gamma(1+2/m) - \Gamma^2(1+1/m)\}$
$= \{\Gamma(1+2/3.7) - \Gamma^2(1+1/3.7)\} \fallingdotseq 0.888 - 0.903^2$
$= 0.0726$

標準偏差 $= \sqrt{分散} \fallingdotseq 0.269$

（平均値 $- x_{\min}$）/標準偏差 $= (0.903-0)/0.269 = 0.903/0.269 \fallingdotseq 3.36$

4 $f(\mu; x_1) \times f(\mu; x_2) = \dfrac{1}{\sqrt{2\pi}} \exp\left\{\dfrac{-(x_1-\mu)^2}{2}\right\} \dfrac{1}{\sqrt{2\pi}} \exp\left\{\dfrac{-(x_2-\mu)^2}{2}\right\}$

$= \dfrac{1}{2\pi} \exp\left\{-\dfrac{1}{2}(x_1^2 - 2\mu x_1 + \mu^2 + x_2^2 - 2\mu x_2 + \mu^2)\right\}$

$= \dfrac{1}{2\pi} \exp\left\{-\left(\dfrac{x_1^2}{2} + \dfrac{x_2^2}{2} - \mu x_1 - \mu x_2 + \mu^2\right)\right\}$

題意より，これは $A \exp\left\{-\dfrac{1}{B}\left(\dfrac{x_1+x_2}{2} - \mu\right)^2\right\}$ の形になる（B は 2 とは限らない）．

$A \exp\left\{-\dfrac{1}{B}\left(\dfrac{x_1+x_2}{2} - \mu\right)^2\right\} = A \exp\left\{-\dfrac{1}{B}\left(\dfrac{x_1^2}{4} + \dfrac{x_1 x_2}{2} + \dfrac{x_2^2}{4} - \mu x_1 - \mu x_2 + \mu^2\right)\right\}$

ここで，B＝1 とすると，

$= A \exp\left\{-\left(\dfrac{x_1^2}{4} + \dfrac{x_1 x_2}{2} + \dfrac{x_2^2}{4} - \mu x_1 - \mu x_2 + \mu^2\right)\right\}$

$= A \exp\left\{-\left(\dfrac{x_1^2}{2} - \dfrac{x_1^2}{4} + \dfrac{x_1 x_2}{2} + \dfrac{x_2^2}{2} - \dfrac{x_2^2}{4} - \mu x_1 - \mu x_2 + \mu^2\right)\right\}$

よって，

$\exp\left\{-\left(\dfrac{x_1+x_2}{2} - \mu\right)^2\right\}$

$$= \exp\left\{-\left(-\frac{x_1^2}{4} + \frac{x_1 x_2}{2} - \frac{x_2^2}{4}\right)\right\} \exp\left\{-\left(\frac{x_1^2}{2} + \frac{x_2^2}{2} - \mu x_1 - \mu x_2 + \mu^2\right)\right\}$$

よって，

$$f(\mu; x_1) \times f(\mu; x_2) = \frac{1}{2\pi} \exp\left\{-\frac{x_1^2}{4} + \frac{x_1 x_2}{2} - \frac{x_2^2}{4}\right\} \exp\left\{-\left(\frac{x_1 + x_2}{2} - \mu\right)^2\right\}$$

となる．よって平均値は $(x_1 + x_2)/2$ になることが示された．

9 章

1 $(x, y) = (0.4, 0.3)$ での V は $V = 0.4 \times 0.3 = 0.12$．一方，$(x, y) = (0.5, 0.3) \to V = 0.15$, $(x, y) = (0.3, 0.3) \to V = 0.09$, $(x, y) = (0.4, 0.4) \to V = 0.16$, $(x, y) = (0.4, 0.2) \to V = 0.08$, より，平均値 $= (0.15 + 0.09 + 0.16 + 0.08)/4 = 0.12$

2 $V = 1$ の場合，$4x = U^2 - 1$, $y = U/2$ より U を消去して，$x = y^2 - 1/4$
$V = 2$ の場合，$4x = U^2 - 4$, $y = U$ より U を消去して，$x = y^2/4 - 1$

3 黒丸位置の下部では誘電率が相対的に大きく，電界は低下し，電位差も小さくなる．$0 < k_i < 1$ として，$z = (1/2)^n$ での電位 $\phi((1/2)^n)$ は $(1/2)^n \prod_{i=1}^{n} k_i \leq (k_{\max}/2)^n$, ε_B 側垂直電界は $\prod_{i=1}^{n} k_i \leq k_{\max}^n$ と見積もれる $(0 < k_{\max} < 1)$．よって，$n \to \infty$ では，$z = 0$, $\phi(0) \leq (k_{\max}/2)^\infty = 0$, ε_B 側垂直電界 $\leq k_{\max}^\infty = 0$ となり，$z = 0$ での電界が 0 になることが説明できる．

4 2球の接触点に水平に補助線を引くと，ここは等電位面となっていることが分かる．よって，図 9·7 の右側の図と同じ電位・電界分布になることが分かる．よって，球の上下端の電界の大きさも図 9·7 の右側の図に記載の電界と同じ値となる．このように，2球の接触点でも電界の特異性が現れる．

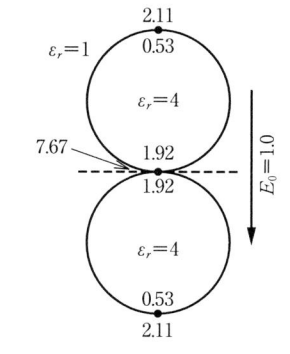

10 章

1 （略解）10·1 節　第 5 パラグラフ参照
2 （略解）10·1 節　第 6 パラグラフ参照
3 （略解）式 (10.2) に $E_{s0} = -E_{gm}$, $\vartheta = 3\pi/2$, $\omega^2 LC = 0.02$ を代入して計算
4 （略解）10·3 節　第 3 パラグラフ参照
5 （略解）10·3 節　第 4 パラグラフ参照

解図 9·1

11章

1. （略解）11・2節　図11・3において，雷撃距離 r_s を短く設定して作図し，雷遮へい失敗範囲が狭くなるか広くなるかを確認．
2. （略解）11・3節　式(11・1)または式(11・2)において，架空地線と相導体間の結合係数 k および鉄塔流入電流 I_T がどのように変化し，アークホーン間電圧 V にどのように影響するかを考える．
3. （略解）雷遮へい失敗，径間逆フラッシオーバ
4. （略解）11・4節　第6パラグラフ参照
5. （略解）11・4節　第8パラグラフ参照

12章

1. （略解）12・1節　式(12・6)に $Z_{S2}=\infty$ を代入する．
2. （略解）12・1節　式(12・6)を参考にして，接続点 P_1 および P_2 の電圧透過係数および反射係数を求め，それらを式(12・7)に代入する．
3. （略解）12・2節　式(12・11)および図12・7参照
4. （略解）12・3節　式(12・13)～式(12・15)参照

13章

1. （略解）13章関連節を参照
2. （略解）13・2節参照
3. （略解）13・4節参照

14章

1. （略解）14・1節〔2〕参照
2. （略解）14・3節〔2〕，〔3〕参照
3. （略解）14・3節〔2〕参照

15章

1. （略解）15・1節〔3〕参照
2. （略解）15・1節〔4〕参照
3. （略解）15・2節〔2〕参照

参考文献

■ 1章
1) 赤崎正則，村岡克紀，渡辺征夫，蛯原健治：プラズマ工学の基礎，産業図書（1984）
2) 八坂保能：放電プラズマ工学，森北出版（2007）
3) 鳳誠三郎，関口忠，河野照哉：電離気体論，電気学会（1969）
4) A. Fridman, L.A. Kennedy：Plasma Physics and Engineering 2nd Ed., CRC Press（2011）
5) 赤崎正則：基礎高電圧工学，昭晃堂（1980）

■ 2章
1) 鳳誠三郎，関口忠，河野照哉：電離気体論，電気学会（1969）
2) 赤崎正則：基礎高電圧工学，昭晃堂（1980）
3) 河野照哉：新版高電圧工学，朝倉書店（1994）

■ 3章
1) 鳳誠三郎，関口忠，河野照哉：電離気体論，電気学会（1969）
2) 電気学会放電ハンドブック出版委員会：放電ハンドブック上巻，電気学会（1998）
3) 赤崎正則：基礎高電圧工学，昭晃堂（1980）
4) 河野照哉：新版高電圧工学，朝倉書店（1994）
5) 河崎善一郎：大気圏・電離圏における雷・放電現象の構造と素過程，プラズマ・核融合学会誌，Vol. 84, No. 7, pp. 405-409（2008）

■ 4章
1) 鳳，木原：高電圧工学，共立出版，p. 16（1960）
2) E. Kuffel, M. Abdullah：High Voltage Engineering, Pergamon Press, p. 71（1970）
3) T. Nitta, Y. Shibuya：IEEE Trans. on PAS, Vol. 90, p. 1065（1971）
4) T.W. Dakin, G. Luxa, G. Oppermann, J. Vigreux, G. Wind and H. Winkelnkemper：Electra, N32, p. 61（1974）
5) 新田，山田，藤原：三菱電機技報，Vol. 48, p. 922（1974）
6) E. Kuffel, M. Abdullah：High Voltage Engineering, Pergamon Press, p. 48（1970）
7) T. Nitta：IEEE Trans. on PAS, Vol. 94, p. 108（1975）
8) E. Steiniger：ETZ-A, Vol. 86, p. 583（1965）
9) T. Takuma, T. Watanabe and K. Kita：Proc. IEE, Vol. 199, p. 927（1972）
10) P.R. Howard：Proc. IEE, Vol. 104, p. 123（1957）

11) 奥村，犬石：電気学会論文誌，Vol. 96-A, p. 127(1976)

■ 5 章
1) 放電ハンドブック，電気学会，p. 437(1974)
2) 鳳，木原：高電圧工学，共立出版，p. 31(1960)

■ 6 章
1) 鈴木，藤岡：電気学会誌，Vol. 16, p. 226(1941)
2) 放電ハンドブック，電気学会，p. 560(1974)
3) H. Tropper : J. Elect. Chem. Soc., Vol. 108, p. 144(1961)
4) 放電ハンドブック，電気学会，p. 566(1974)
5) D.W. Goodwin, Macfadyen : Proc. Phys. Soc., Vol. B66, p. 85(1953)
6) T.J. Lewis : Proc. Phys. Soc., Vol. B66, p. 425(1953)
7) 鳳，木原：高電圧工学，共立出版，p. 36(1960)
8) Y. Kawaguchi, H. Murata and M. Ikeda : IEEE Trans. on PAS, Vol. 91, p. 9(1972)
9) M. Hara, T. Kaneko and H. Honda : IEEE Trans. on EI, Vol. 23, p. 769(1988)
10) 放電ハンドブック，電気学会，下巻，p. 131(1998)

■ 7 章
1) Progress in DIELECTRICS, Volume 7, LONDON HEYWOOD BOOKS(1967)
2) High Voltage Vacuum Insulation, ACADEMIC PRESS(1995)
3) 電気学会放電ハンドブック出版委員会編：放電ハンドブック，電気学会(1998)
4) 真空中での放電の利用とその制御，電気学会技術報告第 586 号(1996)
5) 真空中での荷電粒子の発生と放電の制御，電気学会技術報告第 757 号(1999)
6) 高エネルギー密度化に関わる真空中の放電制御技術，電気学会技術報告第 1001 号(2005)
7) 真空中における放電制御のための高度計測・シミュレーション技術，電気学会技術報告第 1142 号(2008)
8) 真空遮断器の大容量化とその基礎技術，電気学会技術報告 II 部 259 号(2008)
9) A.S. Pillai and R. Hackam : Surface flashover of solid insulators in vacuum, J. Appl. Phys., Vol. 53, p. 2983(1982)

■ 8 章
1) 腐食防食協会編：装置材料の寿命予測入門，丸善(1984)

■ 9 章
1) プリンツ著，増田閃一，河野照哉訳：電界計算法，朝倉書店(1974)
2) 宅間 董，濱田昌司：数値電界計算の基礎と応用，東京電機大学出版局(2006)
3) 宅間 董：電界パノラマ，電気学会(2003)
4) 宅間 董：誘電体のボイドやギャップで電界が無限大になり得るか，電気学会雑誌，pp. 549-552(1978)

10章

1) V.A. Rakov and M.A. Uman : Lightning : Physics and Effects, pp. 1-687, Cambridge University Press (2003)
2) 横山 茂：配電線の雷害対策，オーム社 (2005)
3) 横山 茂，谷口弘光：第3の配電線雷害原因—需要家設備から配電線への雷電流の逆流現象—，電気学会論文誌 B, Vol. 117, No. 10, pp. 1332-1335 (1997)
4) 石井豊章，金山慎治：ガス絶縁機器の最近の技術動向，電気学会論文誌 B, Vol. 116, No. 10, pp. 1173-1177 (1996)
5) 戸田弘明，豊田充，匹田政幸：交流遮断器の技術動向と課題，電気学会論文誌 B, Vol. 132, No. 5, pp. 392-397 (2012)
6) 河野照哉：系統絶縁論，コロナ社 (1984)
7) 関根泰次，豊田淳一，長谷川淳，原雅則，松浦虔士：現代電力輸送工学，pp. 1-292 (1992)
8) 電気工学ハンドブック（第6版），電気学会，p. 1228 (2001)
9) 木村健，匹田政幸：インバータサージと国際規格，電気学会誌，Vol. 126, No. 7, pp. 419-422 (2006)

11章

1) 河野照哉：系統絶縁論，コロナ社 (1984)
2) 新藤孝敏：避雷針と雷しゃへい，電気学会誌，Vol. 125, No. 6, pp. 356-359 (2005)
3) H.R. Armstrong and E.R. Whitehead : Field and analytical studies of transmission line shielding, IEEE Trans. Power Apparatus and Systems, vol. 87, no. 1, pp. 270-281 (1968)
4) Y. Baba and V.A. Rakov : On the mechanism of attenuation of current waves propagating along a vertical perfectly conducting wire above ground : application to lightning, IEEE Trans. Electromagnetic Compatibility, Vol. 47, No. 3, pp. 521-532 (2005)
5) 有働龍夫：電力系統絶縁工学—サージと事故防止—，オーム社 (1999)
6) 電気学会酸化亜鉛素子の線路保護への適用調査専門委員会：送電用避雷装置の開発状況と適用効果，電気学会技術報告，No. 2-367, pp. 1-74 (1991)
7) 電気学会配電用避雷装置の現状調査専門委員会：配電用避雷装置の技術動向，電気学会技術報告，No. 780, pp. 1-50 (2000)
8) 横山 茂：配電線の雷害対策，オーム社 (2005)

12章

1) L.W. Bewley : Traveling Waves in Transmission Systems, John Wiley & Sons, pp. 1-543 (1951)
2) H.W. Dommel : Digital computer solution of electromagnetic transients in single- and multi-phase networks, IEEE Trans. Power Apparatus and Systems, Vol. 88, No. 4, pp. 388-398 (1969)
3) 電気学会サージ現象に関する数値電磁界解析手法調査専門委員会：数値過渡電磁

参考文献

界解析手法―サージ現象への適用,電気学会,pp. 1-156(2008)
4) K.S. Yee : Numerical solution of initial boundary value problems involving Maxwell's equations in isotropic media, IEEE Trans. Antennas and Propagation, Vol. 14, No. 3, pp. 302-307 (1966)

■ 13章
1) 電気工学ハンドブック（第6版），電気学会，p.751，図21（2001）
2) 河村達雄，河野照哉，柳父悟：高電圧工学（3版改訂），電気学会，p.180，図5.22（2003）
3) 宅間董，柳父悟：高電圧大電流工学，電気学会（1991）
4) 花岡良一：高電圧工学，森北出版（2007）
5) 大久保仁編著：高電界現象論，オーム社（2011）
6) 財満英一編著：発変電工学総論，電気学会（2007）

■ 14章
1) 電気工学ハンドブック（第6版），電気学会（2001）
2) 宅間董，柳父悟：高電圧大電流工学，電気学会（1991）
3) 花岡良一：高電圧工学，森北出版（2007）
4) 河村達雄，河野照哉，柳父悟：高電圧工学（3版改訂），電気学会（2003）
5) 原雅則，秋山秀典：高電圧パルスパワー工学，森北出版（1991）
6) 静電気学会編：新版　静電気ハンドブック，オーム社（1998）
7) 電気学会放電ハンドブック出版委員会編：放電ハンドブック（3版），電気学会（2003）

■ 15章
1) 日本工業規格 JIS 1001, 標準気中ギャップによる電圧測定方法（2010）
2) IEC 60052 Ed. 3.0, Voltage measurement by means of standard air gaps（2002）
3) IEEE PSRC Special Report, Practical aspects of Rogowski coil applications to relaying（2010）
4) 電気工学ハンドブック（第6版），電気学会（2001）
5) 宅間董，柳父悟：高電圧大電流工学，電気学会（1991）
6) 花岡良一：高電圧工学，森北出版（2007）
7) 河村達雄，河野照哉，柳父悟：高電圧工学（3版改訂），電気学会（2003）
8) 大久保仁編著：高電界現象論，オーム社（2011）
9) 静電気学会編：新版　静電気ハンドブック，オーム社（1998）

索引

■ア 行■

アーク柱　29
アーク放電　28
アノード　15

イメージコンバータカメラ　215
陰極　15
陰極加熱説　94
陰極点　29
インバータサージ過電圧　148
インパルス電圧　34
インパルス電圧発生器　193
インパルス熱破壊　63

雲母　176

液体窒素　89
液体ヘリウム　89
液体誘電体　76
エルブス　37
縁端効果　71
沿面ストリーマ　56
沿面放電　56,69

遅れ時間　44

■カ 行■

階段状リーダ　34

開閉インパルス　34
開閉過電圧　143
開閉サージ　43
開閉装置　178
架橋剤　68
架橋ポリエチレン　68
架空地線　151
ガス遮断器　179
ガス絶縁開閉装置　183
ガス絶縁変圧器　178
カソード　15
加速劣化試験　74,119
過電圧　44
壁電荷　67
雷インパルス　34
雷インパルス電圧　43
雷遮へい　151
ガラス転移点　63
換算電界　18
管路気中送電線　186
緩和時間　60

機械的劣化　73
帰還雷撃　37
基底状態　12
気泡（バブル）破壊説　81
規約波頭長　194
規約波尾長　194
逆フラッシオーバ　155

索　引

逆流雷過電圧　*139*
球ギャップ　*206*
吸収電流 I_a　*58*
吸着エネルギー　*95*
吸着気体　*95, 101*
境界要素法　*135*
鏡像ポテンシャルエネルギー　*77*
極値分布　*120*

空間電荷　*41, 42, 70*
空間電荷効果　*32*
空間電荷層　*80*
空間電荷電界　*22*
空気絶縁　*39*
偶発故障期　*72*
クランプ　*95*
クランプ説　*95*
グローコロナ　*31*
グロー放電　*28*

計器用変圧器　*203*
形成遅れ　*24*
結晶格子　*60*

高高度放電現象　*37*
格子温度　*60*
広時間 $V\text{-}t$ 特性　*87*
格子図法　*165*
高周波電圧　*87*
高周波変流器　*212*
公称電圧　*138*
高調波共振過電圧　*148*
光電効果　*14*
極低温液体　*88, 89*
コロナ安定化作用　*52*

コロナ放電　*31, 42*
コロナ劣化　*73*
混合ガス　*52*
混合ガス絶縁　*52*
コンディショニング現象　*97, 102*
コンディショニング効果　*71*

■ サ 行 ■

サージ　*162*
サージインピーダンス　*162*
サージ電圧　*43*
再起電圧　*143*
再結合　*12*
再結合放射　*12*
最高電圧　*138*
最小火花電圧　*21*
サイズ効果　*118*
最大電界依存性　*48*
再点弧　*143*
再発弧　*143*
最尤法　*112*
差分法　*135*
酸化亜鉛避雷器　*182*
三重点　*69, 128, 183*
三重点（トリプルジャンクション）効果
　　98

シールドリング　*99*
時間領域有限差分法　*169*
試験用変圧器　*188*
仕事関数　*11, 86, 91*
自己励磁現象　*146*
指数分布　*115*
自続放電　*18*
実効電離係数　*19, 48*

索 引

ジッタ 25
シナジズム 53
弱点 114, 128
弱点破壊 97, 115
集合電子近似 62
縦続（カスケード）接続 188
充填剤 69
自由度 112
ジュール損 86
シュナイダー・ベルジェロン法 167
主放電 37
寿命係数 73
寿命予測 72
瞬時充電電流 I_{sp} 58
（準）平等電界 94
衝撃電圧 34
衝突周波数 10
衝突断面積 8
衝突電離 11
衝突電離係数 15
衝突電離作用 15
初期故障期 72
初期電子 14
ショットキー効果 29, 78
真空沿面放電 96, 98
真空ギャップ放電 96
真空遮断器 98, 179
進行波計算法 165
真性破壊 60
振動エネルギー 80

ステップト・リーダ 34
ストリーマ 22
ストリーマコロナ 31
スパークコンディショニング 97

スプライト 37
スペーサ 104

正規分布 106
正極性 31
静電電圧計 209
絶縁協調 151
絶縁距離 39
絶縁紙 55
絶縁スペーサ 183
絶縁破壊故障率 72
絶縁破壊試験 197
絶縁劣化 72, 73
接地インピーダンス 154
全路破壊 31

相似則 22
相乗作用 53
相対空気密度 46
送電用避雷装置 158
速度空間 2
速度分布関数 2

◢ タ 行 ◣

ダート・リーダ 37
タービン発電機 175
対数正規分布 107
体積効果 72, 88
耐電圧試験 200
帯電の平衡状態 100
タウンゼントの放電開始条件 18
高木効果 128, 131
多重雷撃 37
単一電子近似 61
短時間 $V\text{-}t$ 特性 87

索　引

弾性衝突　　7
断路器サージ過電圧　　145

着氷電荷分離機構　　36
中心極限定理　　109
長時間 $V\text{-}t$ 試験　　199
長時間 $V\text{-}t$ 特性　　73, 87
超電導　　89
直撃雷過電圧　　139
直列共振法　　189

ツェナー破壊　　62

定常熱破壊　　63
鉄塔のサージインピーダンス　　155
電圧利用率　　195
電位障壁　　78
電界緩和作用　　42
電界増倍係数　　99
電界電子放出電流　　91
電界特異点　　126
電界放出　　29, 79
電荷図　　215
電荷重畳法　　136
電気機械的破壊　　64
電気幾何学モデル　　154
電気トリー　　68
電極材料　　83
電気劣化　　73
電子温度　　60
電子的破壊　　60, 79
電子なだれ　　15
電子なだれ破壊　　62
電子付着係数　　48
伝導電流　　64

伝搬速度　　162
電離　　11
電離エネルギー　　11
電離電圧　　11
電力系統　　138
電力用変圧器　　176

等角写像法　　125
統計遅れ　　24
トラッキング　　69
トラップ準位　　62
トリーイング破壊　　68
トリーチャネル　　68
トリチェルパルス　　32
トンネル効果　　62

■ナ 行■

二項分布　　108
二次電子　　16
二次電子なだれ　　100
二次電子放出係数　　93

熱運動　　1
熱速度　　5
熱的破壊　　63
熱電子放出　　28, 78
熱電離　　30
熱平衡状態　　1
熱劣化　　73

■ハ 行■

媒質効果　　71
倍電圧整流回路　　191
配電用避雷装置　　160
破壊統計　　106

索引

バスタブ曲線　118
パッシェン曲線　21
パッシェンの法則　20
バブル（気泡）破壊　80
速さ分布関数　3
バリア効果　55
バリア絶縁　177
パレート分布　120
バンデグラフ発電機　192

光電離　12
非弾性衝突　7
火花放電破壊　39
標準開閉インパルス電圧　194
標準開閉インパルス電圧波形　43
標準雷インパルス電圧　194
標準雷インパルス電圧波形　43
標準大気　47
平等電界　15, 39
表面電荷法　136
避雷器　151, 182
避雷針　151

フェランチ効果　146
負極性　31
複合誘電体　56, 64
不純物準位　62
不純物破壊　81
負性気体　13, 48
負性抵抗　28
付着　13
付着係数　19
不平等電界　30, 39
部分放電　31, 64, 66
不平衡絶縁方式　158

不偏分散　114
ブラシコロナ　31
フラッシオーバ　69, 101
フラッシオーバ電圧　102
ブルージェット　37
分圧器　204
分子パラコール　82
分子密度　77
分子容積　82
分流器　210

平均自由行程　9, 77
平均速度　5
ベーキング　95
ヘテロ空間電荷　71
変位電流　64
変数分離解　127

ボイド　66, 133
ボイド放電　64, 66
放電遅れ　44
放電遅れ時間　24
放電開始条件　132
放電開始電圧　67
放電時間遅れ　119
放電消滅電圧　67
放電バリア　55
放電率　34, 44
放電率曲線　110
母数　106
ほっすコロナ　31
ホッピング電導　59
ホモ空間電荷　71

索　引

■マ 行■

マイカ　176
マイクロディスチャージ　96
膜状コロナ　31
マルクス回路　196

水トリー　68

無定形固体　62

面積効果　49, 71, 88

モールド変圧器　178
漏れ電流 I_d　59

■ヤ 行■

矢形先駆放電　37

有限要素法　135
有効面積　98
融点　63
誘電体損　86
誘導雷過電圧　139
油浸絶縁構造　176

陽極　15
陽極加熱説　94
溶存気体不純物　83

■ラ 行■

雷過電圧　138
ラウエプロット　25, 49
ラプラス方程式　123

リーダ　34, 56
リヒテンベルク図　214
粒子交換現象　95
粒子交換説　95
粒子束　7

累積破壊確率　97

冷陰極放出　79
励起　12
冷媒　89
レーザ誘雷　37
劣化・磨耗期　72

ロケット誘雷　37
ロゴウスキーコイル　210

■ワ 行■

ワイブル分布　116

■数字・英字■

1線地絡時の健全相電圧上昇　146
40世代理論　62
50％フラッシオーバ電圧　34
50％フラッシオーバ電圧 V_{50}　44

A-W モデル　37

Cockcroft-Walton 回路　191
CV ケーブル　185

F-N プロット　92
Fowler と Nordheim の式　91

IEC 規格　47

索引

JEC 規格　　*47*

OF ケーブル　　*184*

SF_6 ガス絶縁　　*39*

V–t 曲線　　*35, 44*

V–t 特性　　*35, 199*

α 作用　　*15*
β 作用　　*16*
γ 作用　　*16*

〈編者・著者略歴〉

山本　　　修　（やまもと　おさむ）
1970年　立命館大学理工学部数学物理学科卒業
1982年　工学博士
　　　　京都大学工学研究科講師を経て，現在
　　　　公益財団法人応用科学研究所研究員，
　　　　同志社大学理工学部嘱託講師，立命館
　　　　大学理工学部非常勤講師

濱田　　昌司　（はまだ　しょうじ）
1992年　東京大学大学院工学系研究科電気工学
　　　　専攻博士後期課程修了
1992年　博士（工学）
現　在　京都大学大学院工学研究科電気工学専
　　　　攻准教授

竹野　　裕正　（たけの　ひろまさ）
1987年　京都大学大学院工学研究科電子工学専
　　　　攻修士課程修了
1996年　博士（工学）
現　在　神戸大学大学院工学研究科電気電子工
　　　　学専攻教授

上野　　秀樹　（うえの　ひでき）
1988年　大阪大学大学院工学研究科電気工学専
　　　　攻博士後期課程修了
1988年　工学博士
現　在　兵庫県立大学大学院工学研究科電気系
　　　　工学専攻教授

馬場　　吉弘　（ばば　よしひろ）
1999年　東京大学大学院工学系研究科電気工学
　　　　専攻博士後期課程修了
1999年　博士（工学）
現　在　同志社大学理工学部電気工学科教授

藤井　　治久　（ふじい　はるひさ）
1980年　大阪大学大学院工学研究科電気工学専
　　　　攻博士後期課程修了
1980年　工学博士
現　在　奈良工業高等専門学校電気工学科教授

- 本書の内容に関する質問は，オーム社ホームページの「サポート」から，「お問合せ」の「書籍に関するお問合せ」をご参照いただくか，または書状にてオーム社編集局宛にお願いします．お受けできる質問は本書で紹介した内容に限らせていただきます．なお，電話での質問にはお答えできませんので，あらかじめご了承ください．
- 万一，落丁・乱丁の場合は，送料当社負担でお取替えいたします．当社販売課宛にお送りください．
- 本書の一部の複写複製を希望される場合は，本書扉裏を参照してください．

JCOPY ＜出版者著作権管理機構　委託出版物＞

OHM大学テキスト
高電圧工学

2013年11月20日　第1版第1刷発行
2025年 4月20日　第1版第5刷発行

編著者　山本　　修
　　　　濱田昌司
発行者　髙田光明
発行所　株式会社オーム社
　　　　郵便番号　101-8460
　　　　東京都千代田区神田錦町3-1
　　　　電話　03(3233)0641（代表）
　　　　URL　https://www.ohmsha.co.jp/

© 山本修・濱田昌司 2013

印刷・製本　三美印刷
ISBN978-4-274-21444-8　Printed in Japan